石油教材出版基金资助项目

石油高等院校特色规划教材

水射流基础与应用

(富媒体)

王海柱　黄中伟　田守嶒　李敬彬　编著

石油工业出版社

内 容 提 要

本书主要介绍水射流技术的基本概念、原理及新技术的基本工艺过程，主要内容包括水射流理论基础、水射流冲击特性与破碎机理、连续高压水射流发生装置、磨料射流、空化射流、脉冲射流、旋转水射流、新型射流，以及水射流技术在石油工程中的应用。每章都配有思考题，以便于读者自学和对基本知识的掌握。

本书可作为普通高等院校石油工程专业的教学用书，也可供从事油气井工程和油气田开发工程的科技人员参考。

图书在版编目（CIP）数据

水射流基础与应用：富媒体/王海柱等编著．—北京：石油工业出版社，2023.5
石油高等院校特色规划教材
ISBN 978-7-5183-5965-3

Ⅰ.①水… Ⅱ.①王… Ⅲ.①液体射流-高等学校-教材　Ⅳ.①O358

中国国家版本馆 CIP 数据核字（2023）第 058463 号

出版发行：石油工业出版社
　　　　（北京市朝阳区安华里二区 1 号楼　100011）
　　　网　　址：www.petropub.com
　　　编辑部：（010）64523733
　　　图书营销中心：（010）64523633
经　　销：全国新华书店
排　　版：三河市聚拓图文制作有限公司
印　　刷：北京中石油彩色印刷有限责任公司

2023 年 5 月第 1 版　　2023 年 5 月第 1 次印刷
787 毫米×1092 毫米　　开本：1/16　　印张：14.5
字数：372 千字

定价：38.00 元
（如发现印装质量问题，我社图书营销中心负责调换）
版权所有，翻印必究

前 言

高压水射流技术在油气钻井提速、压裂增产、储层改造等方面具有举足轻重的作用。尤其是近年来随着油气工程技术的快速发展，高压水射流相关技术应用领域的宽度与深度均得到了快速拓展，从高压喷射钻井提速到水力喷射压裂增产，从高压水射流冲砂洗井解除堵塞到高油气比射流增效，从油套管切割到水射流除垢除蜡，贯穿了钻井、完井、采油、增产等石油工程上游全过程，因此高压水射流相关理论与技术逐渐得到重视。

为了使学生更好地掌握高压水射流理论及其相关技术在石油工程中的应用，适应油田先进理论与技术的发展，满足新时期石油工程人才的培养需求，从 2004 年开始，中国石油大学（北京）在本科生和研究生课程中陆续开设了选修课，课程教学任务由高压水射流钻井与完井创新团队的老师承担。最初的多媒体教案是以沈忠厚院士和李根生院士等人在高压水射流领域的科研成果以及流体力学方面的书籍为基础编制而成的。经过十几年的教学总结和多次研讨修订，增加了近年来水射流在石油工程领域最新的理论和技术研究成果，最终形成了完善的教学大纲和内容体系。经过实验室老师们耐心打磨，最终将本书呈现在读者面前。

本书首先介绍了水射流相关的基础理论知识、冲击特性、破碎机理和射流发生装置，其后系统地讲述了磨料射流、空化射流、脉冲射流、旋转水射流及近些年发展起来的新型射流（超临界 CO_2 射流、液氮射流和热力射流），最后介绍了水射流技术在石油工程领域的应用，拓宽学生的知识面。本书每章都配备了便于学生自学和有利于基础知识掌握的思考题，并且在重要的概念和应用方面配备了多媒体动画，以便学习理解。本书在内容编排上循序渐进，有利于课堂的讲解和学生的理解，编排的内容适合 40 学时左右的课堂讲授。

本书由王海柱教授、黄中伟教授、田守嶒教授和李敬彬副教授共同编写完成，李根生院士担任主审。全书共九章，具体编写分工如下：第一章、第八章和第九章由王海柱编写，第二章、第三章由黄中伟编写，第五章和第六章由田守嶒编写，第四章和第七章由李敬彬编写。全书由王海柱统稿。

本书是高压水射流钻井与完井创新团队的老师们多年教学科研成果的积累和教学经验的结晶。感谢在本书编写过程中李根生院士给予的大力指导，在章节安排和内容选择上给予了非常中肯的意见和建议，并对全书进行了仔细审查；感谢西南石油大学彭炽博士、中国地质大学（北京）许争鸣副教授提出的宝贵意见和建议，感谢郑永、杨兵、武晓亚、陈振良、姜天文、李欢、田港华、刘铭盛、孙廉贺、谢平、赵成明、刘欣等研究生对本书图片绘制及文字校正等工作付出的辛苦劳动。编写过程中参考了大量国内外相关教材、专著、文献及网站。在此，对参与本书编写的老师、同学、参考文献的作者，以及支持和帮助本教材出版发行的单位、领导和老师、同事表示衷心的感谢。

由于编者水平有限，书中难免存在不当和错误之处，恳请广大读者批评指正。

王海柱

2023 年 2 月

目录

第一章 水射流理论基础 ··· 001
- 第一节 水射流技术概述 ··· 001
- 第二节 射流流体力学基础知识 ··· 006
- 第三节 淹没水射流的结构和特性 ··· 011
- 第四节 非淹没水射流的结构和特性 ··· 014
- 思考题 ··· 018
- 参考文献 ··· 018

第二章 水射流冲击特性与破碎机理 ··· 019
- 第一节 物体表面上所受射流压力及其分布 ··· 019
- 第二节 水射流切割机理及模型 ··· 025
- 第三节 影响水射流切割性能的因素 ··· 030
- 思考题 ··· 034
- 参考文献 ··· 035

第三章 连续高压水射流发生装置 ··· 036
- 第一节 概述 ··· 036
- 第二节 高压流体发生装置 ··· 037
- 第三节 高压管路 ··· 044
- 第四节 喷嘴 ··· 048
- 思考题 ··· 053
- 参考文献 ··· 053

第四章 磨料射流 ··· 055
- 第一节 固液两相流动简介 ··· 055
- 第二节 后混合式磨料射流 ··· 064
- 第三节 前混合式磨料射流 ··· 073
- 第四节 磨料浆体射流 ··· 077
- 第五节 磨料射流切割影响因素 ··· 079
- 第六节 新型磨料射流 ··· 081
- 思考题 ··· 088
- 参考文献 ··· 088

第五章 空化射流 ··· 091
- 第一节 空化概述 ··· 091
- 第二节 空泡动力学基础 ··· 095
- 第三节 空化初生及其影响因素 ··· 104

第四节	空蚀破坏机理及其影响因素	108
第五节	空化射流	112
第六节	自振空化射流	123
思考题		127
参考文献		127

第六章 脉冲射流 … 129

第一节	脉冲射流的发生原理和装置	129
第二节	脉冲射流的几何结构与动力特性	133
第三节	几种特殊的脉冲射流	135
第四节	水力脉冲射流钻井现场应用	143
思考题		144
参考文献		145

第七章 旋转水射流 … 146

第一节	概述	146
第二节	旋转射流的运动特性	148
第三节	旋转射流喷嘴设计	159
第四节	旋转射流破岩机理分析	167
第五节	直旋混合射流	170
思考题		172
参考文献		172

第八章 新型射流 … 175

第一节	超临界 CO_2 射流	175
第二节	液氮射流	184
第三节	热力射流	195
思考题		205
参考文献		206

第九章 水射流技术在石油工程中的应用 … 208

第一节	概述	208
第二节	水射流在钻井提速方面的应用	208
第三节	水射流在油气增产方面的应用	216
第四节	水射流在石油工程其他方面的应用	219
思考题		224
参考文献		224

富媒体资源目录

序号	对应章节	名称	页码
1	第一章第一节	视频1-1 水射流切割	5
2	第一章第一节	视频1-2 五轴高压水射流切割	5
3	第三章第二节	视频3-1 卧式高压往复泵工作原理	38
4	第三章第二节	视频3-2 三柱塞超高压泵结构组成	39
5	第三章第四节	视频3-3 圆锥收敛型喷嘴流动结构(高流量)	49
6	第三章第四节	视频3-4 圆锥收敛型喷嘴流动结构(低流量)	49
7	第三章第四节	视频3-5 流线型喷嘴流动结构	49
8	第四章第三节	视频4-1 前混合式磨料射流系统工作流程	74
9	第五章第一节	视频5-1 空化现象	91
10	第五章第一节	视频5-2 潜艇螺旋桨上的空化	92
11	第八章第一节	彩图8-2 CO_2相态变化过程	176
12	第八章第一节	彩图8-6 速度场对比	177
13	第八章第一节	彩图8-9 超临界CO_2射流破岩实验系统	179
14	第八章第一节	彩图8-11 超临界CO_2连续油管喷射压裂的原理示意图	182
15	第八章第一节	彩图8-12 超临界CO_2驱替示意图	183
16	第八章第二节	彩图8-18 射流冲击流场速度分布云图	186
17	第八章第二节	彩图8-20 射流冲击压力分布	187
18	第八章第三节	彩图8-35 热裂解过程示意图	197
19	第八章第三节	彩图8-36 实验破岩效果图	197
20	第八章第三节	彩图8-38 热力射流数值模型	198
21	第八章第三节	彩图8-45 热力射流高温高压破岩实验系统	201
22	第八章第三节	彩图8-46 热裂解后岩石的特征	201
23	第九章第二节	彩图9-5 径向井作业工艺	214

第一章　水射流理论基础

"滴水穿石"是中国古代就已发现的液滴凭借自由落体运动赋予的打击力来击穿岩石这一漫长的现象。随着科技的发展，人们给液滴赋予了比自由落体运动更大的打击能量，使天长日久才能观察到的"滴水穿石"现象在瞬间便可完成，这就是水射流。

水射流技术是近几十年发展起来的一门新技术，它以水为介质，通过高压发生装置使水增压获得能量，经过一定形状的喷嘴喷出一束能量集中的高速水流，主要用来对物料进行切割、破碎和清洗。目前该技术已在煤炭、石油、冶金、化工、船舶、航空、建筑、交通、机械、建材、市政、水利及轻工业等部门得到越来越广泛的应用。尤其近年来随着高科技的迅速发展，激光束、电子束、等离子体和水射流已成为新型的切割技术。其中激光束、电子束和等离子体属于热切割加工，而水射流是唯一一种冷切割加工手段。在对许多材料的切割、破碎及表面预处理中，水射流具有切口精密、切边无热应力、无损伤等独特的优越性。

第一节　水射流技术概述

一、水射流技术发展概况

人们认识水射流是从水的冲刷作用开始的，大雨能把田地冲出一道水沟，能剥落山岩，甚至能造成泥石流。人们开始利用水射流技术始于19世纪上半叶。早在1830年俄国人就采用了大直径水射流冲开未固结的砂砾石金矿，冲洗淘金。1853—1886年这种技术在美国加利福尼亚金矿得到了应用和发展。当时工作压力很低，仅有几个至十几个大气压。20世纪30年代，水射流技术开始被苏联、中国等用于水力采煤和开采其他金属矿。

20世纪50年代，人们从水力采煤和高速飞机的雨蚀现象中认识到，提高射流压力和速度能够冲蚀较坚硬物料并显著提高落煤效果，从而开始了较高压力设备的研制和较高压力射流的实验。60年代，随着高压柱塞泵和增压器的问世，人们开始研究射流动力学特性和喷嘴结构。60年代末，美国国家科学基金资助了一项庞大的研究计划，旨在寻求一种高效的切割破岩方法，研究人员提出并试验了25种新方法，如电火花、电子束、激光、火焰、等离子体、高压水射流等，最后公认最可行有效的是高压水射流破岩方法。进入70年代，各国开始大力研究高压水射流技术，使该技术进入了迅速发展的新阶段。这期间，研究的重点是水射流破岩机理、脉冲射流特性及水射流在切割、破岩、清洗上的应用，开始出现水力辅助机械破岩、空化射流、磨料射流、间断射流等新型射流技术。进入80年代，随着激光测速、高速摄影、流体显形、数值模拟等先进测试和研究手段的出现，高压水射流技术的研究和应用得到更迅速的发展，对磨料射流、空化射流、脉冲射流、水力辅助机械破岩技术和基础理论、切割机理、影响因素的研究与分析进一步深入，并出现了气水射流、液态金属射流、液态气（空气、氮气、二氧化碳气）射流、冰粒射流等特种射流。其应用范围也由当初的采矿、破岩、钻孔、清洗、除垢发展到金属和超硬材料切割、表面处理、研磨等，应用领域涉及煤炭、石油、冶金、化工等十几个工业部门及核废料、海洋等危险恶劣工作环境，自动化程度和切割精度有了显著提高。近年来，高压水射流技术得到迅速发展，应用领域不断拓宽，由于其自身的独有特点和优点，高压水射流被认为是新世纪极具潜力的加工技术。

中国水射流技术的研究是从 20 世纪 70 年代开始的，最初主要在煤炭部门研究和应用，之后逐渐发展到石油、冶金、航空、化工、建筑、机械、市政和交通等部门。经过 50 多年的研究和实践，取得了很大进展，开发出了一批新技术和新产品，有的在国际上处于领先水平。

二、水射流的分类

水射流的种类很多，分类的方法也不一样，常用的分类方法有以下几种。

1. 根据射流的压力分

驱动压力等级是水射流的主要参数，它不但确定工艺系统的经济技术合理性，而且对工艺设备技术复杂性的影响也很大。根据水射流驱动压力，国内外学者分类标准不尽一致，常见的分类标准列于表 1-1。

表 1-1　水射流按压力等级分类

压力等级	中国、日本压力范围，MPa	美国压力范围，MPa	系统设备
低压射流	≤10	0.5~35	多级离心泵、低压往复泵
高压射流	10~100	35~140	高压往复泵
超高压射流	≥100	140~420	超高压往复泵、增压器

2. 根据工作介质和环境介质分

按射流工作介质和环境介质，可分为淹没射流和非淹没射流两种。射流的工作介质与环境介质密度相近或相同时，这种射流称为淹没射流。如在水中喷射的水射流或在空气中喷射的气体射流属于淹没射流。如果环境介质的密度大大低于工作介质的密度，则称为非淹没射流。大气中的水射流就是最常见的非淹没射流。

3. 根据固壁条件分

有固壁约束下的射流称为非自由射流，反之则为自由射流。在有些文献里，自由射流指的是没有固壁限制，而且环境介质的流速很小（或静止）的射流。流体射流的作业环境内有或没有固体壁面的限制，对射流的形成和动力特性有明显的影响。

4. 根据射流施载特性分

按射流对物料的施载特性，水射流可分为连续射流、冲击射流和混合射流三种。

（1）连续射流：对物料施载开始时有一个短时的冲击峰值压力，随之而来的是持续稳定的压力。这种射流只有冲击峰值压力以后的稳定压力才具有代表性。该种射流常用于切割和清洗物料。

（2）冲击射流：对物料的施载特点是产生一个只持续极短时间的峰值压力。这种射流只有峰值压力才具有代表性。高速水滴冲击和脉冲水射流可以看作是冲击射流。

（3）混合射流：介于上述两种极端的施载方法，其施载特点是冲击压力和稳定压力相结合。含有空化气泡的连续水射流（空化射流）在其连续稳定施载的同时伴随着空化作用的冲击施载。具有一定长度的液柱间断射流，其施载过程为一冲击压力加上一稳定压力，稳定压力维持的时间与柱状液滴的速度和大小有关。

5. 根据射流水力学特性分

按射流水力学特性，水射流可分为定常射流和非定常射流两种。定常射流的特点是射流的各个断面上的流体力学特性不随时间而变化，仅为位置的函数。非定常射流则与此相反，射流各断面上的流体力学特性不仅随其位置而变化，而且随时间而变。定常射流一定是连续射流，而非定常射流可以是连续射流，也可以是非连续射流。

6. 根据射流介质相态分

按射流介质相态，水射流可分为单相和多相射流。常见的纯水射流、包括加有高分子聚合物的水射流都属于单相水射流；混有固体磨料微粒的磨料射流及混有微小冰块的冰水射流属于固液两相射流；混有空化气泡的空化射流属于气液两相射流。

7. 根据射流喷射方向分

一般射流从喷嘴出口喷出时只有一个轴向速度分量，此类射流称为直射流，最常见的是高压射流钻井过程中钻头上的喷嘴射流和水力喷射压裂过程中喷枪上的喷嘴射流。有的喷嘴为了提高作用效果，在同一个喷嘴上布置了多个切向出口，喷出的射流为多股切向射流，如清洗化工容器的多孔喷嘴产生的射流。还有一种为旋转射流，采用驱动机构使射流喷嘴绕既定的轴线旋转，喷出的射流受喷嘴的影响而具有圆周速度分量，如清洗油气井井筒和输油管道用的喷嘴射流就是旋转射流。

8. 按实际应用分

有关水射流的分类方法还有很多种，这里不一一列举。实际应用的射流可分为以下三种类型。

1) 连续射流

连续射流是工业应用最常见的一种射流形式。顾名思义，连续射流是由高速流动的连续流束形成的射流。目前连续射流的流速可以达到近1000m/s，相应的泵压力高达420MPa。

这种射流大多用于切割与清洗，其基本作用原理是射流冲击物体表面时产生滞止压力，该压力值与射流速度有以下关系：

$$p = \rho u^2 / 2 \quad (1-1)$$

式中 p——连续射流产生的滞止压力，Pa；

ρ——射流介质的质量密度，kg/m³；

u——射流速度，m/s。

在连续射流中加入磨料（固体颗粒）、长链聚合物、化学清洗剂可大大提高其性能。

2) 脉冲射流

脉冲射流与连续射流的不同之处在于其射流是间断的，射流源的总能量和流动参数随时间变化，射流对物体的冲击力也是随时间变化的，属于不稳定射流。产生脉冲射流的方法很多，从动力源来看可以分为纯挤压式、冲击聚能式、爆炸脉冲式。也可以将连续射流截断成脉冲射流，如机械截断式脉冲射流、激光束气化脉冲射流、调制式间断射流等。它们的原理均相同，首先要有动力源，动力源可以是压缩气体、激波或火药突然爆炸等，将动力源的能量传给流体，流体获得能量后变为高能流体通过喷嘴以很高的速度喷射出来，作用在被冲击的物体上，在瞬间将流体的能量转变为压力，使物体被破坏。

脉冲射流冲击物体引起的破坏作用主要由水锤压力产生。水锤压力与射流速度有以下关系：

$$p = \rho c u \tag{1-2}$$

式中　p——脉冲射流产生的水锤压力，Pa；
　　　c——射流介质中的声速，m/s，在水中，$c \approx 1450 \text{m/s}$。

可以看出，在通常情况下，脉冲射流产生的水锤压力明显大于连续射流产生的滞止压力。

3）空化射流

液体在流动过程中，当液流局部的绝对压力降低到当地温度下的饱和蒸气压力时，液体内部原来含有的很小的气泡将迅速膨胀，产生空化现象。空化射流，就是人为地在水射流束内产生许多空泡，利用空泡破裂所产生的强大冲击力来增强射流的作用效果。空化射流的基本原理，简单地说就是在液体射流内诱使空化发生并让空泡长大，当含有这些空泡的射流冲击物体表面时，在物体表面及其附近破裂，空泡破裂时产生的能量高度集中，使物体表面被迅速破坏。

在相同排量下，空化射流冲击压力为连续射流冲击压力的8.6~124倍。空化空蚀机理和空化射流将在第五章详细介绍。

三、水射流的优点

水射流技术之所以能够得到广泛的应用，主要是因为该技术与其他技术相比较具有一系列的优点，具体如下：

（1）由于高压水射流加工时作用于物体上的力是局部的冲击力，对物体的整体作用力小，物体在无变形和无局部组织变化的情况下就可以被切断，如纸张、布匹、肉类等。

（2）与其他加工方法相比，高压水射流加工时温度低，升温小，不产生明火和有害气体，不会引起物体的变形，不改变物体的力学、物理和化学性质，容易安全地对易燃、易爆物品（如弹药）进行加工。

（3）喷嘴在数控装置的控制下移动方便，喷头不与物体接触，可以对不规则外形的物体的任何位置进行加工，可以满足特殊工艺技术要求。

（4）高压水射流以水为工作介质，成本低廉，用后的水可以回收，不产生环境污染，符合HSE要求。

（5）由于喷嘴直径较小，用高压水射流进行切割加工时，割缝窄，有利于提高原材料利用率，加工质量也得到提高；在进行清洗作业时，可根据材料性质和作业标准调节射流工作压力，容易达到技术要求。

（6）高压水射流可直接破碎物体，也可用刀具和射流联合破碎，射流起辅助破碎和冷却刀具作用，在矿床挖掘和石油钻探中可大大提高作业效率。

四、水射流的应用范围

水射流的应用范围和领域十分广泛，其应用范围主要有以下五个方面：工业切割；挖掘、钻探和破碎；岩石切割和掘进；清洗与表面处理；材料粉碎。应用领域涉及煤炭、石油、冶金、化工、船舶、交通、建筑、航空航天等十几个工业部门。

1. 工业切割

工业切割是水射流技术应用的主要方面（视频 1-1、视频 1-2），包括纯水射流切割和精密切割，切割物料范围和应用领域见表 1-2。

表 1-2　水射流工业切割物料范围及其应用领域

	切割物料	切割应用领域
纯水射流切割	（1）塑料切割	工程塑料成形加工、家电、膜工业
	（2）纸切割	瓦楞纸制造、废品回收、纸尿布
	（3）纤维、纺织品切割	纤维、体育用品、服装业
	（4）橡胶、皮革切割	橡胶、皮革、合成皮革加工业、鞋业
	（5）食品切割（含冷冻食品）	食品工业、冷冻食品工业、糕点业
	（6）木材、合成材料的切割	林业、住宅、室内装潢业
	（7）其他	火药（固体燃料切割）、破冰船（冰切割）
精密切割	（1）金属板切割，如钛、铝、不锈钢、高强度钢、超合金等	飞机工业、车辆工业、汽车工业、造船业、钢铁业、有色金属工业、金属制品制造业、原动机制造业、厨房用品制造等
	（2）镶网玻璃、彩色玻璃、叠层玻璃切割	玻璃业、住宅业、室内装潢业（彩色玻璃等）、广告业、医疗器械制造业等
	（3）新材料切割：复合材料（玻璃纤维塑料、纤维增强金属、纤维增强复合材料）、陶瓷、其他（磁性材料等）	材料相关产业：飞机工业、车辆工业、汽车工业、体育用品业、精陶瓷工业、烧窑业
	（4）建材切割，轻体船、混凝土切割等	建筑业、住宅业、砖瓦业
	（5）其他	核能工业（核燃料管的切割）、石墨制造加工业

视频 1-1　水射流切割

视频 1-2　五轴高压水射流切割

2. 挖掘、钻探和破碎

高压水射流用于挖掘和钻探时，使用的压力比用于切割时的压力低，主要用于岩石破碎。为了更高效率地钻进硬岩石，必须采用更高的压力。曾经把压力提高至 400MPa 而流量很小，取得了满意的钻孔效果。

研究还表明，机械刀具与水射流结合使用，可以大大提高挖掘和钻探效率，水射流不仅可以破碎岩石，清除碎块，而且可以延长刀具及设备的寿命。用于挖掘、钻探和破碎的高压水射流不仅可用连续射流和磨料射流，还可用空化射流和脉冲射流。特别是脉冲射流，已广泛应用于地下挖掘和矿物开采。在城市建设中，水射流可用于破碎混凝土和钻地下涵洞。1997 年，俄罗斯开发的水炮用压缩空气作动力，最大射流压力达 1GPa，喷嘴直径 13mm，用于巷道机械化破岩，取得良好效果。

3. 岩石切割和掘进

1976 年，美国在水射流辅助全断面掘进机上用盘形滚刀进行了首次破岩试验。试验证明，在花岗岩区使用 315MPa 高压水射流可提高掘进率。但由于有关高压泵组设备的长期可靠性问题阻碍了该项技术被掘进机工业接受，所以需研究设计一种用较低压力的射流辅助掘进机切割坚硬岩石的技术。现已发现，射向滚刀轨迹低于 140MPa 的射流压力可以改善掘进机的工作效率。

从 1983 年起，美国矿业局在水射流辅助切割岩石方面进行了广泛的研究，研究重点放在 20~70MPa 中等压力的使用上，取得了良好效果。如由于射流冷却和润滑，降低刀具力，从刀具路线上清除破碎材料，降低煤系岩层瓦斯摩擦起火的发生率。

4. 清洗与表面处理

利用水射流进行清洗与表面处理主要包括表面清洗和除锈、除漆、去毛刺。水射流应用于表面处理所需的压力较其他的应用压力低，因此在清洗和表面除锈、除漆等行业应用最为广泛。随着压力的提高，水射流的表面处理能力也不断提高，水射流表面处理也向高压方向发展。高压水射流已广泛应用于石油化工、机场跑道、汽车喷漆、造船及建筑等行业。随着设备的成熟可靠，很多国家已采用提高压力的办法来代替磨料射流进行清洗和表面处理，压力范围在 150~300MPa。水射流清洗和表面处理经历了高压纯水、高压磨料、真空复合高压纯水几个阶段后走向了成熟的商业化应用。近年来开发的真空复合高压机器人除锈设备已成功地进入船舶与大型罐槽作业领域，不仅速度高、质量好，而且以真空吸去锈渣与水分，即除即干，整个过程遥控作业。美国 FLOW 公司研制的机器人对高达 70m 的货船进行除锈，其船体表面有许多深达 25mm 的凹坑，机器人能穿过这些不规则的凹坑，行走自如，除锈速度达 60m²/h。巴西学者对四种表面预处理方法（砂纸打磨、气吹、干喷砂和水力除锈）进行了微观分析，研究表明，水力除锈不但质量高，而且涂装寿命长。高压水射流用于清洗和表面处理具有其他方法所不具有的优点。

5. 材料粉碎

20 世纪 80 年代中期，美国密苏里大学罗拉分校利用高压水射流进行了木材制浆、废纸制浆、城市固体垃圾处理及煤与矿物的粉碎试验，从而开始了高压水射流粉碎技术的研究。高压水射流粉碎技术就是通过有巨大能量的水射流以某种方式作用在被粉碎的物料上，并在物料的裂隙和节理面中产生压力瞬变，从而使物料粉碎。高压水射流粉碎物料主要有两种方式：一种是将高压水射流直接作用于待粉碎物体大颗粒，在水射流冲击压缩、水楔拉伸、紊流空化、脉冲水锤等作用下，使固体颗粒粉碎；另一种是利用磨料射流原理，将固体颗粒与高速水射流混合后喷射到坚硬的靶体上，使颗粒与颗粒或与靶体之间产生强烈碰撞，从而达到使颗粒粉碎的目的。目前，已研制出后混式、自振式、双盘式等水射流粉碎机，用于珠光云母粉、煤、铁鳞等矿物的粉碎，颗粒可磨至 10μm 以下，最小可达 3μm。水射流粉碎与其他粉碎方式能耗相当，粉碎过程中可以避免颗粒团聚，特别是对热敏性材料，可以很好地保持颗粒的原始结晶形态和表面光洁度，同时对环境无污染，符合节能、环保要求。在超细粉碎技术中，水射流粉碎是新的具有发展前途的工艺技术。

第二节　射流流体力学基础知识

一、水的物理性质

在本书中所提及的射流主要是指水射流。水是一种最常见的流体，水的主要物理性质包括以下几个方面。

1. 水的密度

水的密度是指单位体积水所具有的质量。标准大气压、20℃常温下（即标准状态下）纯水的密度约为 1000kg/m³。

2. 水的黏性

水的黏性是指流体内部抗拒变形、阻碍流体运动的特性。衡量流体黏性大小的物理量是动力黏度 μ（单位为 N·s/m² 或 Pa·s）和运动黏度 ν（单位为 m²/s），两者的关系为 $\nu = \mu/\rho$。标准状态下水的动力黏度 $\mu = 1.005 \times 10^{-3}$ N·s/m²。

3. 水的压缩性

水的压缩性是指在一定温度下，水的体积随着压力的升高而减小的特性。衡量压缩性大小的物理量是压缩率 k，有如下关系：

$$k = -\frac{1}{V} \cdot \frac{dV}{dp} \tag{1-3}$$

式中　　k——压缩率，m²/N；

　　　　dV——体积的缩小量，m³；

　　　　dp——压力的增加量，Pa。

水的压缩率很小，在不同压力下的值见表 1-3。当水的压力增加 0.1MPa 时，水的体积减小约 0.05%。一般情况下可不考虑水的压缩性。在高压尤其是超高压水射流问题中，由于其压力与常压相比变化很大，因此必须考虑其压缩性的影响。当压力为 200~300MPa 时，由式 (1-3) 可计算出水的体积压缩量为 7%~9.4%。

表 1-3　水在常温 (20℃)、不同压力下的 k 值

p, MPa	1~50	100	200	300	400	500
k, 10^{-9} m²/N	0.485（平均）	0.393	0.356	0.313	0.280	0.264

二、流体力学基本方程和射流水力参数

1. 流体力学基本方程

描述流体运动的基本方程有运动方程和连续性方程。

1) 运动方程

描述黏性流体运动的运动方程是纳维—斯托克斯方程，简称 N-S 方程。对不可压缩黏性流体的 N-S 方程，其在空间直角坐标系中的表达式为：

$$\begin{cases} X - \dfrac{1}{\rho} \cdot \dfrac{\partial p}{\partial x} + \dfrac{\mu}{\rho} \left(\dfrac{\partial^2 u_x}{\partial x^2} + \dfrac{\partial^2 u_x}{\partial y^2} + \dfrac{\partial^2 u_x}{\partial z^2} \right) = \dfrac{du_x}{dt} \\ Y - \dfrac{1}{\rho} \cdot \dfrac{\partial p}{\partial y} + \dfrac{\mu}{\rho} \left(\dfrac{\partial^2 u_y}{\partial x^2} + \dfrac{\partial^2 u_y}{\partial y^2} + \dfrac{\partial^2 u_y}{\partial z^2} \right) = \dfrac{du_y}{dt} \\ Z - \dfrac{1}{\rho} \cdot \dfrac{\partial p}{\partial z} + \dfrac{\mu}{\rho} \left(\dfrac{\partial^2 u_z}{\partial x^2} + \dfrac{\partial^2 u_z}{\partial y^2} + \dfrac{\partial^2 u_z}{\partial z^2} \right) = \dfrac{du_z}{dt} \end{cases} \tag{1-4}$$

对 N-S 方程积分，将积分时式中遇到的黏性阻力项用 h_f' 表示，考虑重力场中的恒定流动，最后可得到黏性不可压缩流体运动的伯努利方程：

$$\frac{p_1}{\rho}+\frac{\alpha_1 u_1^2}{2}+gZ_1=\frac{p_2}{\rho}+\frac{\alpha_2 u_2^2}{2}+gZ_2+gh_f' \tag{1-5}$$

式中每一项的量纲是 $[L^2/T^2]$，实质上是 $\left[\dfrac{ML}{T^2}\cdot\dfrac{L}{M}\right]$，也就是每项的单位为 J/kg 或者 N·m/kg，即单位质量的动能，gZ 表示单位质量的位置势能，gh_f' 表示运动中由摩阻引起的单位质量的机械能变成热能而散逸的能量。系数 α 表示总的流过断面的实际动能与以平均速度计算的动能的比值，称为动能修正系数。它的值总是大于 1，并与断面上的流速分布有关。流速分布越不均匀，α 值越大；流速分布较均匀时，则 α 近似等于 1。式中各项角标 1、2 分别代表流体流过的两个截面。

2）连续性方程

不可压缩流体的连续性方程在空间直角坐标系中的表达式为：

$$\frac{\partial u_x}{\partial x}+\frac{\partial u_y}{\partial y}+\frac{\partial u_z}{\partial z}=0 \tag{1-6}$$

在工程应用中，许多流动问题可近似看成一元流动，如在管道中流动的流体。这样，连续性方程可简写成：

$$u_1 A_1 = u_2 A_2 \tag{1-7}$$

式中 A_1、A_2——流体流过 1、2 两个有效截面的面积，m^2；

u_1、u_2——流体流过 1、2 两个有效截面时的平均流速，m/s。

用运动方程 (1-5) 和连续性方程 (1-7)，原则上就可以求得不可压缩黏性流体流场的解。

2. 射流水力参数

射流水力参数包括射流喷射速度、射流流量、喷嘴直径、射流冲击力和射流水功率。

1）射流喷射速度

喷嘴出口处的射流速度称为射流喷射速度，习惯上称为喷速。其计算式为：

$$u_j=\frac{Q}{A_0} \tag{1-8}$$

其中

$$A_0=\frac{\pi}{4}\sum_{i=1}^{z} d_i^2 \tag{1-9}$$

式中 u_j——射流喷射速度，m/s；

Q——通过喷嘴的液流量，m^3/s；

A_0——喷嘴出口截面积，m^2；

d_i——喷嘴直径 $(i=1,2,\cdots,z)$，m；

z——喷嘴个数。

对于连续射流而言，在喷嘴出口截面内外两点间应用伯努利方程，忽略两点之间的高度差，可得出下列关系式：

$$\frac{p_1}{\rho_1}+\frac{u_1^2}{2}=\frac{p_2}{\rho_2}+\frac{u_2^2}{2} \tag{1-10}$$

两个截面间的连续性方程为：

$$\rho_1 u_1 A_1 = \rho_2 u_2 A_2 \tag{1-11}$$

对于水射流而言，一般喷嘴流道和管线为圆柱形，即 $A = \pi d^2/4$。常规条件下水射流可以将水视为不可压缩流体，即 $\rho_1 = \rho_2$。

联立上述两式可得：

$$u_2 = \sqrt{\dfrac{2(p_1-p_2)}{\rho\left[1-\left(\dfrac{d_2}{d_1}\right)^4\right]}} \tag{1-12}$$

对于工程水射流而言，由于 $p_1 \gg p_2$，可将 p_2 忽略掉；$\left(\dfrac{d_2}{d_1}\right)^4 \ll 1$，可将此部分视为 0，同时将 $\rho = 998 \text{kg/m}^3$ 代入式(1-12)，得出简化射流喷射速度计算式：

$$u_t = 44.7\sqrt{p} \tag{1-13}$$

式中　u_t——简化射流喷射速度，m/s；
　　　p——射流压力，MPa。

2) 射流流量

射流流量是单位时间内流过喷嘴出口截面的流体体积，由下式计算：

$$Q = uA_0 = (\pi d^2/4)u \tag{1-14}$$

与式(1-13)联立可得：

$$q_t = 11.175\pi d^2\sqrt{p} \tag{1-15}$$

式中　q_t——射流流量，L/min；
　　　d——喷嘴出口直径，mm。

3) 喷嘴直径

当压力源的压力和流量一定时，喷嘴直径可由下式确定：

$$d = \sqrt{\dfrac{4Q}{\pi u}} = \sqrt{\dfrac{4Q}{\pi c\sqrt{2p/\rho}}} \tag{1-16}$$

当压力 p 单位取 MPa、流量 Q 取 L/s、流体密度 ρ 取 g/cm³、喷嘴直径 d 取 cm 时，式(1-16)可变为：

$$d = \sqrt[4]{\dfrac{0.8\rho Q^2}{\pi^2 c^2 p}} \tag{1-17}$$

式中　c——喷嘴流速系数。

4) 射流冲击力

射流冲击力是指射流在其作用面积上的总作用力的大小。喷嘴出口处的射流冲击力表达式可以根据动量原理导出，其形式为：

$$F_j = \dfrac{\rho Q^2}{100 A_0} \tag{1-18}$$

式中　F_j——射流冲击力，kN；
　　　ρ——射流介质密度，g/cm³。

5) 射流水功率

单位时间内射流所具有的做功能量，就是射流水功率。其表达式为：

$$P_j = \frac{0.05\rho Q^3}{A_0^2} \tag{1-19}$$

式中 P_j——射流水功率，kW。

其另一种表达方式为：

$$P = 16.67pq \tag{1-20}$$

式中 P——射流水功率，W；
p——射流压力，MPa；
q——射流流量，L/min。

三、孔口出流基本理论

一定压力的流体从孔口流出即可形成射流。根据孔口边缘形状可将孔口出流分为薄壁孔口出流、厚壁孔口（短管）出流和喷嘴出流。

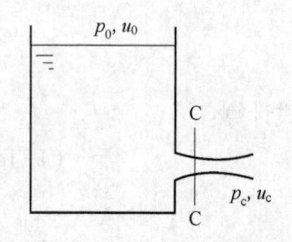

1. 薄壁孔口出流

图 1-1 为薄壁孔口出流示意图。水箱中的水从四面八方向孔中心汇集流出，由于流体质点运动时的惯性，当绕过孔口边缘时流线不能折角改变方向，只能渐渐弯曲，于是水流经过孔口断面后仍继续弯曲向中心收缩。实验表明，在距孔口 $d/2$ 处（d 为孔口直径），流束断面收缩至最小。利用伯努利方程可以求出断面 C 处的流速 u_c 和流量 Q_c：

图 1-1 薄壁孔口出流示意图

$$u_c = c\sqrt{\frac{2p}{\rho}} \tag{1-21}$$

$$Q_c = CQ_0 \tag{1-22}$$

其中

$$Q_0 = \frac{1}{4}\pi d^2 \sqrt{\frac{2p}{\rho}}$$

式中 c——速度系数，孔口出流时可取 0.97~0.98；
C——流量系数，孔口出流时可取 0.60~0.62；
Q_0——理想流出量。

薄壁孔口出流的速度系数较高，但由于出流断面收缩，其流量系数较小。

2. 厚壁孔口（短管）出流

如图 1-2 所示，在孔口处接一个长 $l=(3~4)d$ 的圆柱形短管。这样，流入短管的水流首先产生断面收缩，而后流束逐渐扩大，至短管出口时将充满短管而流出。

通过水力学计算可以得出，这时的速度系数为 0.82 左右。又因短管出口为满流无断面收缩，故流量系数 $C=c=0.82$。由此可见，短管出流流量系数要比薄壁孔口出流高。

3. 喷嘴出流

在高压水射流系统中，喷嘴直径都很小，而高压管路直径比较大，如果把喷嘴与高压管路直接连起来，会使喷嘴出口前阻力损失加大，从而降低了喷嘴出口处的压力，同时还会出现短管出流中在短管内部的漩涡低压区。这个漩涡区的压力低于大气压，形成一定的真空度，不仅使漩涡区产生流束与管嘴分离，而且还降低其流量系数。为此，可用一定形状的喷嘴，使高压管路截面连续均匀地过渡到所需要的出口面积。显然，最佳的喷嘴形状应尽量与喷嘴出口处的流线保持一致，使流束连续均匀收缩而不在喷嘴内部产生漩涡区，从而达到最大的速度系数和流量系数。

由于流线型喷嘴难以加工，特别是小直径喷嘴。因此，目前工程中使用的水射流喷嘴多是出口带圆柱段的锥形收敛型喷嘴（图1-3）。这种类型的喷嘴，其速度系数可高达0.98。

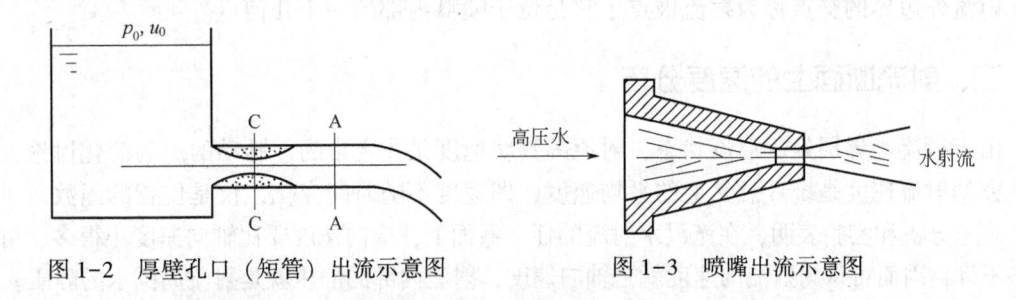

图 1-2　厚壁孔口（短管）出流示意图

图 1-3　喷嘴出流示意图

第三节　淹没水射流的结构和特性

水射流射入静止的水中后，由于水的黏性作用，水微团之间必然要发生动量交换，引起周围水的流动，使得射流直径不断扩大，射流本身速度不断衰减，最后完全消失在周围的水中，犹如被淹没一般。当水射流的速度很小时，周围的水会形成一个稳定的层流边界层；当射流速度增大，雷诺数达到某一临界值之后，层流边界层将失稳发展成湍流。工程中常见的水射流大多数为湍流射流，下面讨论湍流射流的流动特性。

一、淹没水射流的结构

淹没水射流的结构如图1-4所示。在喷嘴出口处，射流的速度是均匀的，而一离开喷嘴就要卷吸周围的水，使射流边界变宽，速度降低，速度保持初始速度u_0不变的区域也不断减少。速度等于零的边界称为射流外边界，射流速度保持初始速度的边界为内边界。内外边界都是直线，内外边界之间的区域为边界层。显然，边界层的宽度随离开出口的距离加大而不断增加，导致射流中保持初始速度不变的区域减少，使更多的水卷入射流流动。当内外

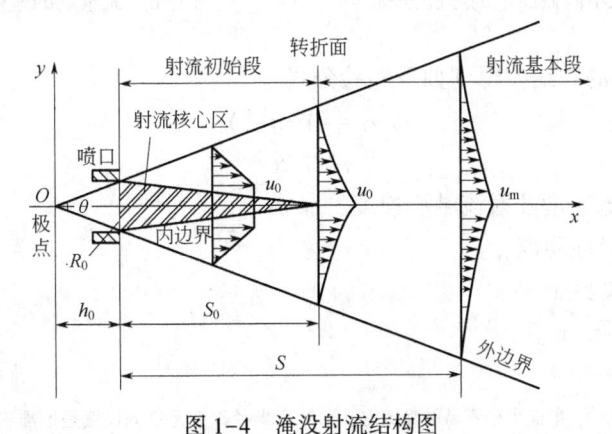

图 1-4　淹没射流结构图

R_0—喷嘴出口半径；h_0—射流极距；u_0—射流初始速度；S_0—核心段长度；θ—扩散角；u_m—射流轴心速度；S—喷距

边界线与射流轴线相交时，即射流截面上只有轴线上的速度为 u_0 时，称这个射流截面为转折面或过渡面。在转折面之前，射流轴心线上的速度保持 u_0 不变，在转折面之后，射流轴心线上的速度开始衰减。

喷嘴出口至转折面的距离为射流初始段，在初始段内部有一个速度保持不变的核心区，它是以喷嘴出口断面为底、初始段长度为高的圆锥体。转折面以后的部分为射流基本段。

射流外边界的交点称为射流极点，它是位于喷嘴内部的一个几何点。

二、射流断面上的速度分布

由于射流边界层处于湍流状态，射流的真实速度是非定常的、脉动的。为简化讨论，这里研究的射流速度是统计意义上的平均速度，即速度不随时间变化，仅是位置的函数。

理论分析和实验表明，在淹没水射流的任一截面上，横向速度要比轴向速度小得多，可以忽略不计，因而可认为射流的速度就是轴向速度，射流内部的静压就是射流周围水的静压。

图 1-5 是 Trüpel 测定的轴对称射流基本段内不同截面上的速度分布。实验时的射流初始速度为 87m/s，喷嘴半径为 0.045m，S 为不同测量面距喷嘴出口的距离（此处又称为靶距）。从图中可以看出，速度分布是随 S 渐进变化的，S 越大，速度分布越平坦，射流宽度也越大。

将五个截面上的速度分布用无量纲坐标绘出，如图 1-6 所示。图中 u_m 为射流轴心速度，$y_{0.5}$ 是截面上速度为轴心速度一半处的径向距离❶。由图 1-6 可以看出，五个截面上的各测点几乎全落在同一曲线上，这表明它们的速度分布是相似的。这种特性又称作自模性。

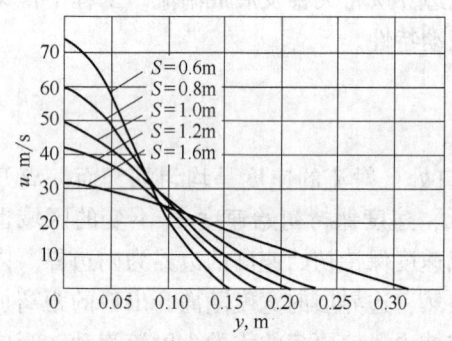

图 1-5 淹没射流不同截面上的速度分布

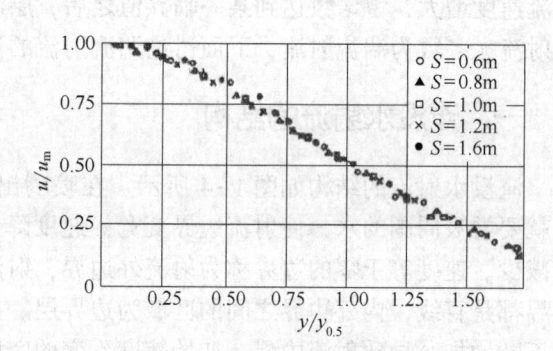

图 1-6 无量纲的速度分布图

通过对实验结果的归纳，得到如下经验公式：

$$u/u_m = (1-\eta^{1.5})^2 \quad (1-23)$$

$$\eta = y/R \quad (1-24)$$

式中 u、u_m——射流速度及射流轴心速度，m/s；

η——无量纲径向距离；

y——径向距离，m；

R——射流半径，m。

---

❶ 由于射流速度的脉动，射流半径不易准确测定，用射流半径作为无量纲尺度是不准确的，$y_{0.5}$ 只是进行绘图的一种技巧。这里要指出的是，无论采用什么方法作 y 值使其无量纲化，得到的五个截面上的速度分布总是相同的。

在射流初始段内，式(1-23)也同样成立，只是将 y 和 R 从内边界算起即可。因此式(1-23)是射流边界层内部的速度分布公式。

式(1-23)、式(1-24)中，u_m 和 R 都是未知的，使用它们计算射流速度有实际困难。

利用 Prandel 混合长度理论可以对淹没水射流求解。下面就式(1-23)进行半经验理论分析，给出一些有用的结果。

由于射流上没有任何外力作用，因此，射流各个截面上的动量应守恒，即：

$$\int_A \rho u^2 \mathrm{d}A = \rho u_0 \pi R_0^2 \tag{1-25}$$

式中 A——截面面积，m^2；

R_0——射流出口半径，m。

对基本段内任一截面，将式(1-23)代入式(1-25)，有：

$$\rho u_m^2 2\pi R^2 \int_0^1 (1-\eta^{1.5})^4 \eta \mathrm{d}\eta = \rho u_0 \pi R_0^2 \tag{1-26}$$

其中定积分 $\int_0^1 (1-\eta^{1.5})^4 \eta \mathrm{d}\eta = 0.0668$，则

$$R/R_0 = 2.74 u_0/u_m \tag{1-27}$$

在转折面处射流半径 R^* 为：

$$R^* = 2.74 R_0 \tag{1-28}$$

由于式(1-23)与实际速度分布有一定的偏差，所得的结果也有一定偏差。根据实验结果可对式(1-27)和式(1-28)进行修正，得到：

$$R/R_0 = 3.3 u_0/u_m \tag{1-29}$$

$$R^* = 3.3 R_0 \tag{1-30}$$

三、射流的扩散与核心段长度

实验表明，淹没水射流的外边界是直线，扩散角 θ 近似为 28°，则射流半径 $R(x)$ 为：

$$R(x) = x\tan\frac{\theta}{2} \approx 0.25x \tag{1-31}$$

由图 1-4 可知：

$$\tan\frac{\theta}{2} = \frac{R_0}{h_0} = \frac{R^*}{h_0 + S_0} \tag{1-32}$$

则核心段长度 S_0 为：

$$S_0 = 2.3 h_0 = 2.3 R_0/\tan\frac{\theta}{2} = 9.22 R_0 \tag{1-33}$$

四、射流的轴向速度衰减

由式(1-29)和式(1-31)可以得到射流轴向速度的衰减规律：

$$u_m/u_0 = \begin{cases} 1, & S \leq S_0 \\ 13.2 R_0/(S+4R), & S > S_0 \end{cases} \tag{1-34}$$

五、射流基本段内各截面的流量

由式(1-23)记 $Q_0 = \pi R_0^2 u_0$ 得到：

$$Q = \int_A u dA = 2\pi R^2 u_m \int_0^1 (1-\eta^{1.5})^2 \eta d\eta = 2Q_0 \left(\frac{R}{R_0}\right)^2 \frac{u_m}{u_0} \times 0.1285 \quad (1-35)$$

将式(1-29)代入式(1-35)，得到：

$$Q = 2Q_0(3.3)^2 \frac{u_0}{u_m} \times 0.1285 = 2.8 \frac{u_0}{u_m} Q_0 \quad (1-36)$$

同样式(1-36)也需要根据实验结果修正：

$$Q/Q_0 = 2.13 u_0/u_m \quad (1-37)$$

转折面处的流量 Q^* 为：

$$Q^* = 2.13 Q_0 \quad (1-38)$$

第四节 非淹没水射流的结构和特性

一、非淹没水射流的结构

非淹没高压水射流的结构如图1-7所示，在射流长度方向上可分为以下三个阶段。

(1) 初始段。该段的射流表面已开始破碎为大块水团并吸入空气，而其核心部分仍保持初始的喷射速度，呈紧密状态。随着远离喷嘴，核心的断面积越来越小，最后完全消失。

(2) 基本段。该段中射流吸入的空气逐渐增多，射流表面的大块水团进一步被破碎为水滴，而射流中心由紧密状态破碎为大块水团，而且随着远离喷嘴出口，保持中间大块水团的部分也逐渐减小，最后完全变成水滴。基本段通常称为破裂段。

(3) 水滴段。射流吸入大量空气，射流整个断面被空气介质隔离变成水滴状。

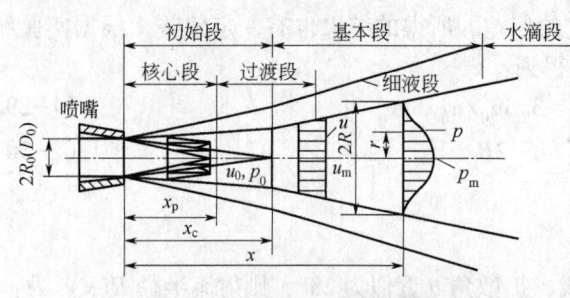

图1-7 非淹没水射流结构图

R—射流断面的半径；u_0—嘴出口处的射流初始速度；
p_0—喷嘴出口处动压；R_0—喷嘴出口半径；
D_0—喷嘴出口直径；x_p—核心段长度；
x_c—初始段长度；r—至射流轴线的径向距离；
p—射流断面上任一点的动压；p_m—射流断面轴心上的动压；
u—射流速度；u_m—射流轴心速度；x—离开喷嘴出口的距离。

二、非淹没水射流的几何特征

连续水射流的几何特征主要是指射流的扩散规律和核心段长度。由于空气与水射流的动量交换及空气进入水射流的过程很复杂，至今有关非淹没水射流特性的研究还不太完善，主要是由实验结果总结出一些规律和经验公式。下面以日本学者柳井田的研究成果为例简要介绍非淹没水射流的特性。

柳井田采用了孔径为 0.75mm 的皮托管来测定射流各点压力，使用闪光摄影和高速摄影所得到的照片来确定射流结构和扩散特性。为了消除射流周围滴状雾化流的影响，更准确地测定出射流外径，采用了通电探针的电测法，即当探针接触主流而形成电流回路时，将获得电压输出。通过开始产生电压输出时的探针坐标，即可求得射流直径。

1. 初始段长度

图 1-8 为不同雷诺数（Re）下射流轴线上的动压变化曲线，反映了射流轴心动压（速度 u）的衰减规律（图中 p_x 为射流轴线上的动压，p_0 为喷嘴出口处动压，D_0 为喷嘴出口直径）。为了便于理论计算和实际应用，柳井田把图中动压曲线作切向外推，这样动压曲线简化为折线，并定义 x_c 为初始段长度。初始段包括核心段和部分过渡段。

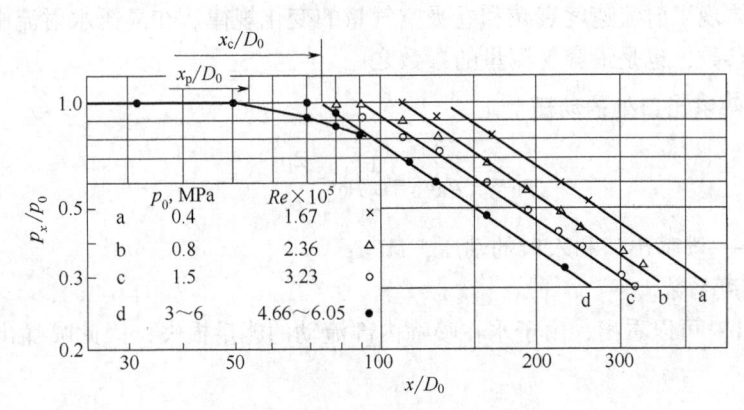

图 1-8 射流轴心线上的动压变化

2. 射流的扩散

图 1-9 为柳井田实验得出的射流扩散规律。从图中可以看出，由于受到水射流出口处形成的湍流边界层的影响，不同水喷嘴产生的射流初始段的形状各不相同。但在基本段内，边界层的影响较小，射流的扩散比较稳定，受喷嘴的影响较小。在基本段内射流按下述关系进行扩散：

$$R = k\sqrt{x} \tag{1-39}$$

或

$$R/R_0 = k_1 \sqrt{\frac{x}{R_0}} \tag{1-40}$$

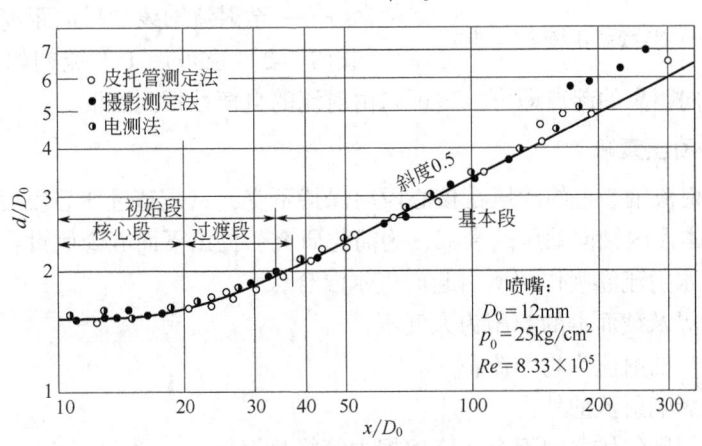

图 1-9 射流扩散宽度

式中　　R——射流断面半径；
　　　　x——离开喷嘴出口的距离；
　　　　R_0——喷嘴出口半径；
　　　　k、k_1——系数，与喷嘴有关，$k_1 = 0.12 \sim 0.18$。

三、非淹没水射流的动力特性

水射流的动压 $p = \frac{1}{2}\rho u^2$ 是射流内单位体积的流体所携带的动能，它含有密度和速度两个参数，综合体现了射流速度衰减和卷吸空气量的变化规律。在高压水射流中，动压是最基本、最重要的参数，也是最容易测量的参数之一。

1. 射流在喷嘴出口处的动压

$$p_0 = \frac{1}{2}\rho_0 u_0^2 = \frac{1}{2}\rho_0 c^2 \frac{2p_i}{\rho_0} = c^2 p_i \tag{1-41}$$

式中　　p_0、p_i——喷嘴出口和入口的动压，MPa；
　　　　c——速度系数。

由式（1-41）可以看出，由于水在喷嘴内部流动的能量损失，因此喷嘴出口动压小于喷嘴入口压力。

2. 射流基本段上的压力分布

实验表明，射流基本段各截面上的动压分布如图 1-10 所示，其分布规律可用下式表示：

$$\frac{p}{p_m} = f(\eta) = (1 - \eta^{1.5})^2 \tag{1-42}$$

其中　　　　　　　　　　$\eta = r/R$

式中　　p——射流截面上任一点动压；
　　　　p_m——射流截面轴心上的动压；
　　　　η——无量纲径向距离；
　　　　R——射流截面的半径；
　　　　r——至射流轴线的径向距离。

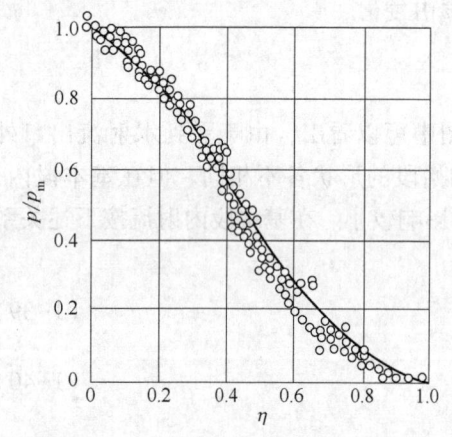

图 1-10　基本段内各截面的动压分布

式（1-42）也可用于射流初始段内，把核心段边界作为计算径向距离的起点即可。这可以由射流的自模性得到证明。

3. 射流轴心动压衰减

如前所述，射流轴心上的动压在核心段内保持不变，只是越过核心段后才开始衰减。本节仅研究射流基本段内轴向动压的衰减，为简化研究，提出下面五个假设：
（1）不存在水射流卷吸作用所引起的气水混合；
（2）射流边界及截面上的静压为大气压；
（3）喷嘴出口的射流为均匀流；
（4）不存在影响射流的外力；
（5）射流与周围气体之间不存在摩擦损失等能量损耗。

根据以上假设,通过射流动量守恒来分析射流轴心上的动压衰减规律,并求出初始段长度 x_c。在喷嘴出口和基本段内各取截面分析,两截面的动量可用下式表示:

$$\begin{cases} J_0 = J_x \\ J_0 = \pi R_0^2 \rho_0 u_0^2 \\ J_x = 2\pi \int_0^R \rho u^2 \mathrm{d}r \end{cases} \tag{1-43}$$

引入无量纲径向距离 $\eta = r/R$,则 $\mathrm{d}r = R\mathrm{d}\eta$,代入式(1-43)并进行变化得:

$$2R^2 \frac{\rho_m u_m^2}{\rho_0 u_0^2} \int_0^1 \frac{\rho u^2}{\rho_m u_m^2} \eta \mathrm{d}\eta = R_0^2 \tag{1-44}$$

将式(1-39)代入式(1-44)可得:

$$\frac{\rho_m u_m^2}{\rho_0 u_0^2} = \frac{1}{2k^2 x} \frac{R_0^2}{\int_0^1 \frac{\rho u^2}{\rho_m u_m^2} \eta \mathrm{d}\eta} \tag{1-45}$$

由此,可以用下式来表示射流轴心动压的变化规律,它与前面由实验得到的结果相同(图1-8):

$$\frac{p_m}{p_0} = \begin{cases} 1, & x \leq x_c \\ x_c/x, & x > x_c \end{cases} \tag{1-46}$$

式中射流初始段长度 x_c 揭示了水射流的内在规律。利用式(1-45)可以求出 x_c:

$$\begin{cases} \dfrac{x_c}{x} = \dfrac{1}{2k^2 x} \dfrac{R_0^2}{\int_0^1 f(\eta)\eta \mathrm{d}\eta} \\ x_c = 3.89 \left(\dfrac{R_0}{k}\right)^2 \\ \overline{x_c} = \dfrac{x_c}{R_0} = 3.89 \dfrac{R_0}{k^2} \\ \overline{R_c} = \dfrac{R_c}{R_0} = 1.97 \end{cases} \tag{1-47}$$

式中 $\overline{x_c}$——无量纲初始段长度;

$\overline{R_c}$——无量纲初始段长度处射流半径;

R_c——初始段长度处射流半径。

四、淹没水射流与非淹没水射流主要特性比较

表1-4归纳了淹没水射流与非淹没水射流的主要特征。通过比较,可以得出:

(1) 淹没水射流的扩散比非淹没水射流快,故其能量耗散快,射流射程短;

(2) 淹没水射流的轴心速度和动压的衰减要比非淹没水射流快得多,故在应用时,其切割破碎能力受靶距的影响大;

(3) 非淹没水射流截面上的速度和动压分布比较平缓,即断面上的速度和动压分布比淹没水射流分布均匀;

(4) 非淹没水射流的核心段长度要比淹没水射流长得多,即射流的有效射程长得多。

表 1-4 淹没水射流和非淹没水射流技术特征

技术特征 \ 射流种类	淹没射流	非淹没射流
射流扩散	$R = x\tan\dfrac{\theta}{2}$ $R^* = 3.3 R_0$	$R = k\sqrt{x}$ $R_c = 1.97 R_0$
基本段轴心速度衰减	$\dfrac{u_m}{u_0} = 13.2 R_0 \dfrac{1}{x}$	
基本段轴心动压衰减	$\dfrac{p_m}{p_0} \propto \dfrac{1}{x^2}$	$\dfrac{p_m}{p_0} = x_c \dfrac{1}{x} = \dfrac{x_c}{x}$
基本段射流断面速度分布	$\dfrac{u}{u_m} = (1-\eta^{1.5})^2$	
基本段射流断面动压分布	$\dfrac{p}{p_m} = (1-\eta^{1.5})^4$	$\dfrac{p}{p_m} = (1-\eta^{1.5})^2$
核心段长度	$S_0 = 9.22 R_0$	$x_c = (65 \sim 135) D_0$

注:r 为射流半径。

思考题

1. 请简述水射流的发展历程。
2. 水射流的分类有哪些?
3. 水射流有哪些用途?
4. 请给出黏性不可压缩流体运动的伯努利方程并简述各项物理含义。
5. 请给出三个用于描述射流特性的水力参数及其物理含义。
6. 孔口出流有哪几种分类?
7. 请阐述非淹没水射流结构。
8. 淹没水射流与非淹没水射流主要特性区别有哪些?

参 考 文 献

[1] Leach S J, Walker G L. Some Aspects of Rock Cutting by High Speed Water Jets [A]. Phil. Trans. Royal Soc. of London, A 1100, 1966: 295-303.
[2] Maurer W C. Advanced Drilling Techniques [M]. Tulsa: Petroleum Publishing Co., 1980.
[3] Huff C F, McFall A L. Investigations into the Effects of an Arc Discharge on a High Velocity Liquid Jet [A]. Sandia Laboratory Report SAND 77-1135c, 1977.
[4] 薛胜雄, 黄汪平, 陈正文, 等. 高压水射流技术与应用 [M]. 北京: 机械工业出版社, 1998.
[5] 萨默斯 D A. 高压水射流钻孔技术的发展 [J]. 高压水射流, 1987 (1), 47-51.
[6] 沈忠厚. 水射流理论与技术 [M]. 东营: 石油大学出版社, 1998.
[7] 崔谟慎, 孙家骏. 高压水射流技术 [M]. 北京: 煤炭工业出版社, 1993.
[8] 王晓敏, 等. 高压射流技术译文集 [M]. 北京: 煤炭工业出版社, 1992.

第二章　水射流冲击特性与破碎机理

水射流技术是近年迅速发展起来的一种新型技术，具有系统结构简单、对作业环境要求低等优点。其主要作用机理是通过水射流发生装置产生高压水流并对作用靶件产生冲击作用，可用于清洗、除垢、除磷、喷雾、浆体输送、注水、注浆和消防等；当该冲击力足够大时，会破碎靶件表面，可用于制粉、铸件清砂、剥层、钻孔、破碎和切割等。研究水射流冲击特性有助于认识水射流的现有用途，指导设计制造未来工业领域需要的水射流方式。

水射流切割破碎物料与机械刀具切割相比具有防尘、防爆和无机械磨损等优势，但水射流切割的比能耗（切割破碎单位体积的物料所消耗的能量）相对较大。近年来各国学者和专家为降低水射流切割比能耗做了大量的研究工作，总体来说降低水射流切割比能耗有以下方向：

（1）水射流与机械刀具联合作业。采用射流与机械刀具联合破碎，可降低水射流的工作压力，减少机械刀具的切割力，通过冷却、润滑作用延长刀具寿命。

（2）调制新型射流，提高射流能量利用率。从改变喷嘴结构和流体介质角度出发，先后研究出添加剂射流、磨料射流、空化射流及自激振荡气蚀射流等新型射流。

（3）合理选择水射流切割参数，提高射流能量利用率。射流压力、喷嘴横移速度和喷距是影响水射流切割性能的主要参数。就射流压力而言，切割深度与射流压力成正比，射流功率与射流压力的 3/2 次方成正比，从降低比能耗角度，一般射流压力的最优值选用 $3p_c$（门限压力）。对喷嘴横移速度而言，提高喷嘴横移速度会减小切割深度，但会增大切割面积，降低比能耗。喷距通常是影响射流切割效率的重要参数，也是影响射流能量利用率的重要因素。在射流切割、破碎和清洗作业时，必须在最佳喷距范围内进行作业。水射流在空气中进行作业时，有效喷距范围较大 $[L_0=(100\sim150)d_0]$，易于掌握和控制；水射流在水中作业时，有效喷距范围较小 $[L_0=(5\sim8)d_0]$，有时在实际作业时难以控制。

（4）研究被切割物料的破坏特性和机理，选用不同的参数配合和不同的射流类型，提高射流的能量利用率。

第一节　物体表面上所受射流压力及其分布

一、连续水射流对物体表面的作用力

连续射流对物体表面的作用力，是指射流对物体冲击时的稳定冲击力——总压力。水射流冲击物体表面时，由于被冲击物体具有不同的表面形状，改变了射流的方向，在其原来的喷射方向上失去了一部分动量，这部分动量将以作用力的形式传递到物体表面上。

图 2-1 是理想水射流冲击四种不同物体表面的射流形状。射流冲击物体表面前的动量

为 ρQu，冲击物体表面后的动量为 $\rho Qu\cos\varphi$。因此，射流作用在物体表面的作用力为：

$$F=\rho Qu-\rho Qu\cos\varphi=\rho Qu(1-\cos\varphi) \tag{2-1}$$

式中 F——作用于物体表面的作用力，N；

ρ——水的密度，kg/m^3；

Q——射流流量，m^3/s；

u——射流速度，m/s；

φ——水射流冲击物体表面后离开物体表面的角度，(°)。

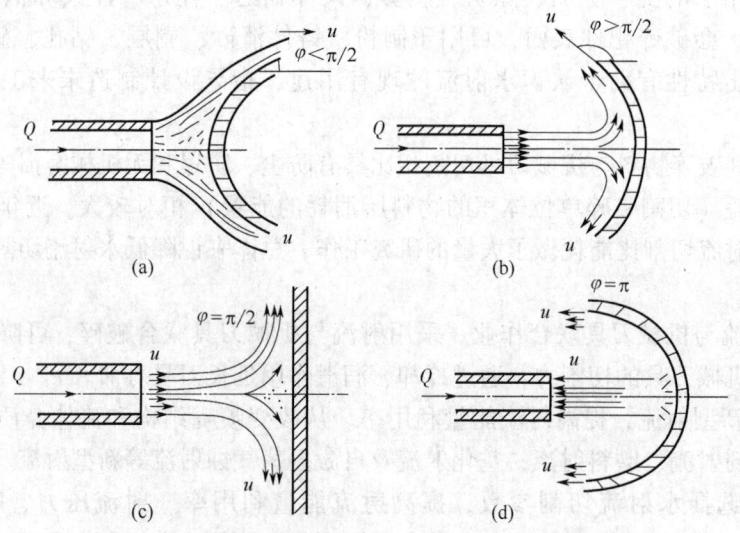

图 2-1 理想水射流冲击四种不同物体表面的形状

式(2-1)表明，射流对物体表面的作用力不仅与射流介质的密度、射流速度有关，还与射流离开物体表面的角度 φ 有关。角度 φ 取决于物体表面形状。

图 2-2 是水射流倾斜冲击平板的作用力情况。射流与平板之间的夹角为 φ。射流在冲击平板之前，在平板的垂直方向上的动量是 $\rho Qu\sin\varphi$，而射流冲击平板之后，这部分动量消失，转变成平板的垂直冲击力（F_n）：

$$F_n=\rho Qu\sin\varphi \tag{2-2}$$

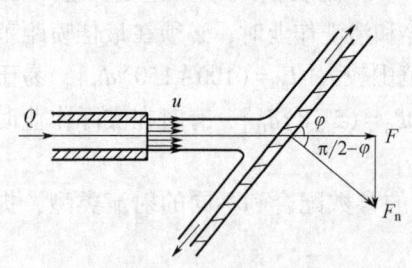

图 2-2 水射流倾斜冲击平板的作用力

在平板方向上射流的动量为 $\rho Qu\cos\varphi$ 并保持不变，对平板无作用力，表现为在射流冲击平板之后向四周流动的均匀性。

在射流方向上的作用力为：

$$F=F_n\sin\varphi=\rho Qu\sin^2\varphi \tag{2-3}$$

当 $\varphi=\pi/2$ 时，$F=\rho Qu$ 即为垂直冲击时的结果。

由于水射流的速度及结构随着喷距发生变化，其冲击在物体上的作用力也随之变化。图 2-3 是不同喷嘴直径的水射流在空气中（非淹没自由射流）冲击物体时作用力随喷距的变化曲线。射流对物体的冲击力首先随着喷距的增加而增加，当喷距达到某一位置时冲击力达到最大值，而后随着喷距的增加冲击力逐渐减小。冲击力的最大值与上述理论值 ρQu 大致相当，在距喷嘴为 $100d_0$ 左右时达到最大冲击力，而喷嘴出口附近的冲击力仅 $(0.8 \sim 0.85)\rho Qu$。

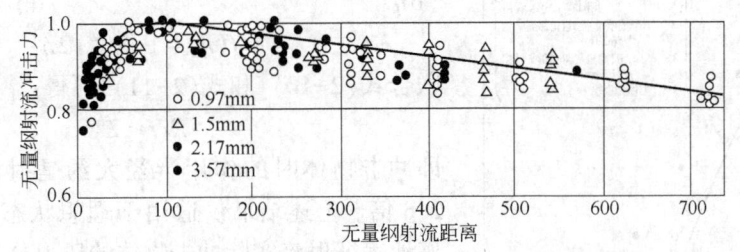

图 2-3　水射流作用力随喷距的变化曲线（空气中的水射流）

二、连续水射流冲击物体的压力分布

连续水射流垂直冲击物体表面时，流体将从射流冲击中心呈辐射状均匀地向四周流动，如图 2-4 所示。在冲击中心处的压力为滞止压力，射流中心的冲击压力 p_0 随着距中心径向距离的增大而降低，射流对物体的作用压力逐渐减小至环境压力，通常可认为是零。

显然，射流冲击物体时存在一个作用范围，对垂直冲击而言即在某一半径范围之外，射流的冲击压力为零。在理想状态下，不考虑射流结构的扩散，则冲击作用半径 R 与射流半径 r 成正比。由量纲分析可得到射流有限冲击范围内各点的压力：

$$p = p_0 f(\eta) \tag{2-4}$$

式中　p_0——射流中心冲击压力。

根据物理实验结果拟合得到经验公式：

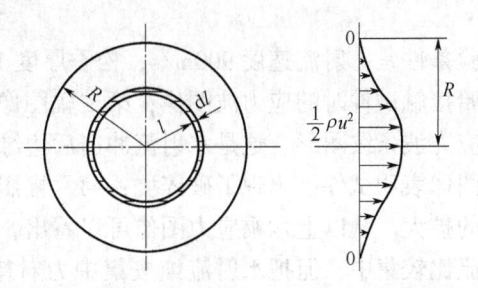

图 2-4　水射流对物体垂直冲击的压力分布

$$f(\eta) = \frac{p_0}{\frac{1}{2}\rho u^2} \tag{2-5}$$

式中，$\eta = l/R$，是无量纲径向距离。

喷嘴出口冲击力为：

$$F = \rho Qu = \rho \pi r^2 u^2 \tag{2-6}$$

将式(2-4)各点压力积分，理论上与射流对平板的总冲击力相等，即：

$$F = \int_0^R p 2\pi l dl = \rho Qu \tag{2-7}$$

将式(2-5)与式(2-6)代入式(2-7)可得：

$$F = \int_0^R \frac{1}{2}\rho u^2 f(\eta) 2\pi l dl = \rho \pi r^2 u^2 \tag{2-8}$$

简化后为：

$$\int_0^R f(\eta) l dl = r^2 \tag{2-9}$$

进一步变换为：

$$\int_0^1 f(\eta) \eta d\eta = \eta^2 \tag{2-10}$$

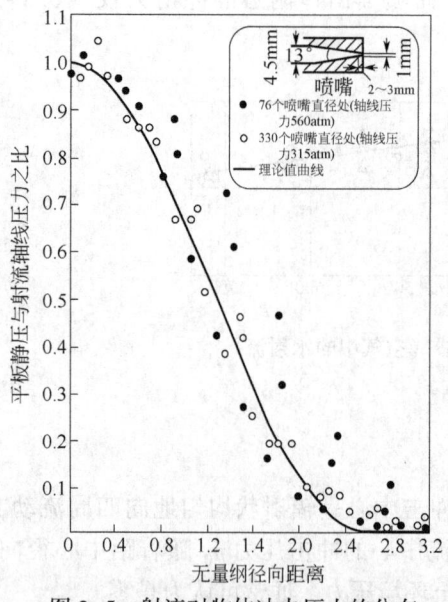

图 2-5 射流对物体冲击压力的分布

根据图 2-5 拟合多项式，且当 $\eta=0$ 时，$f(\eta)=1$，$\dfrac{df(\eta)}{d\eta}=0$；当 $\eta=1$ 时，$f(\eta)=0$，$\dfrac{df(\eta)}{d\eta}=0$，可得：

$$f(\eta)=1-3\eta^2+2\eta^3 \tag{2-11}$$

联合式（2-10）和式（2-11）可得：

$$R/r \approx 2.6 \tag{2-12}$$

即冲击物体时的作用半径大约是射流自身半径的2.6倍。上述结果仅适用于理想状态下，但仍能较好地表征射流实际冲击物体的压力分布。

三、水射流冲击引起的应力场

由于高压水射流自身结构的复杂性，其冲击物体后引起的应力场也十分复杂。各国学者对此进行了大量的试验。

图 2-6 为丹尼尔（I. M. Daniel）用光弹高速摄影法研究水射流冲击松香试件时的应力波图像。试验条件是：射流速度 900m/s，松香厚度 13mm，射流冲击距离 10mm。第一幅图像是射流开始接触试件时的应力波图像；第二幅图像表明应力波开始传播；第三幅图像显示出不对称的应力波条纹图形，这是水射流冲击后边缘流动的不均匀引起的；第四幅、第五幅照片的应力图像表明试件已出现了破碎坑；第六幅照片是第五幅应力状态的扩展，显示径向裂纹破碎坑的扩大。从以上六幅应力图像可以看出，水射流冲击固体产生的应力场比较复杂。即使水射流比较集中，但把水射流纯按集中力对待，用一般弹性理论来求解水射流的应力场是不准确的。

图 2-6 水射流冲击松香试件产生的应力波图像

丹尼尔还做了水射流冲击混凝土试件的试验。图 2-7 为水射流冲击混凝土试件时产生的应力波信号。半导体应变片预先埋设在混凝土试件内，其位置如图 2-8 所示。

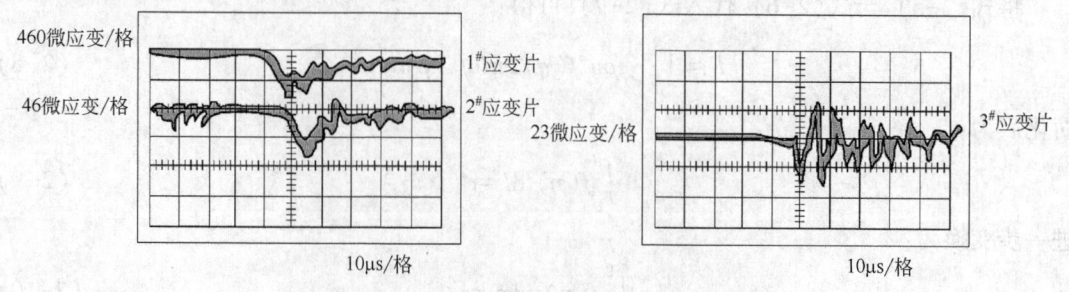

图 2-7 水射流冲击混凝土试件产生的应力波信号

图 2-8 混凝土试件内应变片位置

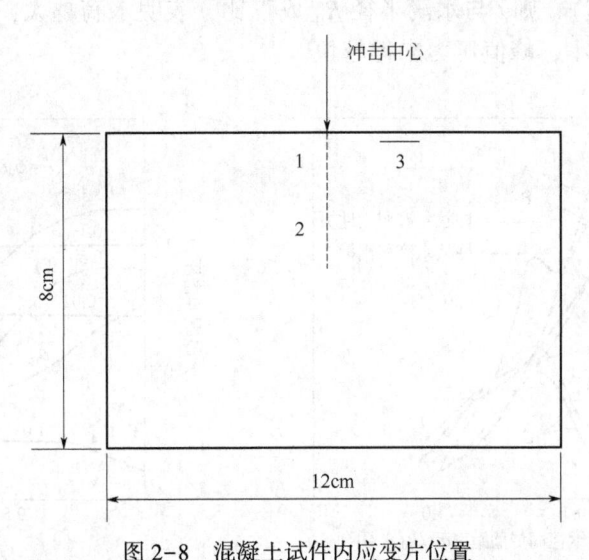

1、2—装嵌在圆柱中心不同位置的应变片；3—装嵌在圆柱径向位置的应变片

混凝土试件为圆柱形，高 8cm，直径 12cm，半导体应变片长 5.1mm，其中 1# 和 2# 应变片装嵌在圆柱体中心的不同位置，3# 应变片装嵌在圆柱体某一径向位置。水射流的冲击速度是 1550m/s，冲击得到的最大应变 ε_{max} 及与此相对应的最大应力 σ_{max} 如下：

1# 应变片：$\varepsilon_{1max} = -736 \times 10^{-6}$
$\sigma_{1max} = -20.3 \text{MPa}$

2# 应变片：$\varepsilon_{2max} = -68 \times 10^{-6}$
$\sigma_{2max} = -1.9 \text{MPa}$

3# 应变片：$\varepsilon_{3max} = 25 \times 10^{-6}$
$\sigma_{3max} = 0.7 \text{MPa}$

如图 2-7 所示，在水射流冲击的正下方，1# 应变片初始脉冲是压缩脉冲，随着埋深增加而增加；2# 应变片在远离射流轴线的地方产生了一个小的拉伸脉冲；3# 应变片既有拉伸脉冲也有压缩脉冲，压缩脉冲平均宽度约为 27μs。

黄加保和哈密特（F. G. Hammitt）等研究了直径为 2mm、速度为 300m/s 球状水滴冲击铝合金半无限体所产生的应力场。假设水滴在空气中运动时外形为球体，冲击铝合金半无限体后变成圆柱体，测得了圆柱状水滴内部三个不同位置的压力变化。图 2-9 为测得的三条压力变化曲线。水滴最前端的 A 点，即最早冲击点，压力最大，其次是后续点 B，而位于水滴中心 C 点的压力，只有在冲击后 0.3μs（即 $\frac{a_0 t}{R_0} = 0.25$）才起作用。由 A、B、C 三点的压力分布曲线可以看出，高速水滴的先头部分 A 点压力最大，且冲击时间最长，为 1.3μs，冲击时起主导作用，是破坏被冲击物体的主要载荷。冲击界面上各瞬时压力分布如图 2-10 所示，冲击界面上的压力随时间变化，最大压力发生在 $t^* = 0.3 \frac{R_0}{a_0}$ 的瞬间。

a_0 为常数（水中波速），则 t 与水滴半径 R_0 成正比，表明水滴越大，t 值越大，即峰值压力来得越迟；水滴越小，峰值压力来得越快。

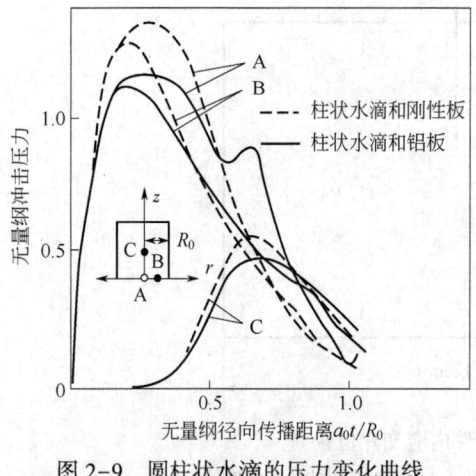

图 2-9　圆柱状水滴的压力变化曲线

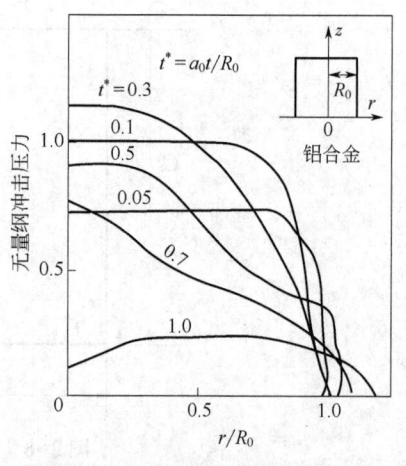

图 2-10　冲击界面上瞬时压力分布

图 2-11 为圆柱状水滴冲击铝合金体在 $t=0.49\dfrac{R_0}{a_0}$、射流冲击速度 $v=0.2a_0$ 的断面（$z/R_0=0$、$z/R_0=0.5$、$z/R_0=1$）的瞬时应力分布曲线。在 $z/R_0=0$ 断面、$r=1.2R_0$ 处产生最大拉应力，数值约为 140MPa。

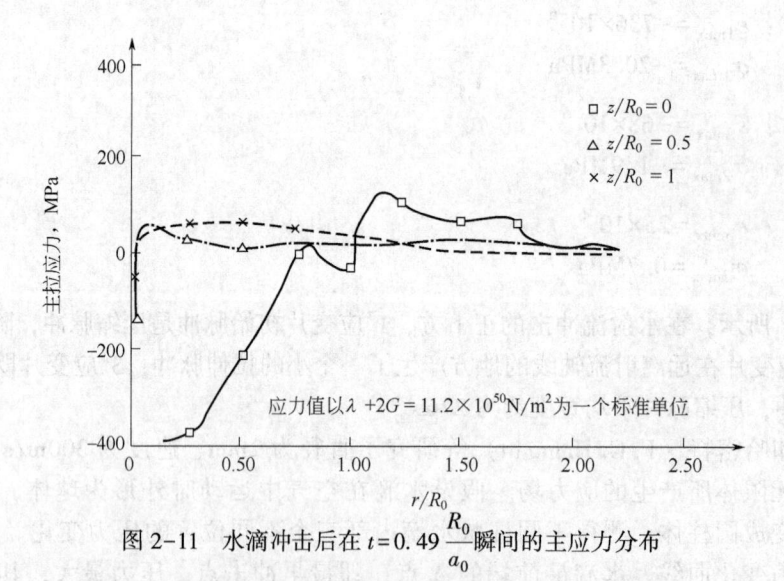

图 2-11　水滴冲击后在 $t=0.49\dfrac{R_0}{a_0}$ 瞬间的主应力分布

拉伸区是从接触边界开始扩展到 $2R_0$ 的距离。表 2-1 列出水滴冲击铝合金体产生的正应力和剪应力的数值。分析表中数据可知，高速液滴冲击后，首先在接触面外 $r=1.2R$ 处产生最大拉应力，而后在对称轴（z 轴）上产生剪应力和压应力，剪应力和压应力的间隔时间为 $0.05\dfrac{R_0}{a_0}$，剪应力先于压应力发生，产生在 $r=0$、$z=0.75R_0$ 的位置，而压应力发生在冲击中心（即 $z=0$，$r=0$）。

表 2-1　水滴冲击铝合金半无限体产生的正应力和剪应力

顺序	应力性质	无量纲径向传播距离 $\frac{a_0 t}{R_0}$	发生位置		应力，MPa
1	拉应力	0.49	$z=0$	$r=1.2R_0$	140
2	剪应力	0.54	$z=0.75R_0$	$r=0$	390
3	压应力	0.59	$z=0$	$r=0$	896
4	拉应力	0.63	$z=R$	$r=0$	168

当固体表面受到压应力后，由于卸载和恢复变形等因素，固体表面产生弹起现象，致使固体内部引起拉应力，其中在对称轴上（z轴）深度为 R_0 的位置上拉应力最大，数值约为 168MPa。这种由卸载恢复变形等而引起的拉应力是岩石等脆性材料破碎的重要原因。

第二节　水射流切割机理及模型

一、水射流冲击物体时的破坏作用和机理

高压水射流冲击物体时，物体破坏大体上由以下几种作用引起：
(1) 空化破坏作用；
(2) 水射流的冲击作用；
(3) 水射流的动压力作用；
(4) 水射流脉冲负荷引起的疲劳破坏作用；
(5) 水楔作用等。

在高压水射流切割物体时，物体在破坏过程中，上述因素或将都起作用，但在不同条件下或作用不同种类的物料时，上述几种作用中某一两项起主要作用，其他的起次要作用。

高压水射流破碎物料的机理比较复杂，近年来许多学者对此进行了大量的研究工作，取得了一定进展，但由于研究难度大，进展缓慢。

通常人们了解的材料性质，是材料在常态下的性质，而在高速水射流冲击下材料的性质将产生以下变化：
(1) 射流的初始冲击脉冲造成的弹性拉力在材料中的冲撞、反射和干扰破坏了材料的分子结构；
(2) 由于水滴长时间冲击材料表面，造成材料的软化；
(3) 水射流穿透和渗入，促使裂缝扩展，加速了材料的破坏；
(4) 高压水射流的冲击，使材料局部容易产生流变和裂痕；
(5) 高压水射流的剪切作用，使材料容易破坏。

以上原因增加了材料破坏的复杂性，致使目前的一些破坏机理尚未明确。

高速水射流冲击物料导致的破坏，通常可分为两大类：金属等延性材料破坏和岩石等脆性材料破坏。

二、金属等延性材料破坏

在高压水射流冲击下金属材料主要产生塑性变形，金属表面破坏往往从最粗糙处开始。首先，金属表面受到延性剪切作用，在金属表面产生小坑，在小坑的底部出现脆性破坏，在这两种作用下，小坑体积逐渐增大，加速了金属的破坏过程。

在低速水射流的反复冲击下，物体破坏是由表面裂缝的扩展引起的，也称为疲劳破坏。低速水射流的冲击速度较低，平均冲击力无法使物体破坏，但可在应力集中区产生很小的变形，经反复冲击后，这些应力变形不断叠加使物体出现疲劳破坏。物体表面粗糙度达到一定程度后，由于液体的径向运动，表面受到冲蚀，当冲击次数超过一定数值后，物体破坏的速度将大幅度增加；若流体以很高的速度在物体表面做径向流动，物体粗糙表面受到剪力而破坏。剪力破坏的形式一般有两种：一种是较大规模的剪力破坏，这种破坏一般发生在较软的物体上（如软塑料、橡胶等），金属很少发生；另一种发生在物体表面粗糙度较大的部位，这种破坏通常是局部且不连续的。对于较硬的物体，产生剪切破坏的部位通常为在水射流冲击下已有某种程度破坏的区域，例如因表面滑动而产生的细裂缝或颗粒交界处等。而对质地较软的物体，如软金属、橡胶等材料，在水射流冲击下，其表面会产生局部变形，径向流动不再与表面平行，但不会致使表面产生破坏。

在高速液滴冲击下，在金属表面可以观察到凹形压痕，这与一个硬球在很大压力作用下顶入物体表面相似，都属于金属塑性受剪现象。塑性流变首先出现在距表面不远的地方，而后传播至整个物体。有学者从理论上证明了当塑性流变全面发生时，作用在物体表面上的平均压力应为金属屈服强度的 2~3 倍。

波兰学者开展了一个压力为 150MPa、喷嘴直径为 1mm 的水射流击穿 PA-6 合金铝的试验。试验过的流体经过沉淀和过滤后收集，发现碎屑十分清洁。将收集到的铝微粒放在电子显微镜下进行检测，发现在这些微粒中，少量呈圆形，大多数呈锐利的棱角形。圆形微粒是材料发生塑性流变产生的，锐利的棱角形微粒是微小裂纹扩展破碎的结果。二者的数量差别说明了材料的塑性变形不是水射流切割的主要机理，切割区内微小裂纹的扩展才是影响破碎过程的主导因素。

三、岩石等脆性材料破坏

高压水射流冲击岩石等脆性材料的破碎过程较为复杂，近年来国内外学者做了大量的研究工作，但目前仍有许多问题未得到解决。下面介绍两种较为公认的破岩理论。

1. 拉伸—水楔破岩理论

高压水射流冲击无裂隙岩石时，岩石内的应力状态较复杂。除压应力外，还有较大的拉应力和剪应力。如果把岩石当作半空间弹性体，把射流冲击力看成是作用于半空间体平面上的集中应力，则岩石在射流的冲击作用下，其内部的应力分布情况与半空间弹性体在集中载荷作用下的应力分布相似。这时在冲击区正下方某一深处将产生最大剪应力，于冲击接触区边界周围产生拉应力。岩石抗压强度比其抗拉强度尖 16~80 倍，抗压强度比抗剪强度要大 8~15 倍，因此，即使冲击产生的压应力达不到岩石的抗压强度，但拉应力和剪应力却分别超过了岩石的抗拉、抗剪强度，将于岩石中形成裂隙。裂隙形成和交汇后，水射流就进入裂隙空间，在水楔作用下，裂隙尖端产生拉应力集中，它使裂隙迅速发展和扩大，致使岩石破碎，如图 2-12 所示。图 2-13 为射流破岩的两种破坏形式，图 2-13(a) 为在低压和中等压力下产生的圆柱状破碎坑，图 2-13(b) 为在高压下水锤效应使岩石大块破碎，形成的漏斗坑。

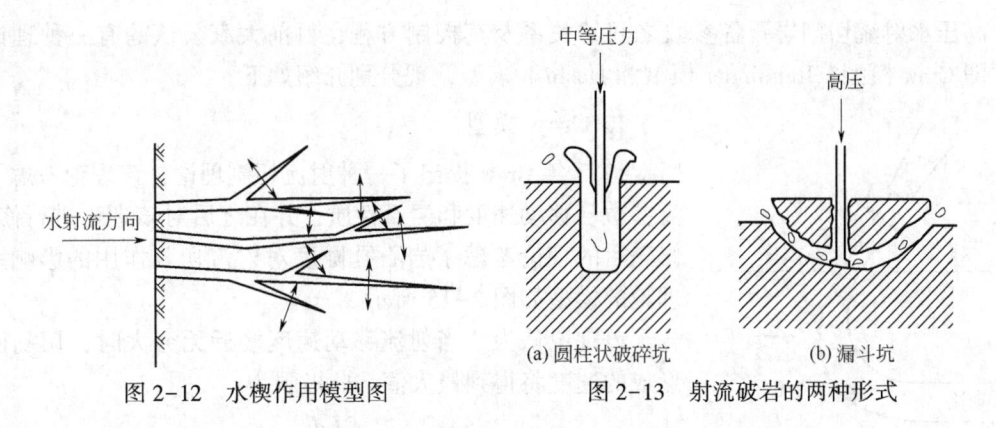

图 2-12　水楔作用模型图

图 2-13　射流破岩的两种形式

2. 密实核—劈拉破岩理论

把脉冲射流视为一个具有一定速度的刚体，即金刚球。图 2-14 为密实核—劈拉破岩机理的模型。

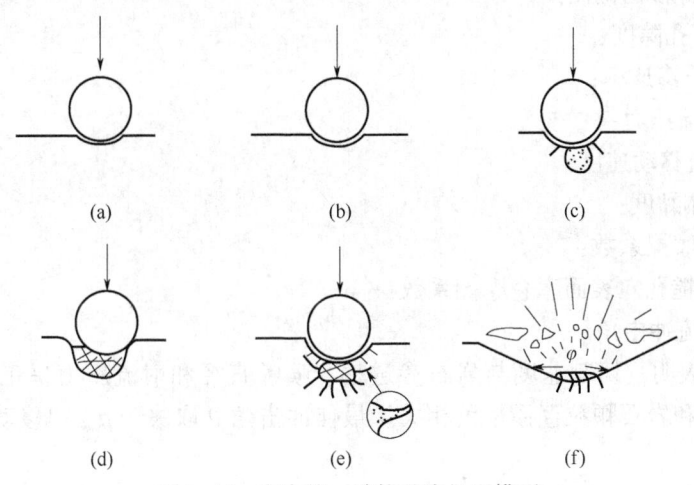

图 2-14　密实核—劈拉破岩机理模型

当脉冲射流冲击半无限弹性体时，在冲击区的正下方 $0.4\sim0.7R_0$（R_0 为冲击接触区半径）处产生最大剪应力，在距冲击接触区中心 $1.2R_0$ 处产生最大拉应力。当这两个极限剪应力和拉应力超过岩石本身抗剪、抗拉强度时，即出现剪切和拉伸裂纹。随着射流的继续冲击和冲击压力的增加，剪切裂纹扩展并汇接到冲击接触面，形成由剪切破碎细岩粉组成的球形密实核，在脉冲水射流与未破坏的岩石之间起"岩垫"作用。当射流继续冲击球形密实核时，密实核的体积缩小，密度增大而储能，变成椭球体；当密实核储蓄的能量达到一定程度时，将开始膨胀而释放能量，使其周围的岩石产生切向拉应力；当拉应力超过岩石的抗拉强度时，岩石壁上将出现径向裂隙；由于密实核处于高压状态，核中的岩粉以粉流的形式楔入径向裂隙，并在靠近阻力较小的自由面方向劈开岩石，从而完成脆性岩石的跃进式破碎（体积破碎）过程。当脉冲水射流速度小于某一定值，冲击压力达不到跃进式破碎所需的压力时，岩石仅出现表面破碎或疲劳破坏，这种破坏比能耗较大，应尽量避免。

四、水射流切割岩石模型

高压水射流切割岩石各参数之间的关系及其控制方程，目前大家公认的有三种理论模型，即 Crow 模型、Rehbinder 模型和 Hashish 模型，现分别介绍如下。

1. Crow 模型

1973 年 Crow 提出了一种射流切割理论，该理论考虑了射流参数、移动速度和岩石性质，并在之后对该理论进行修正，修正后的理论考虑了岩石孔隙度对射流切割作用的影响。该理论的模型如图 2-15 所示。

该理论认为，当射流移动速度接近无穷大时，切割面积形成的速度将得到最大值，此极限为：

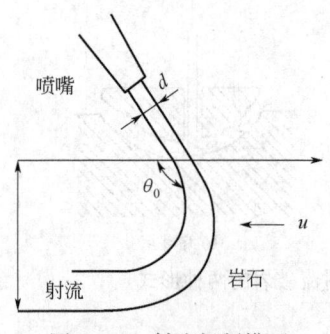

图 2-15 射流切割模型

$$(hu)_{max} = \frac{2Kdp_0}{\eta f \mu_T d_r}(1-e^{-\mu_w \theta_0}) \tag{2-13}$$

式中　h——切槽深度；
　　　d——喷嘴直径；
　　　d_r——岩石颗粒直径；
　　　f——岩石孔隙度；
　　　K——岩石渗透率；
　　　p_0——射流压力；
　　　u——射流移动速度；
　　　η——流体黏度；
　　　μ_T——内摩擦系数；
　　　μ_w——粗糙孔穴表面库仑摩擦系数；
　　　θ_0——射流冲击角。

式（2-13）表明，切割速度与岩石渗透率、喷嘴直径和射流压力呈正相关，与液体黏度、岩石孔隙度和岩石颗粒直径呈负相关。最佳冲击角 θ 取决于 μ_w 和移动速度 u，其数值在 $\pi/2 \sim \pi$ 之间。

Crow 发现切割理论与试验结果之间存在着矛盾。因此 Crow 提出了"液力切割岩石通用定律"。该定律是在试验基础上建立的，新理论指出切槽深度计算如下：

$$h = \frac{n(p_0 - p_c)}{\tau_0} d_0 F(u/c_e) \tag{2-14}$$

其中

$$c_e = \frac{K\tau_0}{\eta f \mu_T d_r}$$

式中　n——射流切割移动次数；
　　　p_c——临界射流压力，MPa；
　　　τ_0——岩石剪切强度，MPa；
　　　c_e——理论岩石切割速度，m/s。

式（2-14）即为 Crow 切割理论常见的表达式。

2. Rehbinder 模型

1977 年 Rehbinder 根据假定条件，提出了另一种射流切割岩石理论。假定切槽底部存在着实际的滞止压力 p_s，其表达式如下：

$$p_s = p_r e^{-\beta h/D} \quad (2-15)$$

式中　β——经验常数；
　　　D——切槽宽度；
　　　p_r——理论射流滞止压力。

该理论预言，当射流滞止压力超过门限压力（$p_s > p_{th}$）时，切槽深度变化公式为：

$$\frac{h}{d} = 100\ln\left(1 + \frac{\beta K p_s t}{\mu l D}\right) \quad (2-16)$$

式中　l——岩石颗粒平均直径；
　　　t——射流作用时间；
　　　μ——水的动力黏度。

射流对岩石作用时间 t 的计算公式为：

$$t = nd/u \quad (2-17)$$

式中　n——移动次数。

该理论可预测可能达到的最大切槽深度为：

$$\left(\frac{h}{d}\right)_{max} = 100\ln\left(\frac{p_s}{p_{th}}\right) \quad (2-18)$$

式中　p_{th}——门限压力。

图 2-16 是该理论预测的用无量纲表示的切槽深度曲线。Rehbinder 进行的一系列射流切割试验表明，切槽深度—射流作用时间曲线的形状与理论相似。

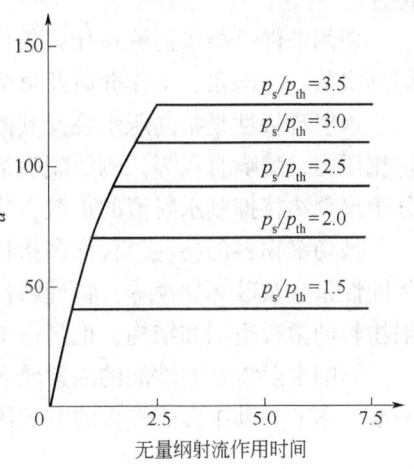

图 2-16　理论的切槽深度

3. Hashish 模型

如前所述，Crow 切割岩石理论考虑了许多射流参数，并完善了特殊的靶件条件，但该理论仍有局限性，不能用于一般设计应用中。Rehbinder 提出了类似于 Crow 的理论，其理论中岩石的渗透率、颗粒直径和抗拉强度被认为是影响冲蚀切割效果的重要参数。同 Crow 的理论一样，Rehbinder 模型也不能用于一般的设计应用中。1978 年 M. Hashish 提出了一个适用于多种材料的通用切割方程式。该方程式以图 2-17 所示的理想控制体积的分析为基础（图中 h_0 为预设台阶高度），控制材料受抗断裂力 F_{mech} 和沿槽壁的摩擦力 F_{ah} 作用，在一定时间（$t = d_n/u$）内，穿透深度采用材料强度公式求解控制体积的动量方程式而获得。通常用 Bingham 塑性模式来描述时间和固体材料的应力—应变关系，则液体—固体力学方程式被简化成一个紧凑的无量纲方程式：

$$\frac{h}{d_n} = \frac{1 - \frac{\sigma_y}{\rho u^2}}{2C_f/\sqrt{\pi}}\left(1 - e^{-\frac{2C_f}{\sqrt{\pi}}\frac{\rho u}{\eta}\frac{u}{U}}\right) \quad (2-19)$$

式中 d_n——喷嘴出口直径；
σ_y——压缩屈服极限；
C_f——液动力摩擦系数；
U——给进速度；
η——阻尼系数。

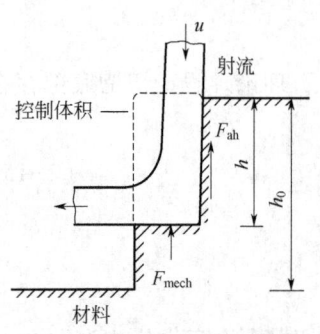

图 2-17 控制体积图

此方程满足实际切割应用的条件。根据已发表的用纤维状、粒状和晶状的许多材料做的切割试验结果，求得了液动力摩擦系数（C_f）和阻尼系数（η）的平均值，并与压缩屈服极限（σ_y）一起用以说明不同材料的特性。Bingham 模式不一定对所考虑的每种材料都是最佳的，但较为简单，能导出较精确的求解形式。可用其对靶距、多次喷扫切割及给进速度的影响进行一般的分析，还可预测脉冲射流。

第三节　影响水射流切割性能的因素

影响切割性能的因素较多，使得水射流切割、破碎物料的过程较为复杂。影响水射流切割性能的因素大体上可分为三个方面，即切割条件（参数）、水射流特性和被切割物料的特性。

切割条件是指水射流在什么条件下切割冲击物料。切割条件包括喷距、喷嘴横移速度、切割次数、冲击角、工作介质及喷嘴出口所处环境等因素。

水射流特性是指高压水泵及其附属装置、喷嘴形状和尺寸、水射流中的添加剂等，包括射流压力、喷嘴直径等。例如喷嘴的收缩角和直线段长度对水射流特性的影响；加入少量高分子聚合物将抑制水射流的扩散，增加其密集性等。

被切割物料的特性包含许多指标，其中强度特性包括抗压强度、抗拉强度、抗剪强度、坚固性系数及破坏韧性等，物理特性包括密度、弹性模量、渗透性和孔隙度等。此外，被切割物料的微观组织和结构，也是影响水射流切割性能的重要因素。

影响水射流切割性能的因素较多，且这些因素之间相互制约和影响，给研究带来更大的困难。本节对其中影响较大的有关因素进行分析。

一、切割条件参数

1. 喷距

由水射流结构可知，水射流的结构随着喷距的增大而变化。喷距是指水射流喷嘴出口至被切割物料表面的距离。喷距是水射流切割中一个十分重要的参数。

日本学者小林陵二对水射流定点冲蚀铝板进行了系统试验。图 2-18 为无量纲喷距（喷距与喷嘴直径的比值）与铝板冲蚀量的关系曲线。由图可知，当射流压力较高时，冲蚀量随喷距增大出现两个峰值，第一个峰值表示冲击区周围花瓣状破坏量，第二个峰值表示中心圆锥形冲蚀坑的破坏量。当射流压力即水射流速度较低时，射流外部破裂后的大水块不足以使铝板破坏，故没有第一个冲蚀峰值。

日本学者松木浩二等进行了大量的试验研究，结果表明，连续射流在空气中（非淹没

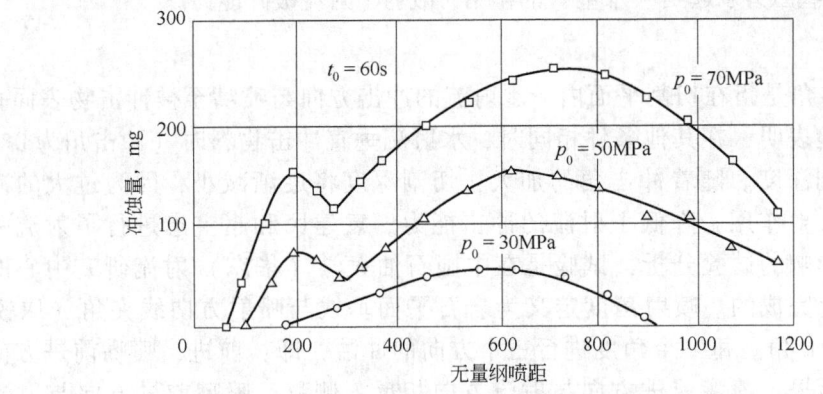

图 2-18 水射流冲蚀铝板时冲蚀量与喷距的关系

条件下）冲击破碎岩石时存在着一个喷距界限值，当喷距小于这个值时，其破岩深度（h）大致相同；当喷距超过这个界限值时，破岩深度急剧下降（图 2-19）。这类似于门限压力，不同点为门限压力要求喷射压力超过该值时方可实现破碎，而喷距临界值则要求喷距低于此值。

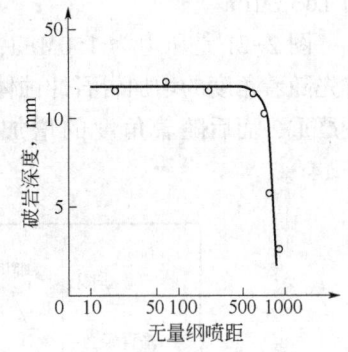

水射流定点冲蚀（破碎）和切割物料时，喷距对切割能力的影响规律不同。对不同的射流条件（压力、喷嘴直径）、不同的使用目的（切割、破碎、清洗）以及不同的切割对象，存在最优（合理）的喷距。

通过分析发现，$h/(p-p_c)$ 与无量纲量 $(L_0-L)/L_0$ 成正比关系：

图 2-19 破岩深度与喷距的关系

$$h=[(L_0-L)/L_0]^\gamma(p-p_c) \tag{2-20}$$

式中 γ——指数，由试验条件决定；
　　　p——射流压力；
　　　p_c——门限压力；
　　　L_0——临界喷距；
　　　L——实际喷距值。

实际工作中，在选择喷距时常采用以下经验公式：

$$L=(60\sim150)d \tag{2-21}$$

式中，根据喷嘴直径的变化来选取括号内的试验系数。若选用的喷嘴直径很小，射流压力较高，则取下限；反之，若喷嘴直径较大，射流压力较低，则取上限。

2. 喷嘴横移速度

喷嘴横移速度是影响水射流切割性能中唯一与时间有关的因素，其实质是反映了水射流对物料的冲击时间。研究表明，横移速度越小，切割深度越大，随着切割深度的加大，开始时切割深度明显下降，但横移速度进一步增加时，切割深度减小并不明显，最后稳定在某一个切割深度上，即喷嘴保持在较高的横移速度下仍可保持一定的切割深度。水射流冲击物料时，物料的初始破坏发生在极短的几毫秒以内，随后的时间切割深度不断增加，但切割深度的增长率随冲击时间增长而逐渐减小。这是由于水射流冲击时间增长，在切割沟槽内聚集的压力水越多，这些压力水起到"水垫"的作用，减弱了射流破碎能力。

3. 冲击角

水射流冲击角是指在切割平面内，水射流的冲击方向与喷嘴至被冲击物表面垂线之间的夹角。试验表明，在其他条件相同时，水射流垂直冲击物料时（冲击角为0°），将得到较大的切割深度。随着冲击角的加大，切割深度将逐渐减小，因为过大的冲击角加剧了射流的反射作用，降低了射流的冲击能力。袁建民和赵宝忠进行了射流喷射角度对破岩效果影响的试验分析，试验是在中国石油大学（华东）射流研究中心的超高压射流切割机上完成的。喷射角度定义为岩石平面垂线与喷射方向线夹角（取锐角），即图2-20中的 α 角。每一个角度进行三个方向的冲蚀，即：前进，喷嘴前进方向与射流方向相同；后退，喷嘴前进方向与射流方向相反；侧移，喷嘴前进方向与射流方向垂直。试验所选用的材料为人造大理石，每块面积为15cm×20cm，厚度为16mm，硬度为1633MPa。

图2-21是压力为150MPa，且在最优喷距时射流破碎岩石情况。在所测角度范围内，首先随着角度的增加岩石冲蚀体积增大，至14°时射流的冲蚀破碎效果最好，岩石破碎情况最严重，而后随着角度的增加，冲蚀体积开始下降，得出本试验条件下的最优冲击角是14°。

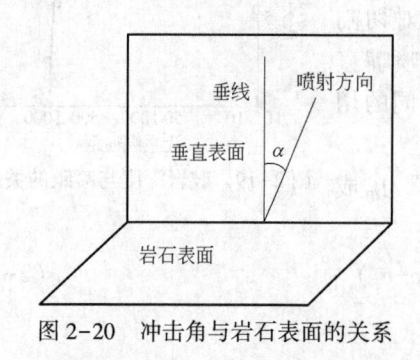

图2-20 冲击角与岩石表面的关系

图2-21 冲击角对冲蚀效果的影响

4. 切割次数

试验证明，射流对某一定点的冲击次数对切割深度的影响与水射流冲击物料的时间对切割深度的影响相似。在一个切槽内切割时，最初的几次（4~6次）切割起主要作用，这时切割次数对切割深度的影响显著；此后，若再增加切割次数，切割深度增幅逐渐减小；当切槽深度达到某一数值后，切槽深度不再受切割次数的影响。重复切割岩石时，随切割次数的增加，切槽深度增量的衰减程度取决于岩石的坚固性。岩石的坚固性表征岩石抵抗破坏的能力，常用坚固性系数（岩石单轴抗压强度极限的1/10）表征。一般情况下，在移动速度相同的条件下，岩石越坚固，切割增量的衰减就越慢。因此，对硬岩石来说，采用水射流重复切割方式更为有效。

重复切割也可看作延长切割时间，李晓红等就冲蚀作用时间与射流作用效果的关系进行了试验分析。在保持泵压为18MPa、围压为0.9MPa、喷距为6mm的条件下，改变冲蚀时间，所得的试验结果如图2-22所示。

由图2-22(a)可知，随着时间的增加，冲蚀质量随之增大；当冲蚀时间增大至一定程度后，曲线趋于平缓，冲蚀质量增加不明显，基本处于一个相对平稳的阶段。从图2-22(b)可

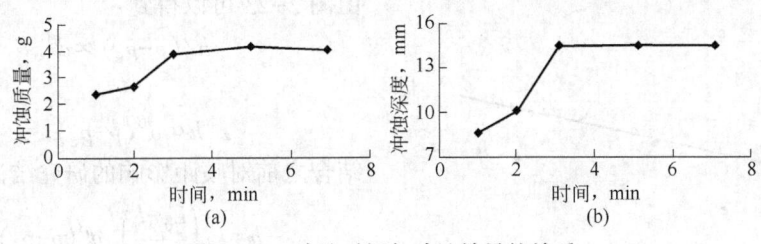

图 2-22 冲蚀时间与冲蚀效果的关系

知，随着时间的推移，冲蚀深度随之增加，当增加到一定程度后，曲线也趋于平缓，冲蚀深度增加不明显，基本处于一个相对平稳的阶段。

5. 工作介质

清水作为射流切割的常用介质，是最廉价、最可行且无害的液体，但水对金属设备部件有腐蚀作用，因而液力系统中不宜使用标准泵。

在水中加入不同添加剂，能保证最大的射流凝聚性并增加喷嘴出口处的速度。

大量的试验数据表明，在水中加入某些高分子聚合物，如浓缩纤维素、聚丙烯酰胺、天然树脂等可以提高射流切割效率。

此外，流体的黏度也是影响射流切割能力的重要方面，这部分内容将在第八章进行论述。

二、水射流特性参数

1. 射流压力

射流压力反映了水射流的速度，是影响水射流切割破碎能力的重要参数。大量试验证明，水射流冲击物料时，存在着一个使物料产生破坏的最小压力。当水射流压力小于这个压力时，物料只能产生塑性变形而几乎不被破坏；当射流压力超过这个压力时，物料产生跃进式破坏。称这个临界压力为门限压力，物料破坏的门限压力与物料的特性有关。日本山门宪雄等认为岩石的门限压力与岩石坚固性系数成正比，而日本松木浩二等人的试验表明，岩石的门限压力与岩石的抗拉强度有较好的线性关系。他们还进行了连续射流冲击破碎泥灰岩试验，以求证射流压力对破岩效果的实际影响，结果表明破岩深度与射流压力存在着明显的线性关系，得到如下经验公式：

$$h = a(p-p_c) \tag{2-22}$$

式中　h——破岩深度；
　　　p——射流压力；
　　　p_c——门限压力；
　　　a——经验系数，由试验条件决定。

2. 喷嘴直径

在保持射流压力不变的条件下，增大喷嘴直径则增大了水射流所携带的能量，更易破坏岩石，切割深度也将增加。

通过试验测试喷嘴直径与破岩效果之间的关系，以 $a=h/(p-p_c)$ 作为试验结果来验证喷嘴直径变化对破岩效果的影响。图 2-23 为喷嘴直径 d 与 $h/(p-p_c)$ 在对数坐标系中的关系。

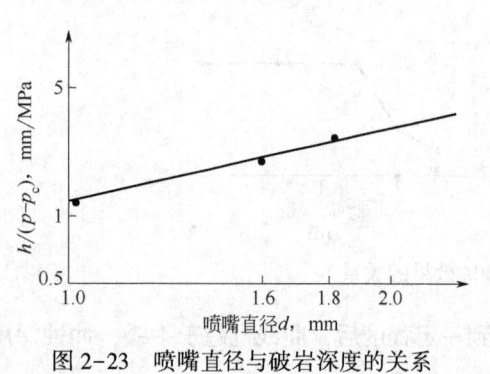

由图 2-23 可以得到：

$$h/(p-p_c) \propto d^\beta \qquad (2-23)$$

即：

$$h \propto d^\beta (p-p_c) \qquad (2-24)$$

结合之前对喷距影响的研究结论，可得：

$$h = k_1 \left(\frac{L_0-L}{L_0}\right)^\gamma d^\beta (p-p_c) \qquad (2-25)$$

式中 k_1——材料系数，由喷嘴形状及材料性质决定；

γ、β——指数，由试验条件确定。

图 2-23 喷嘴直径与破岩深度的关系

式（2-25）为水射流破岩深度计算公式的试验性结论，在使用过程中存在着一系列的局限性，仅能定性地描述水射流破岩过程中各参数之间的内在联系。

三、被切割物件的特性参数（材料强度）

射流切割过程中应区别两种基本失效形式：一种是断裂破坏，是拉伸破坏引起的；另一种是剪切破坏，是剪切应力引起的。脆性材料在高负荷速率（大于 500m/s）下失效，通常表现为第一种失效形式，在这种情况下，需要计算拉伸强度 σ_t，脆性材料的抗断裂能力很容易由抗弯强度 σ_y 表示。第二种失效形式可由抗压强度表示，被压缩的脆性材料失效形式为剪切破坏，因此，脆性材料的抗剪切能力可通过抗压极限强度 σ_c 来确定。

水射流在切割过程中材料的特性参数是抗拉强度、抗压强度、抗弯强度、特征冲击韧性、弹性模量和硬度。

切割力主要取决于被加工材料的抗拉强度，则可以推得，在水射流切割过程中，抗拉应力对切割区材料失效是最重要的。

包括塑性材料在内的所有固体材料的破坏都是由不同程度的裂缝穿透引起的，这些裂缝对材料的强度和失效特性有明显影响。在外部应力作用下，特别是当失效应力超过材料强度时，材料内部及延伸到材料表面的裂缝数量均有所增加。由于是用水作业，液体穿透进入裂缝，在材料内部造成了瞬时的强大压力，其结果是在拉伸应力作用下，微粒从大块材料上破裂出来。

思考题

1. 水射流有哪些用途？
2. 不同角度下的连续水射流对物体表面的作用有何特点？
3. 画出水射流倾斜冲击平板的作用力示意图。
4. 给出连续水射流冲击物体的压力分布。
5. 水射流切割时的物体破坏形式有哪些？
6. 水射流切割脆性材料时有哪些理论？
7. 影响水射流切割性能的因素有哪些？

参 考 文 献

[1] 沈忠厚. 水射流理论与技术 [M]. 东营：石油大学出版社, 1998.
[2] 狄克霍米诺夫 R A, 等. 射流技术与切割应用 [M]. 薛胜雄, 等编译. 合肥：机械工业喷射科技信息网, 1995.
[3] 孙家骏. 水射流切割技术 [M]. 徐州：中国矿业大学出版社, 1992.
[4] Farmer I W, Attewell P B. Rock Penetration by High Velocity Water Jet [J]. International Journal of Rock Mechanics and Mining Science, 1964, 2: 135-153.
[5] Nebeker E B, Rodriguez S E. Percussive Waterjets for Rock Cutting [A]. Proceedings of 3rd International Symposium on Jet Cutting Technology, Chicago, 1976, B1: 1-9.
[6] Crow S C. A Theory of Hydraulic Rock Cutting [J]. International Journal of Rock Mechanics Mining Science & Geomechanics, 1973 (10): 567-584.
[7] Rehbinder G. Some Aspeccts of the Mechanics of Erosion of Rock with a High Speed Water Jet [A]. Proceedings of 3rd International Symposium on Jet Cutting Technology, Chocago, 1976.
[8] Lichtarowicz A. Experiments with Cavitating Jets [A]. Proceedings of 2nd International Symposium on Jet Cutting Technology, 1974.
[9] Lichitatuwitz A, Nwachukwu G. Erosion by an Interrupted Jet [A]. Proceedings of 4th International Symposium on Jet Cutting Technology, 1978.
[10] Erdmann Jesnitzer F, Sehikor. Cleaning. Drilling and Cutting by Interrupted Jets [A]. Proceedings of 5th International Symposium on Jet Cutting Technology, 1980.
[11] 陈喜山, 鞠玉忠. 高压水力脉冲破岩技术的发展及其应用 [J]. 金属矿山, 1999 (3), 8-11.
[12] 采编. 水力脉冲发生器破岩技术 [J]. 水力采煤与管道运输, 1999 (1), 7.
[13] 孙为真. 超高压水刀在石化行业的应用 [J]. 石油化工设备技术, 1997 (3), 55-58.
[14] Richard F, Schmid. 超高压水喷射表面处理技术 [J]. 孙万俊, 译. 国外油田工程, 1999, (3): 42-45.
[15] 章剑秋. WOMA 水喷射技术在修船业的应用 [J]. 中国修船, 1997, (3): 35-37.
[16] Luis E, Ortega Trotter. Comparison of Surface Preparation with Different Methods [A]. Proceedings of the 11th American Water Jet Conference, Minneapolis, 2001.
[17] 宫伟力. 高压水射流超细粉碎技术的研究与应用 [J]. 中国粉体技术, 2001 (3): 35-40.
[18] 徐小荷, 余静. 岩石破碎学 [M]. 北京：煤炭工业出版社, 1984.
[19] 沈忠厚, 李根生, 王瑞和. 水射流技术在石油工程中的应用及前景展望 [J]. 中国工程科学, 2002, 4 (12): 60-65.

第三章　连续高压水射流发生装置

第一节　概述

连续高压水射流的关键部件之一，就是高压水生成系统，也称高压泵。高压泵的种类繁多，按工作原理分类大致可分为动力式泵和容积式泵两大类，如图 3-1 所示。

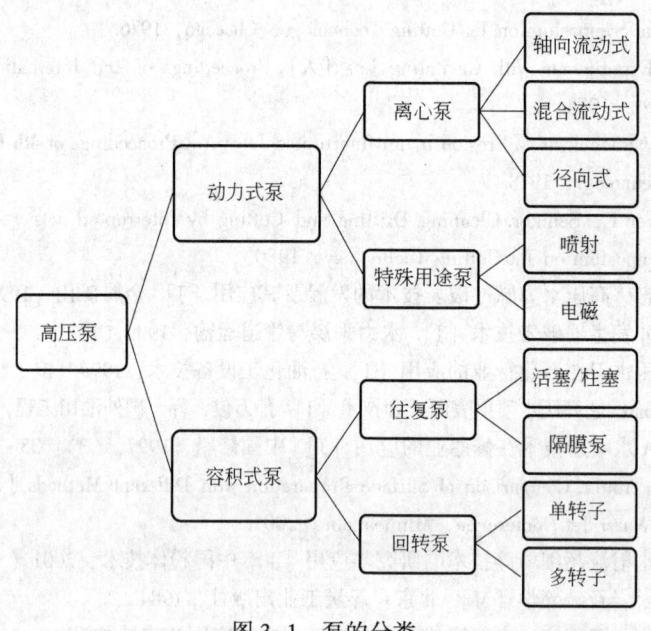

图 3-1　泵的分类

动力式泵依靠快速旋转的叶轮产生离心力作用于液体，将机械能传递给液体，使其动能增加，然后再通过泵缸，将大部分动能转换为压力能实现输送。动力式泵是用于低黏度流体在高流速、低压下输送最常见的泵类型，主要用于给水、排水、灌溉、流程液体输送、电站蓄能、液压传动和船舶喷射推进等。动力式泵在一定转速下产生的扬程有一限定值，扬程随流量而改变，工作稳定，输送连续，流量和压力无较大波动，一般无自吸能力，需要将泵先灌满液体或将管路抽成真空后才能开始工作。由于单级的动力式泵压力比较低，为获得较高压力必须多级串联，因此设备庞大，在高压水射流技术领域很少采用。

容积式泵利用活塞、柱塞或隔膜的往复运动将液体输送到泵内，依靠包容液体的密封工作空间容积的周期性变化，把能量周期性地传递给液体，使液体的压力增加至将液体强行排出所需的压力，因此这种往复式泵的排放流体形式是脉冲式的，而不是连续的。根据工作元件的运动形式又可将容积式泵分为往复泵和回转泵。回转泵的主要工作部件是泵壳和转子（如齿轮和螺杆等）。转子的外形是凹凸不平的，当它们旋转时，就与泵壳的内壁形成许多小的空间容积变化而吸入液体，最后被挤压到排出管而被输出。转子作回转运动，没有冲击，转数可较高。因此它的结构紧凑，体积较往复泵小，排出压力较往复泵小，流量和效率较低，只适用于输送小流量的液体。回转泵大多用来输送油类液体和用于液压传动系统中，因此有的又被称为油泵和液压泵。往复泵也是一种体积泵，通常由液力端和动力端组成。液力端直接输送液体，把机械能转换成液体的压力能，动力端将原动机的能量传递给液力端。液力端由曲轴、连杆、十字头、轴承等组成；动力端由液缸、活塞（或柱塞）、吸入阀及排出阀等组成。活塞在做往复运动的同时，缸内工作容积随之发生周期变化，由泵阀控制液体单向吸入、排出，形成工作循环使能量增加。往复泵按照动力作用形式可分为电动泵（隔膜泵、柱塞泵等）、蒸汽直接作用泵。往复泵的轴承通常是填料密封，当输送不允许泄漏的介质时，可采用隔膜泵。往复泵适用于高压力、小流量、要求泵流量恒定或定量或成比例地输送各种不同液体、要求吸入性能好或有自吸性能的场合。由于往复泵的工作特性满足高压水射流的很多要求，因此在高压水射流领域，往复泵是应用最多的一类容积式泵。

需要指出的是，高压水射流的所谓高压，是一个相对的概念，当切割较软的材料时或医学上所用的水射流，有时几兆帕的压力也算是高压，而在切割较坚硬物料时，几十兆帕甚至上百兆帕的压力才算得上高压。例如，一般用于清洗的水射流压力为 2~20MPa；用于除锈的水射流的压力一般为 20~35MPa；而作辅助切割岩石的水射流，一般为 70~140MPa，切割硬金属的水射流的压力则高达 700~1000MPa。

虽然高压水射流的概念是相对的，但由泵、阀、管路等液压元件和液压辅件组成的液压系统，在设计和管理上应有明确的压力等级的概念。由于它们多以内压容器作为结构的基础，根据水射流界一般采用的压力等级进行分类，按照切割压力等级，超高压系统开发技术可划分为 200MPa、400MPa、600MPa 等不同水平，压力越大则切割能力越强、切割效果越好。目前全球超高压系统开发技术最高压力可达 650MPa，由福禄国际、瑞典 KMT 等少数厂商掌握；国内产品最高压力可达 420MPa，仅有少量公司具备该技术水平。从实际应用来看，国外应用较为成熟的以 420MPa 超高压系统为主，而国内超高压系统由于产品及技术稳定性等原因，实际运行压力大多在 300~350MPa 之间，420MPa 水平的超高压水切割机在国内市场发展潜力较大。

第二节　高压流体发生装置

高压流体是通过高压系统（高压泵）增压产生的，通常称高压泵是高压流体的发生装置。目前各行各业所使用的高压泵种类繁多，用途也不尽相同，本章所介绍的高压泵主要是高压水射流技术领域使用较多的高压往复泵和增压器。

一、高压往复泵

用于高压水射流设备的高压往复泵主要有立式泵和卧式泵。他们具有共同的特点，如随压力变化流量基本保持不变，适用于高压、大功率工作场合，需要安全、调压、溢流等相应的泵系统，系列化、通用化、标准化程度高，运行可靠性也是对这类高压泵的共同要求。立式高压往复泵的柱塞往复方向是垂直的，这一特点使得泵在运行中，往复密封无须承受柱塞的重量，避免密封盒的偏磨现象，有利于提高液力端和传动端的可靠性；另外，立式泵将平板阀垂直安装，非常有利于阀的导向和均匀冲击。当然，立式泵最大的缺点是重心高、机组运行稳定性差，高压下工作这一问题也就更突出，因此工程实践中应用较少。

与立式泵相比较，卧式高压往复泵以其运行平稳、拆装方便、便于观察为主要优点而被广泛应用。虽然它占地面积大，但对高压设备，运行可靠性是第一位的，加上随着技术水平的提高，泵的高速化使其外形尺寸大为减小，卧式高压往复泵也就更具竞争力了。

卧式高压往复泵（视频3-1）由几个柱塞（一般为三个柱塞）并列安装，用一根曲轴通过连杆滑块，或由偏心轴直接带动柱塞往复运动，实现吸、排液体。它们都采用阀式配流装置，而且大多为定量泵。卧式高压往复泵的典型结构如图3-2所示。

视频3-1　卧式高压往复泵工作原理　　　　图3-2　卧式高压往复泵

1. 小型高压清洗泵

小型高压清洗泵主要用于机动车、机械零件与设备、建筑物壁面、玻璃壁面、食品生产线等的清洗，以及用于环保、园艺等特殊场合。

这类泵的额定排出压力为3.6~31.5MPa，配带电机功率小于7.5kW，其主机多为三柱塞往复泵，泵速多在500r/min以上，工作介质为温度5~60℃的清水或运动黏度不大于45mm^2/s的清洗剂混合液。对于配带电机功率小于或等于1.10kW的泵，通常又称为微型清洗泵。

清洗泵小型化和微型化的目的是在不影响水射流清洗效果的前提下，大幅度地减小泵的体积和重量。为使清洗泵小型化和微型化，应减小往复泵的几何参数，如柱塞截面积、柱塞行程和柱塞数。但是，为了满足流量的要求，就必须提高泵的转速。然而，提高泵的转速也不是无限度的。过高的转速将使吸、排液阀的灵敏度降低，密封可靠性下降，以及摩擦副的磨损加剧等。通常微型泵的转速为1440r/min，有的高达2800r/min。

2. 高压柱塞泵

当利用纯水射流除锈、辅助切割岩石时，水射流的压力将达到70~100MPa甚至更高，能满足这种需求的常用高压泵为高压柱塞泵。它属于容积式泵，借助工作腔里的容积周期性变化来达到输送液体的目的；泵的容量只取决于工作腔容积变化值及其在单位时间内的变化次数，理论上与排出压力无关。在结构上，高压柱塞泵的工作腔借助密封装置与外界隔开，通过泵阀（吸入阀和排出阀）与管路沟通或闭合。

3. 超高压泵

超高压泵与增压器是超高压发生设备的两种形式。我国标准把压力大于100MPa的泵界定为超高压泵。超高压泵的特点是高压控制，相对造价低，多用于200MPa以下压力；增压器的特点是低压控制，相对结构复杂，多用于高于200MPa压力的条件。

图 3-3 所示为三柱塞超高压泵（视频 3-2），它与高压柱塞泵的不同点在于超高压带来的液力端分体式特殊设计（如密封、阀组、液缸等）、特殊材料和特殊工艺。途中进、出水阀组仍采用下导向锥阀；液力端的连接静密封全部为球面线接触密封；承压零件凡有相贯孔处一定要设计适当半径的过渡圆角；柱塞与动力端采用球面点接触连接方式，以保证柱塞的对中性。

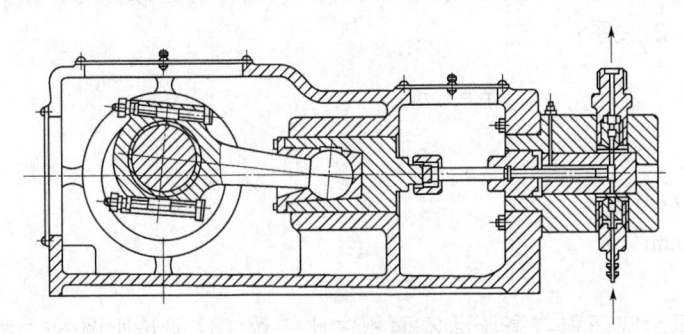

图 3-3　三柱塞超高压泵

视频 3-2　三柱塞超高压泵结构组成

由于超高压泵的密封副轴向尺寸较长，摩擦生热和抱轴现象都容易产生，因此泵速一般控制在 150r/min 左右，以利于泵的可靠运行。当然，泵速偏低会造成压力脉动大，必须增加稳压容器予以平抑。超高压泵是一个完整的系统，每一个环节都必须重视，缺乏任一部分都会影响系统的可靠使用。

二、增压器

当水射流工作压力超过 150MPa 时，为了形成一个超声速（600~900m/s）的流体连续工况，必须在执行机构（如喷嘴）创造出 300~400MPa 的超高压条件，一般都采用增压器（或增压泵）。增压泵的输出压力可达 600MPa 或更高，它的结构比三柱塞泵更加紧凑。

增压器最简单的型式是单作用式（图 3-4），即它有一个液压活塞和与之相连的柱塞。系统流体经过低压进水阀进入高压腔，再在很高压力工况下经出水阀排出高压腔，两者的压力之比也就是增压器的增压比。这种简单作用增压器在其每次往复运动中包括各自分开的排出行程和吸入行程，因此其动力形成是非连续的。为了改进输出动力的连续性，在液压活塞的另一端再连接第二个柱塞，这就形成了双作用增压器。凭借这两个反向柱塞，当一个处于吸入行程中时，另一个正好是排出行程，这样便在每次往复运动周期中形成两次排出行程。在增压器中，排出动力的连续性以压力的波动或脉动所表现。

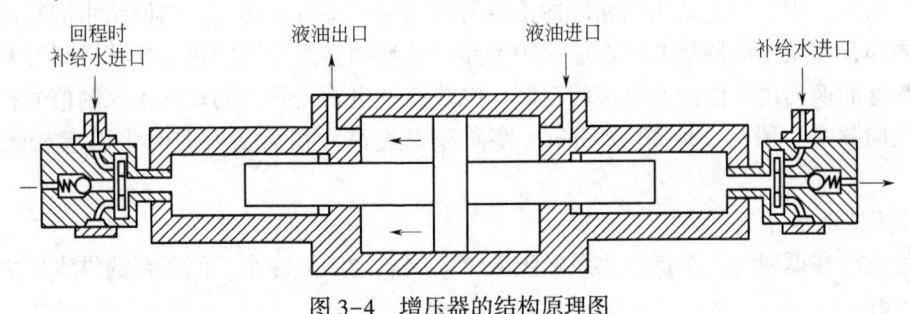

图 3-4　增压器的结构原理图

1. 工作原理

增压器是一种强制流体的正排量泵，其输入能量通过活塞、柱塞机构由工作流体转移到系统流体。工作流体（如液压油）在压力下进入动力缸，推动液压活塞自上死点向下死点运动。与此同时，与之相连接的柱塞使系统流体（如高压缸内的水）增压。液压油驱动的大活塞面积为 A，用来压缩增压缸内的水的小活塞面积为 a。若不考虑摩擦力，由力的平衡方程可求出水压 p 和油压 p' 的关系：

$$p = \frac{A}{a} p' \tag{3-1}$$

式中　　p——水压，MPa；

　　　　A——大活塞面积，mm^2；

　　　　a——小活塞面积，mm^2；

　　　　p'——油压，MPa。

水压与油压之比同液压活塞面积与高压活塞面积之比一致，这就是所谓的"增压"或"倍加"。也就是说，水压的增加是通过作用于大面积活塞上的低压油与作用在小面积上的高压水之间的力平衡实现的。其面积比（增压比）决定了最大油压下的最大排出压力，此时水流量为零。由于增压器只是转换固定功率的变换器，因此其输出流量随压力的增加而减少，其梯度同压力增加值相同。

美国流体工业公司的增压器的增压比为 10∶1、13∶1 和 20∶1，油泵的压力为 20MPa，那么，增压器的输出压力分别为 200MPa、260MPa 和 400MPa。

在超高压系统中，由于高压发生装置的行程是固定的，因此必然存在一个换向过程，在换向的瞬间，两侧高压缸体及低压单向阀中高压水流道的承压情况将产生由零到工作压力（例如 300MPa）或者由工作压力到零的压力变化过程。而增压器换向时间一般为 1s 左右，具有这种大压力波动的高压水射流是不具实际应用价值的。为提高超高压水射流的切割效能，必须设法缓解乃至消除这种压力波动。因此，通常在高压端安装蓄能器。

2. 工作系统

增压器由液压系统、低压供水系统、增压系统等组成，如图3-5所示。

1) 液压系统

向增压器提供压力油的液压泵，一般采用的是工作压力为 20~35MPa 的油泵。油泵经滤油器从油箱中吸油，油泵排出的压力油经单向阀、电液换向阀到大油缸中，使大活塞产生往复运动。大油缸中排出的低压油经精滤油器，流回油箱。在高压油路中装有安全阀，对油泵和高压油路作过载保护。从安全阀流出的油也经过回油管路中的精滤油器流回油箱。油泵出口的单向阀，用以防止高压油路的冲击载荷对油泵产生有害影响。与回路中的精滤油器并联的单向阀，在精滤油器堵塞时形成保护旁路，精滤油器由专用的热交换器进行冷却。

大活塞的换向由二位四通电液阀控制，电液阀的电磁先导阀的动作由控制信号控制。大活塞的换向频率一般为 20~80 次/min，换向频率过高，在活塞换向时将引起较大的液压冲击。

2) 低压供水系统

当增压柱塞返回时，由低压水泵经吸液单向阀向增压缸注水。低压泵的供水压力一般为 0.3~0.5MPa。

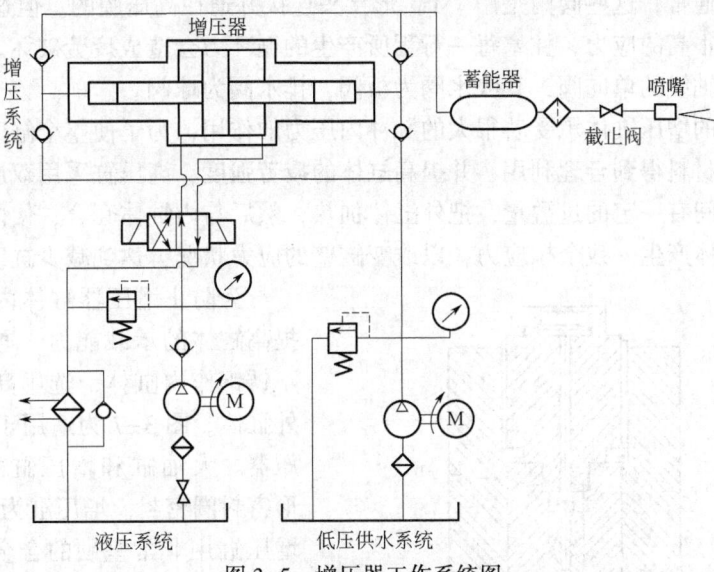

图 3-5 增压器工作系统图

增压器对水中的机械杂质十分敏感，供给增压器的低压水一般要经过两级过滤系统。第一级过滤精度为粒径不大于 $30\mu m$，第二次过滤精度为粒径不大于 $10\mu m$。

供给增压器的水一般还要求进行软化处理，以清理水中的可溶性固体物质铁和钙，否则它们会堵塞或损坏小直径的喷嘴和密封接口。

3) 增压系统

由增压器排出的超高压水流经超高压排液阀、蓄能器、精滤水器和截止阀，经高压喷嘴，形成高压水射流。

3. 结构特征

图 3-6 为一增压器的局部剖视图。为了排水和补水，在增压器的两端都安有进水和出

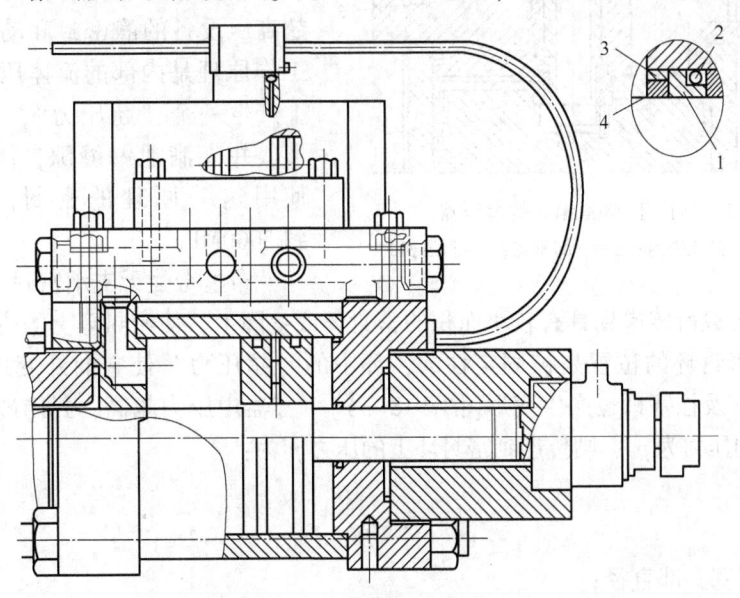

图 3-6 增压器局部剖视图
1—"L"形密封圈；2—"O"形密封圈；3—挡圈；4—钢环

水用的单向阀。通常，这些阀门是用"T"形接头连接并通往高压腔的。但这种结构在"T"形接头上作用着很高的应力，柱塞每一行程所产生的循环力会造成疲劳破坏。为了克服这一缺点，可采用同轴线的单向阀，其吸水阀为板阀，排水阀为球阀。

因为增压器的增压缸体承受着很大的脉冲内压力的作用，为了使整个缸壁产生的应力分布趋于均匀，使材料得到合理利用，并提高缸体的疲劳强度，高压缸采用双层热套缸体的结构，即两层缸体间有一定的过盈量，把外缸体加热，然后与内缸体套合，使内缸体产生一残余压应力，外缸体产生一残余拉应力，以改变缸壁的应力状况，达到减少缸壁厚度的目的。

为防止增压器缸体内产生锈蚀以及提高缸体的承载能力，通常选用高强度不锈钢作内缸体，选用高强度合金钢作外缸体。图3-7为适用于1400MPa的增压器。大油缸和增压缸之间采用"V"形密封圈密封。增压缸为双层筒壁结构，增压缸用非常坚硬的合金钢或碳化钨制造。增压柱塞的端部采用布里奇曼（Bridgman）无支承面自紧密封。柱塞头实际上是一根具有45°凸肩的轴，其上滑套装有密封环和背环，由导向螺杆施加预紧力，防止背环滑脱。密封环的硬度为HRC50。当压力升高时，推动背环，起密封作用，而且压力越高，密封效果越好。

4. 布里奇曼无支承密封

布里奇曼无支承密封，广泛应用在超高压设备的静密封和动密封之中。其工作原理是内部的流体压力在密封材料上产生一个"超压力"，使密封材料变形，并充满泄漏缝隙，从而防止泄漏。使用这一原理的密封，工作压力达到5000MPa。

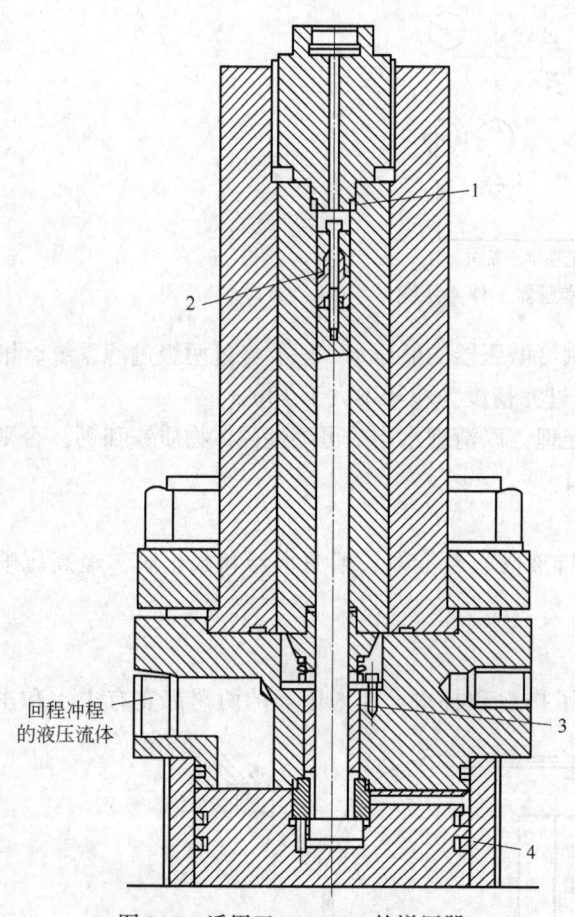

图3-7 适用于1400MPa的增压器
1—密封；2—高压密封；3—下部密封；4—低压密封

布里奇曼无支承密封（图3-8），活塞的头部把轴向载荷传递到具有较小面积的密封环或垫圈上，使密封环上的应力高于容积内的工作压力。密封环的位置是被固定住的，环中的"超压力"使它向外变形，形成密封，同时高压使器壁及柱塞杆也产生变形[图3-8(b)]，容器内压力越高，封闭能力越强。作用在活塞端部总的压力为 p_1，则传递到密封环上的压力 p' 为：

$$p' = p_1 \frac{D^2}{D^2 - d^2} \tag{3-2}$$

式中　D——柱塞头部直径；
　　　d——柱塞杆直径。

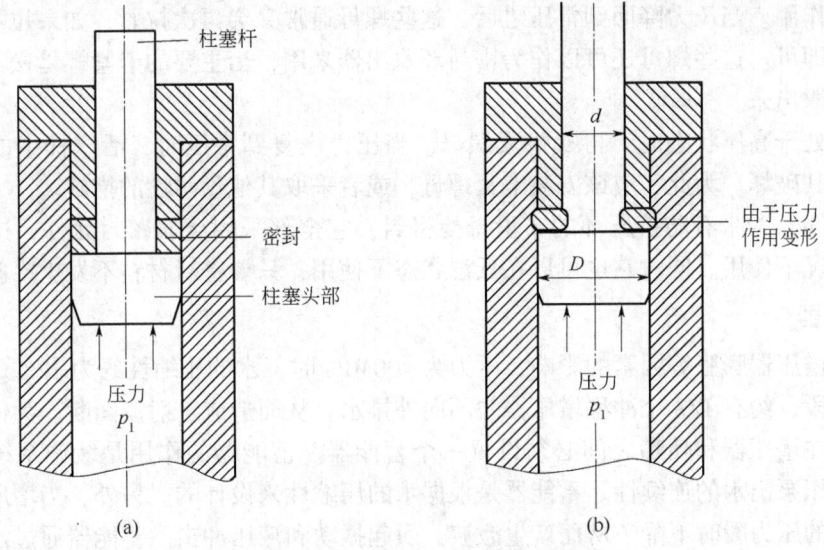

图 3-8 布里奇曼无支承密封示意图

诚然，密封环上的载荷不能无限地增高，过高时会把密封环的材料挤压在容器壁中或挤压在活塞杆中，造成拆卸困难，甚至可能使活塞杆断裂。这也被称为"挤断"。为此，应慎重选择直径 D 和 d，并计算其应力。

另外，当压力很高时，垫圈材料可能被挤坏。为此，采用了防挤压环，该环通常采用青铜或铜等材料制成。防挤压环要定期更换。

图 3-9 为两种布里奇曼无支承密封结构。图 3-9(a) 为典型的布里奇曼端盖组装图。装配之后，拧紧活塞杆螺母，使其处于压紧状态，这时活塞压紧密封环及垫圈，而获得预密封。活塞杆螺母只需用手拧紧或用一个小扳手拧紧就可达到预密封。采用聚四氟乙烯或者尼龙密封环时不需要很大的扭矩，但是用铜、不锈钢、银等制作密封环时，则需要较大的扭矩。位于容器顶部的卡紧螺母，是用来预紧的，在压力的作用下将会变得松动，这时螺母已

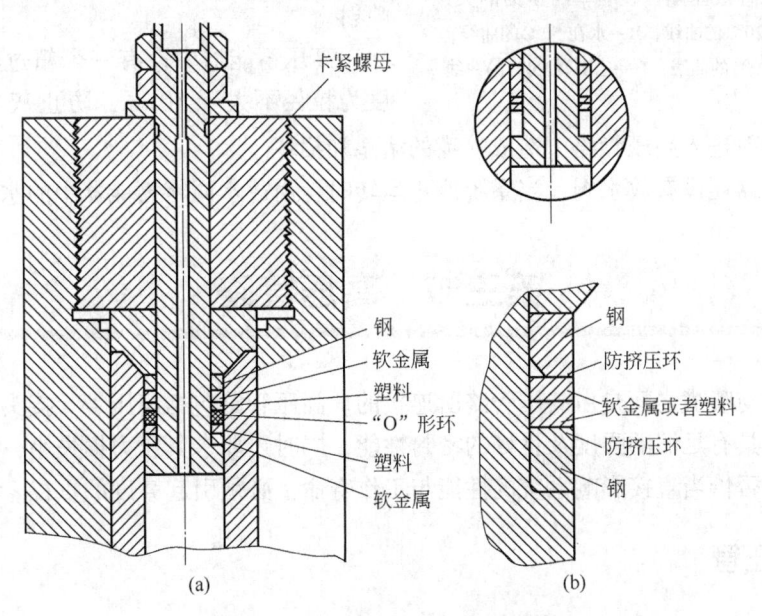

图 3-9 布里奇曼无支承密封结构

不再起拉紧作用。当压力降回到常压之后，这些螺母通常又会再次拉紧，如果拉不紧，则用手稍稍拧紧即可。这些螺母还可以作为密封环取出器来用，当主要的卡紧螺母松开后，密封环就会自动取出来。

当系统处于高压状态时，再次挤紧螺母，当压力恢复到常压时，活塞杆中的应力将剧增，甚至使其破坏。为此，应该安装卡紧螺母，或者采取其他预防性的措施。

图 3-9(b) 为带有防挤压环的布里奇曼密封，它全部采用金属密封元件，这种密封能够在高温状况下使用。同时它也可以在低温状态下使用，只要密封材料不发生冷脆化即可。

5. 蓄能器

考虑到增压器膨胀等因素的影响，压力为 400MPa 时，水的压缩性约为 12%。在工作行程的开始阶段，约有 1/8 个冲程增压器并不向外排水，从而造成水射流间断。为保证水射流连续喷射，在增压器和喷嘴之间必须设置一个蓄能器。蓄能器的作用是缓和系统的压力冲击，保持增压泵出水的连续性。蓄能器是根据水的压缩性来设计的。另外，当增压柱塞换向时，高压水的压力瞬时下降，从而产生激波，引起振动和液压冲击。蓄能器通过水本身的压缩性还能起缓冲作用。

压力对几种液体体积的影响如图 3-10 所示。在常温下，液态物质的压缩系数基本上是一致的。当压力从 0.1MPa 到 1200MPa 时，大多数有机液体从初始体积收缩 25%~30%，水的性质也与此类似。

增压柱塞在工作冲程阶段，蓄能器中的高压水本身被压缩，储存能量，同时高压水从喷嘴喷出，形成水射流。当增压柱塞返回时，无高压水排出，此时蓄能器中受压缩的高压水体积膨胀，释放能量，以确保高压水射流的连续喷射。

高压蓄能器中设有一个精过滤器，过滤精度为粒径不大于 $10\mu m$，防止灰尘和摩擦副磨损所产生的微粒进入高压管路，造成喷嘴的堵塞和损坏。

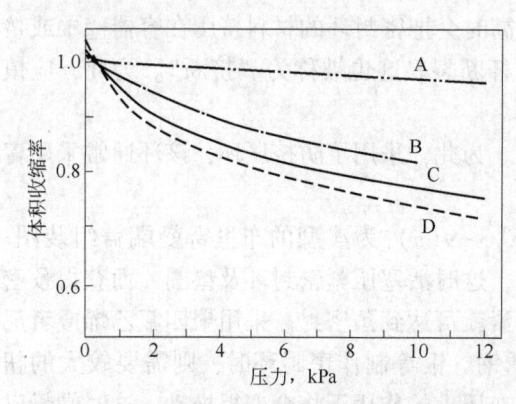

图 3-10 几种液体体积收缩率与压力的关系
A—水银在 20℃的曲线；B—水在 50℃的曲线；
C—甲醇在 20℃的曲线；D—乙醇在 20℃的曲线

高压蓄能器还设有放水阀，当系统停止运转时，由放水阀将蓄能器中的水放出。

第三节 高压管路

高压泵站与喷嘴之间是由高压管路所连接的。高压管路包括高压管、接头和阀件等。高压管和接头应具有足够的强度及良好的密封性能，同时还要求其压力损失小，拆卸方便。高压管和接头是否恰当直接影响系统的性能与工作寿命，必须引起高度的重视。

一、高压管

高压水射流技术中常用的高压管有三种。

1. 无缝钢管

无缝钢管具有耐高压、变形小、耐油、抗腐蚀能力强等优点，但在装配时不易弯曲，多用作高压水射流系统中的固定管路。无缝钢管有冷拔和热轧两种。冷拔无缝钢管的几何尺寸准确、质地均匀、强度高，可根据管路通过的流量和压力大小，从有关手册中选择。

2. 不锈钢管

在超高压水射流系统中，由于喷嘴直径很小，一般都在 0.5mm 左右，任何锈蚀污物混入水介质中，都会引起喷嘴堵塞。因此，要求输水管道必须具有很强的抗锈蚀能力。过去我国生产的 33CrNi3MoV 不锈钢管材输送油介质效果较好，但用于水介质还不能满足要求。

我国新研制的 17-4pH 沉淀硬化不锈钢具有很高的强度和硬度，并且具有很强的耐腐蚀性能和较好的焊接性能，尤其是在高温下其强度也不会突然消失，是一种比较理想的超高压水射流系统的管道材料。

3. 高压橡胶软管

高压橡胶软管用于连接高压水射流系统中有相对运动的元件，它能够吸收系统中的冲击和振动而且装配方便。但是，高压橡胶软管制造工艺复杂、寿命短、成本高、刚性差，因此，在固定元件之间一般不采用。

高压橡胶软管由夹有钢丝的耐油橡胶制成，钢丝可以交叉编织，也可以缠绕，一般有 1~3 层。钢丝层数越多，耐压越高。

国外已生产出了高压尼龙软管，在相同的耐压条件下，内径相同的高压尼龙软管外径要比高压橡胶软管要小得多。高压软管可从有关手册中选用，另外高压软管的安装方法是否正确对其使用寿命有很大影响，这一点应引起特别注意。

二、接头

1. 超高压管接头

超高压管接头按其密封形式可分为以下三种。

1) 标准的锥形密封

大多数超高压密封的基本原理是将两个不同角度或不同形状的元件紧固在一起，形成一条细线状或环状的接触。两种连接元件的材料具有不同的硬度，在高压的作用下，其中一个产生轻微的变形，形成密封带。两个元件的紧固力应大于液体压力使两个元件分离的力。

超高压管接头广泛采用标准的锥形密封，如图 3-11 所示，它是由本体、管子、内螺纹套筒和压盖等组成。它是一个外圆锥形金属体对另一个内圆锥形锥形体的密封。

压盖螺母用右旋螺纹拧入本体，套环则必须用左旋螺纹拧在管子上。假如两个元件都用右旋螺纹，在压力作用下密封就会发生自松。此外，当上紧时，

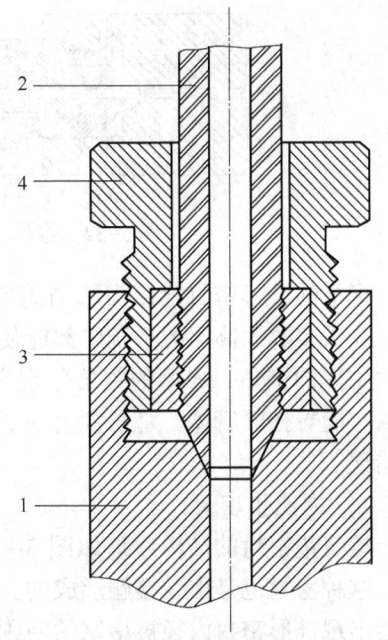

图 3-11 标准的锥形密封
1—本体；2—管子；3—内螺纹套筒；4—压盖

套环可能随同压盖螺母一起转动，会造成套环套在管子的不适当位置上。

图 3-12(a)、图 3-12(b)、图 3-12(c) 为该基本结构的几种类型。图 3-12(a) 由于套环不插入螺母内，是最坚固的一种；而图 3-12(b) 的压盖螺母的根部有一个潜在的高应力集中区；图 3-12(c) 也较坚固，因为在套环上切出了 45°的导角。图 3-12(a) 有一潜在的缺点，就是对给定的管子尺寸其镗孔较深，如没有额外材料作补充，就会导致本体的削弱。管件连接头有各种类型，直通管接头、弯头、三通接头及四通接头。图 3-12(d) 为管接头和堵头的连接；图 3-12(e) 为用一个接头将直径较小的管子接在一个直径较大的接头插座上；图 3-12(f) 为一简单的滑移活接头，用以连接两根位移不大的管子，它由两部分组成，当压紧螺母拧松之后，其外体可以在内体上滑动，因此，可以方便地移去或更换一段管子而不需要拆卸较长的管子；图 3-12(g) 为隔板式管接头，它有多种规格，还有各种不同尺寸的管接头配件。

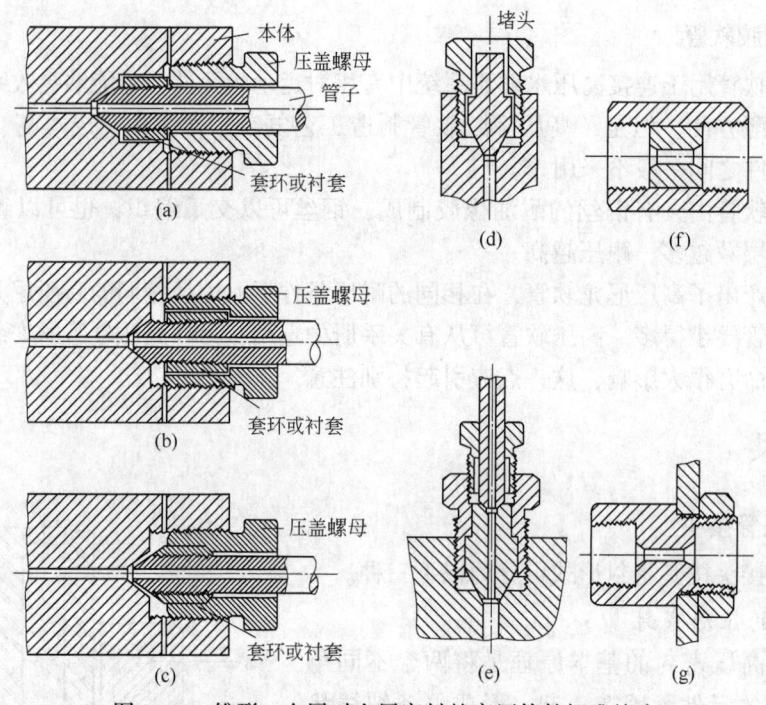

图 3-12 锥形、金属对金属密封的高压管件标准接头

标准的锥形密封管接头结构简单，而且价格便宜，如果管子的锥体制造正确，组装无误，在大多数超高压的系统中都能使用。应当强调指出，锥形密封的外锥体的锥角必须略小于内锥体的锥角，典型的锥角分别为 58°和 60°，连接后首先在外锥体的顶部形成一条线状密封，随着拧紧管体，管子发生变形而使接触面扩大。图 3-13 为管子圆锥头加工的某些典型错误。

2) 透镜垫密封

透镜垫密封的结构原理如图 3-14 所示。通常透镜垫是用硬的或经热处理的材料制成的，这种密封也是由线接触形成的，当部件加工正确时，这种密封能够重复多次使用，而且不会出现锥形密封内径被堵塞的问题。经多次使用之后，密封面可能被磨得更光洁，透镜垫也被磨光，这对密封有好处，但其价格较高。

图 3-13 圆锥头

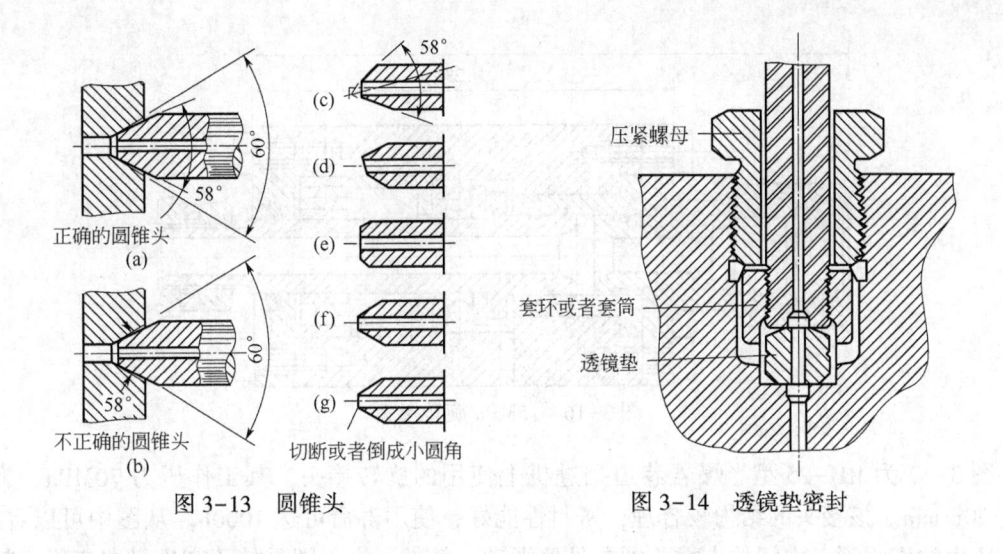

图 3-14 透镜垫密封

3) 双锥密封

图 3-15 为双锥密封接头在超高压截止阀中的应用。双锥密封是标准锥形密封的变形和发展。两个连接应靠一个金属双锥体进行密封。该阀的工作压力高达 1400MPa。

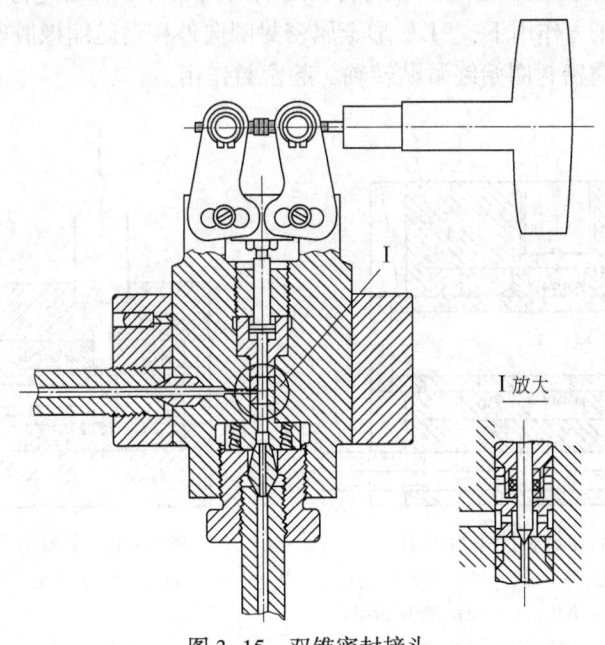

图 3-15 双锥密封接头

2. 高压旋转接头

当被连接的两个高压元件间有相对旋转运动时，需要使用高压旋转接头。图 3-16 为用于 KQJ-1 型矿车清洗机中的 15MPa 旋转接头，其工作压力 15MPa，相对旋转速度为 200~300r/min。

为了降低旋转轴与橡胶密封圈之间的摩擦阻力，提高使用寿命，在它们之间加聚四氟乙烯滑套。在液压力的作用下"O"形密封圈产生变形，并挤压滑套，使它紧贴转轴，起密封作用，而且压力越高，密封作用越好。

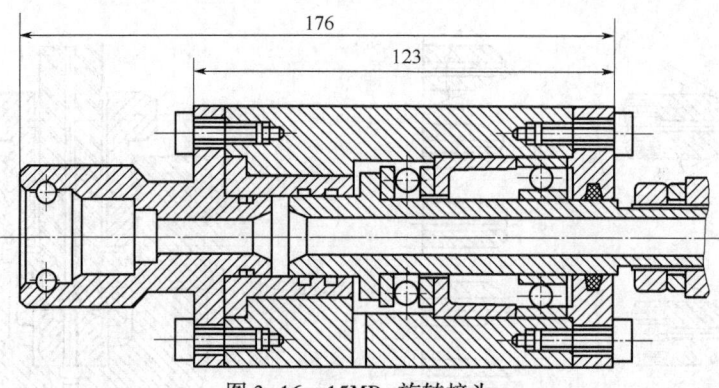

图 3-16　15MPa 旋转接头

图 3-17 为 RH-25 型半煤岩巷道掘进机上使用的旋转接头，其工作压力 70MPa，旋转速度 50r/min。该接头的结构较合理，密封性能好，使用寿命可达 1000h。从图中可以看出，在液压力的作用下，中间的支撑垫圈向外侧滑动，使鼓形密封圈受挤压产生径向变形，起到密封作用。这种密封作用能自动补偿径向磨损间隙。

在超高压系统中，广泛使用金属组合密封作为旋转运动和往复运动的密封。这种密封的特点是摩擦阻力小，而且金属密封圈与旋转轴之间的间隙可以自动进行补偿。其结构原理如图 3-18 所示。在液压力作用下，"L"形金属密封圈向外移动压缩橡胶密封圈，橡胶密封圈的变形使"L"形金属密封圈始终紧贴转轴，起密封作用。

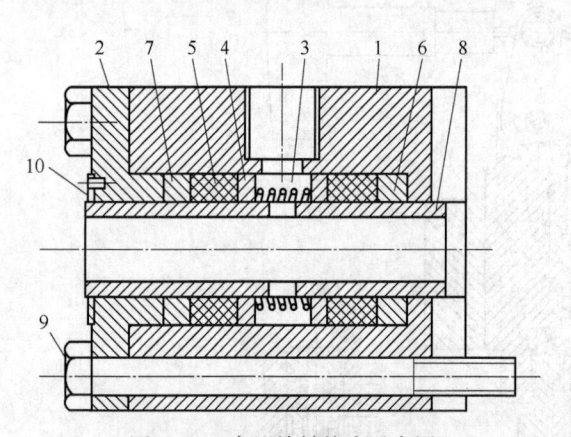

图 3-17　高压旋转接头示意图
1—腔体；2—端盖；3—弹簧；4—支撑垫圈；
5—鼓形密封圈；6—垫片；7—"O"形密封圈；
8—旋转轴；9—固定螺栓；10—挡板

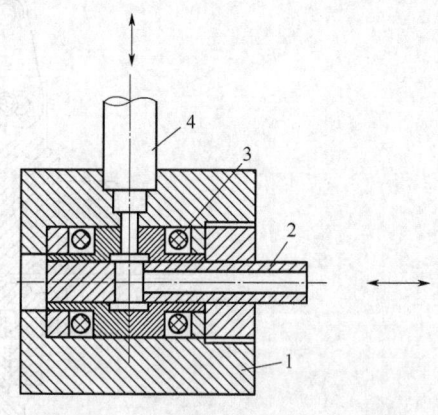

图 3-18　金属组合密封结构示意图
1—腔体；2—旋转轴；3—静密封；4—高压管

第四节　喷嘴

喷嘴是高压水射流发生装置的执行元件。喷嘴的作用是通过喷嘴内孔横截面的收缩，将高压水的压力能聚集起来，并转化为动能，最后以高速水射流的形式向外喷出，用以对物料进行清洗、破碎或切割。

连续高压水射流喷嘴，按喷嘴内孔横截面的形状，可分为圆锥收敛型喷嘴、流线型喷嘴和圆锥带圆柱出口段型喷嘴。

圆锥收敛型喷嘴（视频 3-3、视频 3-4），比较容易加工，但射流的密集性较差，常用于对水射流射程要求不高的场合。

流线型喷嘴（视频 3-5），虽然其流量系数较大，能量损失小，但加工困难，很难达到原设计要求的形状。目前仍处于试验阶段，很少应用。

视频 3-3　圆锥收敛型喷嘴流动结构（高流量）

视频 3-4　圆锥收敛型喷嘴流动结构（低流量）

视频 3-5　流线型喷嘴流动结构

圆锥带圆柱出口段型喷嘴，是在圆锥收敛型喷嘴的基础上发展起来的。增加圆柱出口段能够提高其流量系数，是目前最常用的一种连续水射流喷嘴。

连续高压水射流喷嘴，按其结构特点还可分为整体式喷嘴和组合式喷嘴两大类。有关特殊形状的和专用的喷嘴将在以后有关章节中介绍。

喷嘴的流量系数与圆锥角 2α 密切相关，图 3-19 为流量系数与圆锥角的关系曲线（d_n 为喷嘴出口直径）。流量系数的最大值对应于圆锥角 $2\alpha = 13°24'$。高压连续水射流所用的喷嘴，圆锥角 2α 一般在 $12° \sim 14°$ 之间。喷嘴质量的好坏，直接影响水射流的品质和效率。

喷嘴应满足如下要求：（1）保证射流具有适当的功能；（2）射流的密集性比较好，保证射流有较远的射程；（3）寿命长；（4）拆卸、维护方便；（5）成本低。

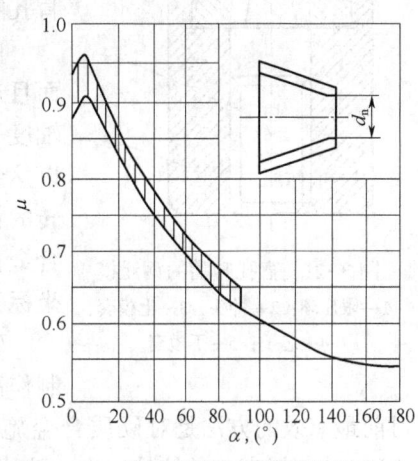

图 3-19　流量系数与圆锥角的关系

一、喷嘴的结构和材质

在选择喷嘴型式和材质时，最重要的两个因素是水射流的品质和喷嘴的寿命。工业上应用的喷嘴，其寿命尤为重要。一些试验表明：用于精密切割的硬质合金喷嘴，在 430MPa 的压力下工作仅几分钟，射流就散射了。

最常用的连续水射流喷嘴，是圆锥带圆柱出口段型整体结构喷嘴，其典型结构如图 3-20 所示。

该喷嘴的内孔收缩圆锥角为 13°，其长度则根据喷嘴入口和出口的直径而定。喷嘴出口为一圆柱段，圆柱长度为 2~3 倍的喷嘴直径。喷嘴出口端面有一台阶孔，深约 1mm，用以防止在组装、拆卸过程中碰伤喷嘴出口而引起射流扩散。

图 3-20　圆锥带圆柱出口段型整体结构喷嘴

D—喷嘴入口直径；d—喷嘴出口直径；
L—喷嘴长度；l—喷嘴平直段长度

用于清洗、除锈的水射流喷嘴，由于工作压力较低，一般可采用成本较低、容易加工成型的材料，如铜、不锈钢、轴承钢、渗碳钢等，也可用普通钢材作基体，然后喷涂上一层耐磨、耐腐蚀的材料。

精密切割用的水射流喷嘴，由于工作压力很高，且喷嘴口径又很小（一般为 0.1～0.5mm），因此选择材质时应考虑材料的机械强度、耐磨性和工艺性。由于喷嘴是易损件，还应考虑其成本。

在超高压的情况下，由于喷嘴要承受高压、高速水流的作用，要求喷嘴材料具有足够的机械强度、耐磨性和耐腐蚀性。一般采用碳化钨硬质合金、金刚石和人造宝石等材料。碳化钨合金具有很高的硬度（HRC93）、很高的抗压强度（6000MPa）和很好的耐磨性。

碳化钨硬质合金喷嘴，是用粉末冶金的方法制造的。硬质合金水射流喷嘴的成型可采用水静压压制或钢模压制。喷嘴钢模压制过程是：先将碳化钨和胶结金属的粉末均匀混合并加到钢元模中，然后在手动压力机上加压成型为盲孔喷嘴。盲孔喷嘴的钢元模如图 3-21 所示。

由于高压硬质合金喷嘴的出口直径较小，粗糙度要求高，而且还有圆度和圆柱度的要求，以及与锥形收缩段应保证同轴度，若采用激光打孔或电火花穿孔的方法来加工小孔，难以达到要求。实践证明，硬质合金盲孔喷嘴体宜采用高速回转的特制钢针加研磨膏的方法来钻出小孔，而未烧结的硬质合金盲孔喷嘴体，可用小直径的麻花钻头在高速仪表钻床或坐标镗床上镗孔。

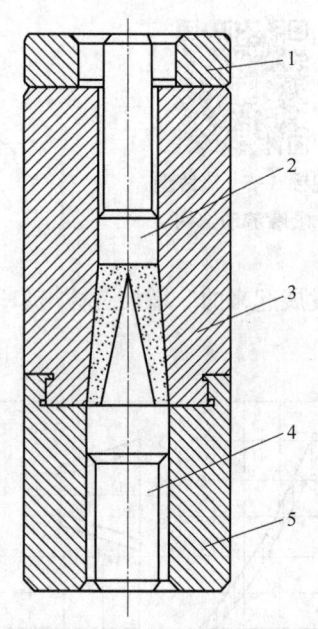

图 3-21 盲孔喷嘴的钢元模
1—限压环；2—冲头；3—上模套；4—芯子；5—下模套

碳化钨硬质合金的抗拉强度和冲击韧性都很差，因此在制作高压喷嘴时，必须从喷嘴结构上考虑增加喷嘴的强度。目前最有效的方法是对硬质合金施加预压力，即硬质合金喷嘴体外面使用保护套（镶套法），从而提高它的抗拉能力，防止使用时破裂。在镶套时应采用足够的过盈配合，保证喷嘴体有足够的预应力。

为了保证装配后接触良好，常用锥度镶套法，即压套内孔磨成锥孔，硬质合金喷嘴体的外圆也磨成相应的锥体，留出一定的过盈量，将喷嘴压入压套中。

图 3-22 为一种复合圆筒结构的高压碳化钨喷嘴，工作压力为 50～170MPa。喷嘴用碳化钨制成，压套采用镍铬钼钢制成。为了防止喷嘴芯受外部作用而破坏，喷嘴芯比喷嘴的前端凹入 1mm。

金刚石具有极高的硬度，莫氏硬度高达 10 级。金刚石喷嘴具有较强的抗气蚀破坏的能力，比碳化钨喷嘴寿命要长。由于金刚石质地坚硬，抛光精度难以进一步提高，因此，金刚石喷嘴产生的射流品质，一般与碳化钨喷嘴所产生的射流质量相当。但金刚石价格昂贵，故极少使用。

人造宝石的品种很多，有蓝宝石、红宝石和绿宝石等。我国常用红宝石作喷嘴材料。红宝石是 Al_2O_3 的单晶体，其硬度仅次于金刚石，为莫氏 9 级，但比金刚石便宜得多。红宝石的抗压强度为 2100MPa，抗水射流侵蚀和耐磨能力都很强。该材料为脆性材料，酷似玻璃，其抗拉强度仅为 190MPa，对热变形和机械冲击非常敏感，极易破裂。

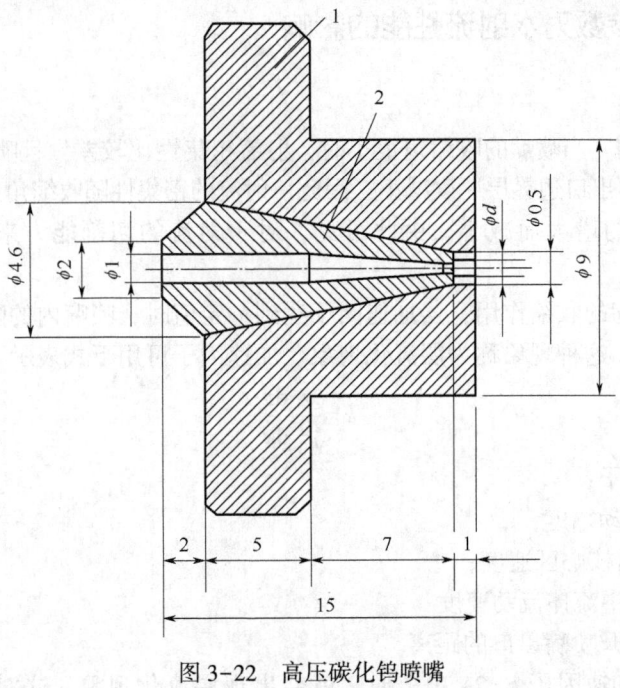

图 3-22 高压碳化钨喷嘴
1—压套；2—喷嘴芯

采用金刚石、红宝石这样极坚硬的材料制作喷嘴，不仅成本较高，而且加工困难，故一般采用组合式结构。喷嘴口是喷嘴最易磨损的部位，因此，只需将喷嘴口用金刚石或人造宝石制造成独立的元件，然后装配成喷嘴，这不仅大大提高了喷嘴的寿命，而且加工容易。

组合喷嘴一般由本体、喷嘴口和压盖等组成，如图 3-23 所示。由于宝石喷嘴口的纵向尺寸较小，因此采用双收缩形式效果比较好，如图 3-24 所示。第一段收缩角为 90°，第二段收缩角为 13°，然后接圆柱段。宝石喷嘴出口内孔的收缩段的表面粗糙度可研磨到 0.063μm，圆柱段可研磨到 0.016μm。由于加工表面光滑，不仅射流品质好，而且喷嘴寿命也长。

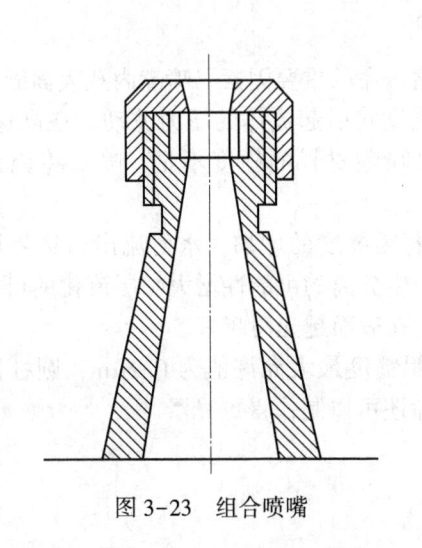

图 3-23 组合喷嘴

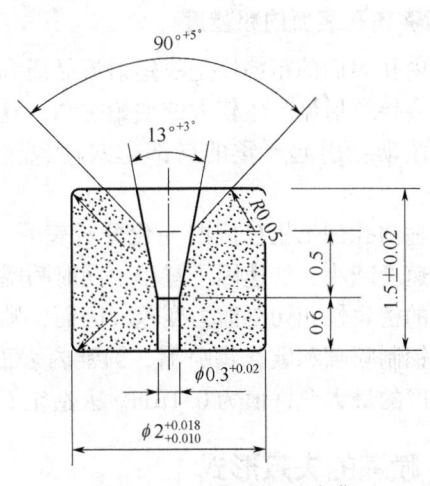

图 3-24 双收缩宝石喷嘴

二、喷嘴各参数对水射流性能的影响

1. 收缩角

大量的试验表明：当喷嘴的收缩角很小时，射流密集性比较差，且喷嘴的轴向尺寸很长。随着收缩角的增大，出口边界层厚度减小，因此，射流的密集性随收缩角的增大而增加，但出口速度却随收缩角的增大而减小。由此可见，对于射流的切割能力来说，收缩角有一最佳值。

另外，由于喷嘴的收缩作用，当加速因子达到一定值时，喷嘴内的阻力会下降，出现类似层流的阻力现象，这种现象称为层流化现象。加速因子可用下式表示：

$$k = \frac{\nu}{v_0^2} \frac{dv}{dx} \tag{3-3}$$

式中　　k——加速因子；
　　　　ν——流体运动黏度；
　　　　v_0——喷嘴内核心区速度；
　　　　v——边界层中流体流动速度；
　　　　x——射流离开喷嘴出口的距离。

一般认为，当加速因子 $k > 2 \times 10^{-6}$ 时，就会出现层流化现象，这对改善射流性能是有利的。

随着喷嘴收缩角的增大，在喷嘴内部有可能出现逆压力梯度，从而产生分离现象，这样将引起喷嘴内部流动的破坏和不稳定，从而影响射流的性能。

考虑上述因素，以及收缩角对流量系数的影响，认为收缩角取 13°～14° 为好。

2. 圆柱段长度

大量的试验分析表明：随着圆柱段长度的增加，出口速度随之增加，而射流密集段的长度却随之减小。由此可见，对于水射流喷嘴而言，圆柱段长度存在着一最佳值。

另外，喷嘴收缩角的大小及流体流动条件，对圆柱段的最佳长度也有影响。一般取圆柱段长度为喷嘴出口直径的 2.5～3 倍最合适。

3. 喷嘴内孔表面的粗糙度

喷嘴内孔表面的粗糙度是决定射流品质和喷嘴寿命的重要因素。喷嘴内孔表面微小的凸凹不平，会导致射流产生较大的初始扰动，这种扰动将引起流体的压力波动。在高速流中，这种压力波动会引起严重的局部空穴现象，如果喷嘴材料的硬度不足，喷嘴将因此遭到破坏。

对喷嘴内孔加工粗糙度的变化分析表明，随着粗糙度的增加，水射流出口边界厚度增加，出口速度减小，加速因子减小，同时喷嘴内产生分离的可能性增大，层流化的可能性变小，射流的密集性和切割能力变差。因而，喷嘴内孔表面越光滑越好。

对于钢制喷嘴和碳化钨喷嘴，圆锥内表面的粗糙度最大允许值为 $0.2\mu m$，圆柱段内表面的粗糙度的最大允许值为 $0.1\mu m$。人造宝石喷嘴还可以制作得更光滑。

三、喷嘴的失效形式

喷嘴的失效形式主要表现在以下三个方面：

（1）在一定的靶距上，射流的打击力下降超过许用值；

（2）在一定的靶距上，射流的扩散超过许用值，即射流发生了散射；

（3）喷嘴破裂。

高压水流经过喷嘴不断加速，由于喷嘴内孔表面粗糙度的影响，水流边界发生扰动，待流到高速区时，逐渐形成涡流，同时由于喷嘴出口的收敛作用，在喷嘴出口圆柱段内也将产生涡流区，这些都能使高速水流产生气穴，并对喷嘴内孔表面产生气蚀。随着气蚀作用的不断发展，喷嘴出口内孔表面的粗糙度不断增大，同时横断面积增加，以致出现严重磨损状况。

从喷嘴喷射出的高压水射流，由于在喷嘴内部受到了某种干扰，加之在喷嘴出口处又卷入了部分空气，水射流将发生扩散。气蚀损伤的发展，加剧了射流的扩散作用，直至水射流的扩散超过许用值。这时喷嘴出口往往出现单边磨损的情况，加速了喷嘴的失效过程。

喷嘴磨损后，不仅使射流发生散射，而且在流量不变的情况下，将使射流喷射压力降低，从而减小了水射流的打击力。若水射流用于精密切割，由于射流扩散，会增大切口宽度，降低切口的精度和切割速度。随着喷嘴内部气蚀作用的加剧，喷嘴内的水锤作用和激波现象甚至可能导致喷嘴发生破裂。在某些情况下，液体的腐蚀作用也是不容忽视的。

综上所述，喷嘴的寿命取决于喷嘴的结构形状、材质、内孔表面粗糙度及水质等因素。喷嘴内孔表面的粗糙度对喷嘴的寿命尤为重要。

思 考 题

1. 泵按工作原理分类可分为哪些？
2. 目前市面上常用的容积式泵有哪些？请列举几例。
3. 在高压水射流领域使用较多的泵有哪些？
4. 相比于立式往复泵，卧式往复泵为何能被广泛应用？
5. 高压柱塞泵相较于其他高压泵有哪些优点？
6. 简述增压器的工作原理。
7. 高压管路是高压水射流设备的重要组成部分，请简述高压软管在使用过程中有哪些基本要求。
8. 超高压管接头按照密封形式分类可分为几类？
9. 高压水射流喷嘴的失效形式主要表现在哪些方面？

参 考 文 献

[1] 沈忠厚. 水射流理论与技术 [M]. 东营：石油大学出版社，1998.
[2] 李明毓，杨立新，何志勇. 高压水射流切割加工技术及其应用 [J]. 公路与汽运，2007（1）：128-130.
[3] 李根生，沈忠厚. 高压水射流理论及在石油工程中的应用 [J]. 石油勘探与开发，2005（1）：96-99.
[4] 李震，李锋，汪建新，等. 高压水射流技术及应用 [J]. 机械工程师，2009（11）：33-36.
[5] 《往复泵设计》编写组. 往复泵设计 [M]. 北京：机械工业出版社，1987.
[6] 薛胜雄. 高压水射流技术工程 [M]. 合肥：合肥工业大学出版社，2006.
[7] 邵国华，陈国强，汪蓉芳，等. 超高压容器设计 [M]. 上海：科学技术出版社，1983.
[8] 钱汉通，梁棣华. 超高压缸体自增强处理试验研究 [J]. 压力容器，1994，11（5）：4.
[9] 许忠斌. 超高压容器自增强的计算机辅助设计 [J]. 压力容器，1995（5）：418-421.

[10] 杨林,唐川林,张凤华. 高压水射流技术的发展及应用 [J]. 洗净技术, 2004 (1): 9-14.
[11] 杨志,陈世明,张毅军,等. 高压水射流技术的发展及应用 [J]. 机械管理开发, 2009 (5) 87-88.
[12] 赵春红,秦现生. 高压水射流切割技术及其应用 [J]. 机床与液压, 2006 (2): 1-3.
[13] 杨友胜,张俊,黄国勤,等. 水射流技术的应用研究 [J]. 机床与液压, 2007 (2): 106-108.
[14] Tadashi. High pressure pump-Role and application [R]. Fluid Machinery & Systems Company, 2016.
[15] 雷玉勇,陶显中. 水射流技术及工程应用 [M]. 北京: 化学工业出版社, 2017.
[16] Tikhomirov R A, et al. High-pressure Jet Cutting [C]. New York: ASME, 1992.
[17] 宋学义,吴志明. 袖珍液压气动手册 [M]. 北京: 机械工业出版社, 1994.
[18] Labus T J. Fluid Jet Technology: FundamenlaLs and Application [C]. St. Louis: WJT A, 1995.
[19] 夏立中. 高压水射流发生装置主要性能参数的初步分析 [J]. 矿山机械, 1979 (5): 30-36.
[20] 薛胜雄. 小型高压清洗机的设计 [J]. 流体工程, 1992, 20 (5): 26-31.

第四章 磨料射流

第一节 固液两相流动简介

相是具有相同成分和物理化学性质的均匀部分,也可以说是物体的单一状态,如固相、液相、气相等。两相流动就是同时存在着两种相的流动,如自然界中的下雨、下雪、冰水流等现象,以及日常生活中的水沸腾、沏茶等都属于两相流动。在高压水射流领域中,空化射流、磨料射流及磨料输送等都与两相流动有关。本节仅对固液两相流动作简要介绍。

一、固体粒子在流体中的受力

当流场中的固体粒子与流体之间存在着速度差时,固体粒子受流体的拖曳力作用。若粒子与流体速度方向相同,粒子所受拖曳力为动力;若粒子与流体速度相反,粒子所受拖曳力为阻力。利用量纲分析的方法可以求出球形固体粒子与流体间的拖曳力:

$$F = C_D A \frac{1}{2} \rho_w (v_w - v_a)^2 \tag{4-1}$$

$$Re_p = \frac{\rho_w (v_w - v_a)}{\mu} d_a \tag{4-2}$$

其中
$$A = \pi d_a^2 / 4$$

式中 F——球形粒子所受液体作用的拖曳力;
　　　A——粒子的截面积;
　　　d_a——粒子直径;
　　　v_w、v_a——液体和粒子的速度;
　　　ρ_w——液体的密度;
　　　C_D——曳力系数;
　　　Re_p——粒子的雷诺数;
　　　μ——液体的动力黏度。

图 4-1 为曳力系数与雷诺数之间的关系,从图中可以看出:

(1) 当 $Re_p \leqslant 1$ 时,曳力系数 C_D 与 Re_p 成反比,即:

$$C_D = \frac{24}{Re_p} \tag{4-3}$$

或

$$F = 3\pi \mu d_a (v_w - v_a) \tag{4-4}$$

式(4-4) 称为斯托克斯公式。

(2) 当 $Re_p > 1$ 时,用斯托克斯公式求出的曳力系数将小于实测值,故斯托克斯公式不再适用。当 Re_p 介于 25~500 之间时,可用以下经验公式(称为阿连公式)来求曳力系数:

$$C_D = \frac{10}{\sqrt{Re_p}} \tag{4-5}$$

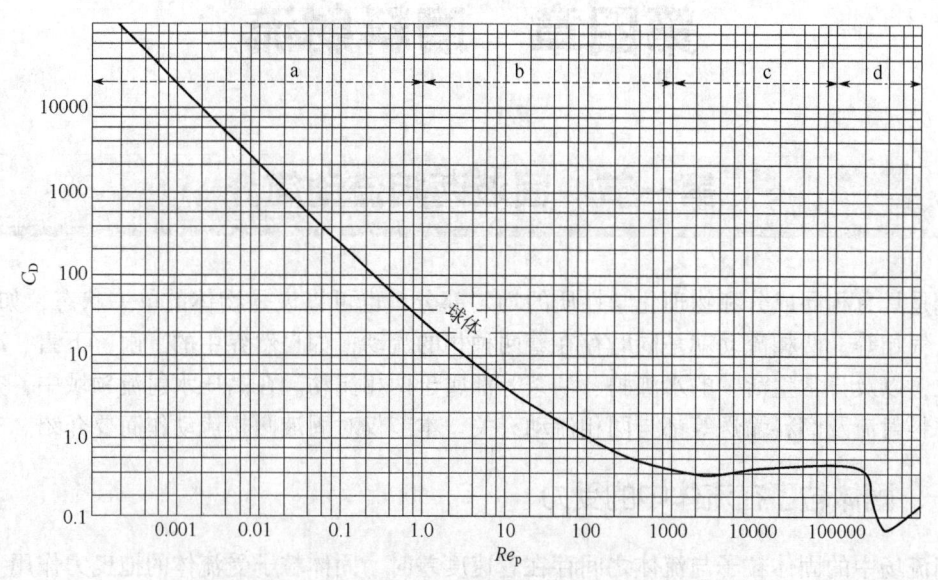

图 4-1　曳力系数与雷诺数之间的关系

(3) 当 Re_p 在 $10^3 \sim 10^5$ 之间时，曳力系数 C_D 几乎不变，与雷诺数无关，这时一般可取 $C_D = 0.44 \sim 0.5$，或表示为：

$$F = \frac{\pi}{16} \rho_w d_a^2 (v_w - v_a)^2 \tag{4-6}$$

式(4-6) 与牛顿—雷廷格公式大致相当。

(4) 当 $Re_p > 10^5$ 后，曳力系数 C_D 将突然下降。这一现象称为临界阻力或者失阻现象。

至今曳力系数还没有一个统一的表达式，一般都是实验测定的；或在不同的雷诺数区间内，选用不同的经验公式来计算。

二、固体粒子在流体中的沉降速度

固体粒子密度一般与液体密度不同，由于重力差的作用，粒子在垂直方向上产生相对运动，即所谓的沉降运动。当粒子在沉降过程中不受容器和其他粒子的任何干扰时的沉降称为自由沉降。固体粒子的沉降末速是固液两相流动中最重要的参数之一。

固体粒子在静止液体中作自由沉降运动时，同时受到重力与浮力的作用，在两力之差的作用下，粒子沉降。其差力 W 按下式计算，其中 ρ_a 为固体粒子密度：

$$W = \frac{\pi}{6} d_a^3 \rho_a g - \frac{\pi}{6} d_a^3 \rho_w g = \frac{\pi}{6} d_a^3 (\rho_a - \rho_w) g \tag{4-7}$$

另外，粒子在沉降过程中，还将受到液体阻力 F 的作用，即：

$$F = C_D \frac{\pi}{4} d_a^2 \frac{1}{2} \rho_w v_a^2 \tag{4-8}$$

在式(4-8) 中，因为粒子沉降时流体为静止状态，即式(4-8) 是式(4-1) 设置流体速度为 0 时的形式。

粒子在沉降过程中是非匀速运动的，由于液体的黏性和粒子形状等因素的影响，粒子会带着其周围的部分液体做加速运动。因此，固体粒子的运动方程为：

$$\rho_a \frac{\pi}{6} d_a^3 \frac{dv}{dt} = W - F = \frac{\pi}{6} d_a^3 (\rho_a - \rho_w) g - C_D \frac{\pi}{4} d_a^2 \frac{1}{2} \rho_w v_a^2 \quad (4-9)$$

固体粒子在沉降过程中不断加速，当颗粒所受拖曳力、重力和浮力三者达到平衡时，粒子的沉降速度将不再增加，此时的沉降速度称为沉降末速，用 v_t 表示。球形粒子在静止流体中的沉降末速可用下式表示：

$$v_t = \left(\frac{4}{3} \frac{\rho_a - \rho_w}{\rho_w} \frac{d_a g}{C_D} \right)^{\frac{1}{2}} \quad (4-10)$$

式中的曳力系数 C_D 与颗粒雷诺数 Re_p 有关。因为不论任意形状的固体颗粒，它在水体中运动过程中都要带动附近的水质点而引起局部水体运动。当雷诺数小于 0.4 时，颗粒下沉而引起的局部水体加速度运动惯性力远小于水流的黏性力。根据这个条件（忽略惯性力），可使黏性流体运动微分方程（即 Naviet-Stokes 方程）线性化，得出颗粒拖曳力 F 的理论解，即斯托克斯（G. G. Stokes）定律：

$$F = 3\pi \mu d_a v_t \quad (4-11)$$

把 $C_D = f(Re_p) = f(\rho_w v_t d_a / \mu)$ 代入式（4-8）和式（4-11），可知阻力系数 C_D 与颗粒雷诺数 Re_p 呈反比关系，即：

$$C_D = \frac{24}{Re_p} \quad (4-12)$$

在小雷诺数下，奥森（C. W. Oseen）及戈尔茨坦（S. Goldstein）在斯托克斯分析的基础上得出了更加精确的曳力系数预测公式，分别为：

Oseen 公式：

$$C_D = \frac{24}{Re_p} \left(1 + \frac{3}{16} Re_p \right) \quad (4-13)$$

Goldstein 公式：

$$C_D = \frac{24}{Re_p} \left(1 + \frac{3}{16} Re_p - \frac{19}{1280} Re_p^2 + \frac{71}{20480} Re_p^3 - \frac{30179}{34406400} Re_p^4 + \cdots \right) \quad (4-14)$$

随着雷诺数的增大，水流的惯性作用就不能忽略，水对于圆球固体颗粒的绕流情况发生变化。在 $Re_p = 20$ 时，水流在球体后侧分离，形成充满漩涡的尾迹。雷诺数的变化反映了水流惯性力与黏性力的对比关系的演变。当雷诺数增加到 10^3 以后，与小雷诺数时相反，黏性力可以忽略不计，使得曳力系数 C_D 与 Re_p 无关。因此，在计算 C_D、d_a 时必须注意雷诺数的范围而选用合理的计算公式。通常当 $0.4 < Re_p < 2$ 时，曳力系数按上面的式（4-12）、式（4-13）和式（4-14）计算。

如前所述，曳力系数随雷诺数改变而改变。因此，对于不同的雷诺数值范围，粒子沉降末速的计算公式也不同。下面介绍三种沉降末速计算公式。

（1）斯托克斯沉降末速公式，其适用范围为 $Re_p \leq 1$：

$$v_t = \frac{g}{18\mu} (\rho_a - \rho_w) d_a^2 \quad (4-15)$$

（2）阿连沉降末速公式，其适用范围为 $25 < Re_p < 500$：

$$v_{\rm t}=d_{\rm a}\left[\frac{\rho_{\rm w}}{\mu}\left(\frac{2}{15}g\frac{\rho_{\rm a}-\rho_{\rm w}}{\rho_{\rm w}}\right)\right]^{\frac{1}{3}} \tag{4-16}$$

(3) 牛顿—雷廷格沉降末速公式，其适用范围为 $500<Re_{\rm p}<10^4$：

$$v_{\rm t}=\left(\frac{8}{3}d_{\rm a}\frac{\rho_{\rm a}-\rho_{\rm w}}{\rho_{\rm w}}g\right)^{\frac{1}{2}} \tag{4-17}$$

上述计算公式不但有规定的适用范围，且没有考虑颗粒形状（即非圆球的任意形状）、颗粒浓度、水的紊流度及边界条件的影响。因此，实际应用上述公式时必须结合具体情况加以修正，以期取得比较准确的计算结果。如果进行估算，则上述公式不加修正也可以应用。例如，粒度为30目的石榴子石（直径0.6mm，密度2040kg/m³），可按式(4-16) 算出它的沉降速度：

$$v_{\rm t}=0.6\times10^{-3}\times\left[\frac{1000}{0.001}\times\left(\frac{2}{15}\times9.81\times\frac{2040-1000}{1000}\right)\right]^{\frac{1}{3}}=0.0665({\rm m/s}) \tag{4-18}$$

通过式(4-16) 计算出该颗粒的沉降末速，还需要计算该沉降末速下的颗粒雷诺数，确保其在式(4-16) 的雷诺数范围内（即 $25<Re_{\rm p}<500$）：

$$Re_{\rm p}=\frac{1000\times0.0665\times0.6\times10^{-3}}{0.001}=39.9 \tag{4-19}$$

因为满足式(4-16) 的颗粒雷诺数范围，因此不需更换沉降末速计算公式。若不满足，则需要更换为雷诺数较小或较大适用范围的沉降末速计算公式。

如上所述，在磨料水射流系统里，颗粒雷诺数远大于 10^3。曳力系数取 $C_{\rm D}=0.45$，并可用式(4-17) 计算颗粒的沉降速度。磨料与水混合后以悬移方式运动的必要条件，就是颗粒的沉降速度小于紊动水流的向上脉动分速度。否则，颗粒可能沉积或以推移质在管路内运动，有可能出现局部的堵塞。

这里需要指出的是，应用上述计算公式计算出颗粒的沉降末速以后，还必须进一步验证雷诺数是否在其适用范围内，否则，应重新计算。当雷诺数在上述三个计算公式适用范围之外时，一般可通过查表来解决。

可以看出，利用上面的公式计算颗粒的沉降末速都需要进行试错运算，来判断选用的公式是否满足其适用条件。因此，很多学者进行研究来推导颗粒显式沉降末速计算公式。以Cheng（2009）推导出来的适用范围广、计算精度高的显式沉降末速公式为例：

$$v=v_{\rm D}\left(\frac{\rho_{\rm a}-\rho_{\rm w}}{\rho_{\rm w}^2}g\mu\right)^{\frac{1}{3}} \tag{4-20}$$

$$v_{\rm D}=\sqrt{\frac{4d_{\rm D}}{3C_{\rm D}}} \tag{4-21}$$

$$d_{\rm D}=\left[\frac{\rho_{\rm w}(\rho_{\rm s}-\rho_{\rm w})g}{\mu^2}\right]^{\frac{1}{3}}d \tag{4-22}$$

$$C_{\rm D}=\frac{432}{d_{\rm D}^3}(1+0.022d_{\rm D}^3)^{0.54}+0.47[1-\exp(-0.15d_{\rm D}^{0.45})] \tag{4-23}$$

式中 $\rho_{\rm s}$——固体颗粒的真密度。

首先，基于给定的颗粒和流体性质，根据式(4-22) 计算出颗粒的无量纲直径，将计算出的无量纲直径代入式(4-23)可以得到颗粒的曳力系数，将曳力系数和无量纲直径代入式(4-21)中可以得到颗粒的无量纲沉降末速，然后将无量纲沉降末速代入式(4-20)中得到颗粒的沉降末速。

例如，30目的石榴子石（0.6mm，2040kg/m³）在水中沉降（1000kg/m³，0.001Pa·s），其沉降末速计算过程如下：

$$d_D = \left[\frac{1000\times(2040-1000)\times9.81}{0.001^2}\right]^{\frac{1}{3}} \times 0.6\times10^{-3} = 13.0132 \quad (4-24)$$

$$C_D = \frac{432}{13.0132^3}(1+0.022\times13.0132^3)^{0.54} + 0.47[1-\exp(-0.15\times13.0132^{0.45})] = 1.7899 \quad (4-25)$$

$$v_D = \sqrt{\frac{4\times13.0132}{3\times1.7899}} = 3.1135 \quad (4-26)$$

$$v_t = 3.1135\times\left(\frac{2040-1000}{1000^2}\times9.81\times0.001\right)^{\frac{1}{3}} = 0.0675 \text{(m/s)} \quad (4-27)$$

此时的计算结果与利用式(4-17)的计算结果很接近。但是用显式沉降末速公式计算的时候无须判断计算的颗粒雷诺数是否在选用的计算公式的适用范围内。

三、速度与速度松弛过程（含紊动扩散）

磨料、水两相流动的特点是磨料与水介质可以有不同的运动速度。在流动过程中，如果水介质的瞬时速度为 $v_w(t)$，而磨粒在同一瞬时的速度为 $v_a(t)$。常是 $v_w(t)>v_a(t)$，这个速度差 $v_w(t)-v_a(t)$ 为滑移速度。在它的作用下磨粒将加速运动，有 $v_a(t)$ 接近 $v_w(t)$ 的趋势。固液两相介质速度互相逼近的速率取决于滑移速度，即取决于运动过程中出现的各种阻力。在两相流理论里，把上述的速度逼近过程称为松弛过程，并用松弛时间表示松弛过程的特性。此外，如果是气固两相流动，不但有上述速度松弛，而且还有温度松弛过程。

在任何一种磨料水射流系统中，水与磨粒的运动偏离平衡状态是不可避免的。最明显的是在磨料喷嘴内的两相流动，水介质本身要加速，磨粒同时也进行加速运动。但是两者不能同步，速度偏离平衡状态更加显著。为了提高磨粒的终点速度，在喷嘴结构上应该保证完成速度松弛过程。

根据上述分析，并考虑到现有磨料水射流的固相浓度比较小，可以分析单个颗粒在流动中出现的各种作用力。在滑移速度是恒定或变化缓慢的场合，流动是定常的液固两相流。由牛顿第二定律可写出颗粒加速度与外力的关系式：

$$\frac{\pi}{6}d_a^3\rho_a\frac{dv_a}{dt} = \frac{C_D}{2}\rho_w(v_w-v_a)^2\frac{\pi}{4}d_a^2 \quad (4-28)$$

为了便于说明，式中曳力系数按式(4-12)估算，并加以修正后写成：

$$C_D = \frac{24}{Re_p}f(Re_p) \quad (4-29)$$

式(4-2)、式(4-28)及式(4-29)经整理后得出：

$$\frac{dv_a}{dt} = \frac{(v_w-v_a)f(Re_p)}{T_v} \quad (4-30)$$

式中 T_v——松弛时间。

在流动状态下,斯托克斯拖曳力可由式(4-11)改写为:

$$F = 3\pi\mu d_a(v_w - v_a) \tag{4-31}$$

把式(4-29)、式(4-30)和式(4-31)代入式(4-28)后可得:

$$T_v = \frac{\rho_a d_a^2}{18\mu} \tag{4-32}$$

速度松弛过程在定常等速流动条件下所需要的松弛时间可由上式进行估算。

液固两相介质通过异形管道及喷嘴时属于定常的变速运动或非定常流动,现分析这种流动现象及各项作用力。如果相对加速度为 a,则牛顿第二定律的表达式可写为欧拉(Euler)形式两相流体运动微分方程:

$$\frac{1}{6}\pi d_a^3 \rho_a \frac{dv_a}{dt} = 3\pi\mu d_a(v_w - v_a) - \frac{\pi}{6}d_a^3 \frac{\partial p}{\partial x} + \frac{\pi d_a^3}{12}\rho a$$

$$+ \frac{3}{2}d_a^2 \rho \sqrt{\pi\mu/\rho_w} \int_{t_0}^{t} \frac{a}{\sqrt{t-t'}}dt' + X + F_m + F_s \tag{4-33}$$

式中 X——质量力(重力、离心力、线加速惯性力等);
t'——积分变量(哑变量);
F_m——马格努斯升力;
F_s——沙夫曼升力。

式(4-33)右边第一项是斯托克斯黏性拖曳力。第二项是纵向压力梯度引起的作用力,与推导连续方程或运动方程时的压力梯度项的作用基本相同:

$$-\frac{\partial p}{\partial x} = \rho \frac{dv}{dt} = \rho\left(\frac{\partial v}{\partial t} + v\frac{\partial v}{\partial x}\right) \tag{4-34}$$

第三项是固相颗粒加速过程中,其周围流体也随同加速而引起的附加力,这部分流体的体积取颗粒体积的一半。

第四项称为贝塞特(A. B. Basset)力。它是一种瞬时的流动黏性阻力。因为黏性效应受扩散方程的控制,瞬时流场是颗粒运动经历过的全部历程的函数。所以在式(4-34)中用初始瞬间 t_0 至考察瞬时 t 颗粒经过的历程对上式进行积分。

第六、第七两项作用力出现在流动的高剪切区内。其中,第六项是因相邻流层的剪切作用而使颗粒旋转,由此引起的升力称为马格努斯(Magnus)升力,它可用下式估算:

$$F_m = \frac{\pi}{8}\rho_w d_a^3(v_w - v_a)\omega \tag{4-35}$$

式中 ω——颗粒的旋转速度。

第七项力称为沙夫曼(Saffman)升力,它是指颗粒位于有速度梯度的流场中而引起的升力,但颗粒并不旋转。在低雷诺数时,F_s 可按下式估算:

$$F_s = 1.61 d_a^2(v_w - v_a)\rho^2 \sqrt{v\frac{dv_a}{dy}} \tag{4-36}$$

根据以上分析的各项作用力,在具体计算定常的变速运动或非定常液固两相流动的松弛时间 T_v 时,应权衡每一项力的数量级而决定取舍,通过必要的简化才能算出。定性地分析,颗粒速度与流体速度的逼近过程也取决于流体本身的运动,可概括为图 4-2 所示的三种情况。假设水的流速变化为 $v_w(t) = v_{w,0} + bt$，则有 $b>0$、$b=0$、$b<0$ 三种情况。

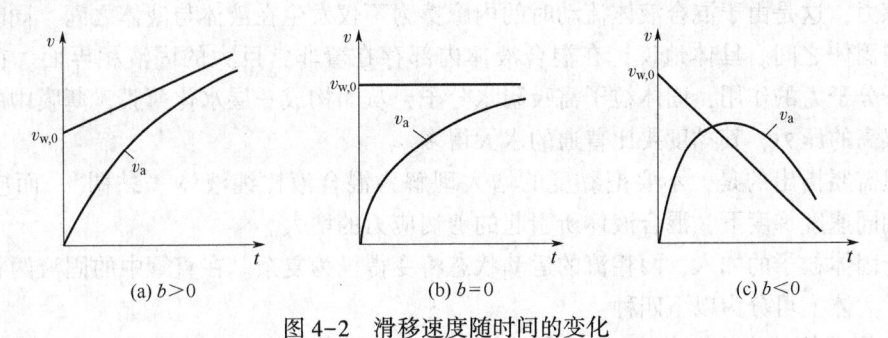

图 4-2　滑移速度随时间的变化

图 4-2(a) 相当于喷嘴内的两相流动。图 4-2(b) 为等截面管内的两相流动，滑移速度都是正值，即 $v_w>v_a$。在图 4-2(c) 中，出现了负的滑移速度，这在扩散型通道内的两相流动中可能出现 $v_a>v_w$ 的现象。此外，在粉尘爆炸时，位于爆炸中心附近的颗粒，爆炸后颗粒取得相当高的速度，但它衰减得较慢，而气体爆炸后的球形激波衰减得较快，因此，也会出现 $v_a>v_w$ 情况。

颗粒要获得一定速度或加速度，必须克服各项阻力，需要消耗相应的能量。这个能量正是水介质通过紊动扩散机制而传递给颗粒的。同时，具有一定固相浓度的两相介质，在其流动过程或流道的任意截面上颗粒的浓度分布规律，也取决于紊动扩散作用。

紊流的主要特性是其各个流动方向上的速度脉动及不同尺度的分布漩涡，这将在第六章里进行详细分析。所谓紊动扩散，是指一开始集中在某一点的分子或其他物质（例如磨粒），通过紊流脉动及离散漩涡的作用而被挟带并扩散到整个流区（或流场）的现象。紊动扩散与分子扩散或液体中微粒的布朗（Brown）运动十分相似。

对于一维的液固两相流动的紊动扩散，可用下列的微分方程描述：

$$\frac{\partial c}{\partial t} + u\frac{\partial c}{\partial x} = D_T \frac{\partial^2 c}{\partial x^2} \tag{4-37}$$

式中　D_T——扩散系数；
　　　c——固相浓度。

对于圆管内的液固两相流动，推荐采用下列的公式估算 D_T 值：

$$D_T = 10.62r\sqrt{gRJ} \tag{4-38}$$

式中　r——圆管半径；
　　　R——水力半径；
　　　J——水力坡度。

根据式(4-37)，并利用数值解法可得出流道中任意断面上的磨料浓度分布。

概括起来，在单一的流体介质中，紊动扩散表现为各层流体微团之间的动量交换。对于液固两相流动，紊动扩散作用不但表现为其质点之间的动量交换，而且还表现为液相与固相介质之间的动量传递，已成为固相介质获得动能的主要机制。

四、固液两相流动的物理特性

固体粒子加入液体后，不仅使其密度增大，而且使混合液体的黏度增加。多数情况下属于非牛顿液体,再加上液体与固体粒子间接触面积的增大,从而大大增加了混合液体流动时的内摩擦力,这是由于混合液体流动时的内摩擦力不仅发生在液体与液体之间,同时也发生在液体与固体之间。具体地说,在混合液体内部存在着非常巨大的固液相界面。在相界面上,由于分子力的作用,固体粒子需吸附水分子,从而构成一层水化薄膜,薄膜中的水分子将受到很高的压力,其黏度要比普通的水大得多。

这里需要指出的是,不要把黏度的增大理解为混合液比纯液体"黏稠",而应该理解成,在相同速度梯度下,混合液体所引起的剪切应力的增大。

由于固体粒子的加入,两相流的运动状态将变得极为复杂。在直管中的固液两相流的流动状态,大体上可分为以下四种:

(1) 当液体的流速较大 (3m/s 或更高) 时,细的或中等程度的固体粒子将完全处于悬浮状态,它们在管道截面内的分布可能不一定均匀,但在各个断面上的分布是相同的。如果管流为紊流状态,那么,在流速为 1~1.5m/s 时,由于这时固体粒子的沉降速度较小,也可以达到一个均匀的浓度分布状态。在某些情况下,其浓度分布可以与速度分布一致。因此,适当降低流速使紊流和其他升力不再充足,就可以使固体粒子悬浮,防止它与管壁接触、碰撞。

(2) 当液体的流速及紊流强度和升力均较低时,固体粒子既可以悬浮也可以沉降,这时的浓度分布将发生变化,管路的下部将具有更多的大颗粒。一般,底部的固体粒子将与管壁碰撞并弹回到液流中,这称为非均称悬浮状态。

(3) 当液流的速度降低至某一速度以下时,固体粒子将堆积在管子底部,先是形成个别沙丘形式,而后形成连续的移动床。这时沙丘或床层顶部的粒子要比底部的粒子移动更迅速,而且在流体的剪切应力的作用下,发生旋转和跌落。这属于移动床流动状态。显然,这一过程与固体的沉降速度关系很大。对于混入大小不等的固体粒子的系统,随着粒子的沉降末速由大到小,管内可能同时出现上述的三种流动状态。

(4) 当混合液流的流速非常小时,床层底部的粒子几乎停止移动,床层将加厚。这时,由于床层上部粒子的翻转,床层发生运动而逐渐产生淤积,致使管道有效面积减小,流动阻力剧增。如果混合液体流速进一步减小,可能导致管道堵塞。

如上所述,随着流速的变化,管道中的固液两相流的流动状态将发生变化,因而,其流动沿程阻力与纯液体状态完全不同。如图 4-3 所示,图中曲线 1 为纯水情况,其压力损失与流速的 1~2 次方成正比;曲线 2 是极细颗粒情况下混合流的阻力与流速的关系,这种极细颗粒的混合流是一种均质流,其阻力变化与单一的水相流相同,只不过是其黏度、密度等参数不同而已;曲线 3 是一种非均质流状态,其阻力曲线可分为三段来叙述。当流速达到一定值以后,固体粒子开始运动,成推移质运动状态。随着流速的进一步增大,一方面液流阻力加大,另一方面粒子与液流的相对速度也增大,因此,流动总阻力变大,如 ab 段所示。当流速继续增

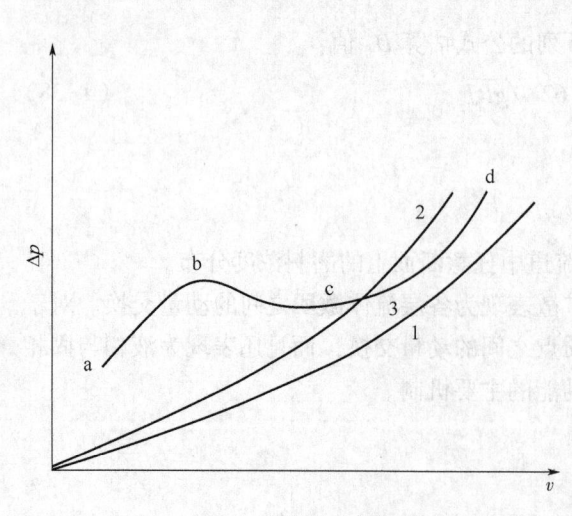

图 4-3 沿程阻力曲线

大，大部分固体粒子将处于半悬浮状态，从而减少了固体粒子沿管壁滑动而消耗的能量。此时，尽管液流的阻力有所增加，但由于粒子的悬浮，使总的阻力下降，当然与纯水相比还有较大差异，如 bc 段曲线所示。当液流更进一步增大，固体粒子完全处于悬浮状态后，混合流的总阻力将随流速的增大而增大，如 cd 段曲线所示，这种情况与匀质流的特性相似。通过上述分析，可以看出，在固液两相管流中，选择合适的流速是非常重要的。

五、流态化技术

固体颗粒的流态化技术最早应用于洗煤和洗矿工艺。从早期的跳汰煤选到近年来的空气重介流化床干式选煤技术，后者已成为世界上主要产煤国家竞相发展的高效洗煤工艺。此项生机勃勃的技术，在石油、化工、机械加工（热处理）及动力厂（沸腾燃烧）等部门应用也较多，包括前混合式磨料水射流的供料机构。各种用户的工艺目的和要求不尽相同，它们的共同之处在于：通过流化床使固相颗粒被其运载流体（气体或液体）流态化，其结果是液固两相混合介质具有类似普通流体的宏观力学性质，不同用途的气固或液固流化床，正是侧重地运用流化介质的某些力学性质，以满足不同的工艺要求。对于前混合式磨料水射流系统，主要地应保证磨料水介质具有均匀的浓度。

图 4-4 给出理想的流态化过程，表示实际各种液固与气固流化床的模型。流化床通常是筒仓式（silo-type）容器，其底部有一层多孔板，颗粒状松散物料就堆放在多孔板上。料层堆放高度为 H。流体从底部通过多孔板流过颗粒料层，然后从容器顶部排出。为了显示流体通过料层引起的压力降，在床的底部装有一个"U"形压力计（或弹簧式压力表）。随着流体速度的增大，料层上的颗粒运动有四种明显不同的类型。

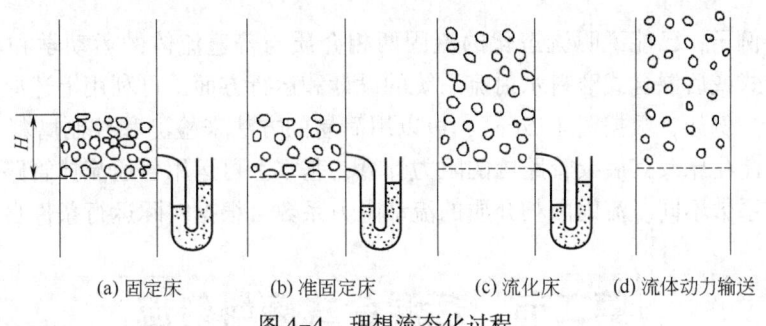

(a) 固定床　　(b) 准固定床　　(c) 流化床　　(d) 流体动力输送

图 4-4　理想流态化过程

当流动速度较低时，流体像地下的油或气渗透过储油构造那样地流过料层的缝隙，料层高度恒定不变。此时的料床，顾名思义，称为固定床，如图 4-4(a) 所示。此时的流体速度很小，流体对料层的作用力也小，料层未能松动，颗粒都没有进入运动状态。但是，流体仍有一定的速度，反映在"U"形压力计上显示出较小的压差。

如果流速增大些，使流体的作用力稍许超过颗粒间黏接力，则料床内的颗粒开始松动，料层高度 H 仍无明显的增加，此时的料床可称为准固定床，如图 4-4(b) 所示。由于流速加大，"U"形压力计的读数相应地增大。

随着流速继续增加，流动阻力与压力降都要增加。一方面，流速超过颗粒的沉降速度；另一方面，压力差大于或等于料床单位面积上的重量。颗粒就处于悬浮状态，料床开始膨胀。颗粒在膨胀了的床层内上下翻滚，仿佛液体的沸腾。此时的料床称为流化床或沸腾床，如图 4-4(c) 所示。由固定床转化为流化床的最小流体速度称为临界流态化速度。当流速大大地超过最大颗粒的沉降速度时，料床的上界面完全突破，流化床就转入如图 4-4(d) 所示的流体动力输送状态。

根据流体静力学的帕斯卡 (Pascal) 和阿基米德定律，流态化了的流固混合介质表现出如图 4-5 所示的力学性质。其中，图 4-5(a) 表示两个容器连通，两个容器的自由面高度相同。图 4-5(b) 表示容器如果倾斜置放，它的自由面仍是一个水平面。图 4-5(c) 中容器内任意二点之间的压差等于混合介质密度 ρ_f 与重力加速度 g 及二点间的高度 H 的乘积，符合流体静力学的基本方程：

$$\Delta p = \rho_f g H \tag{4-39}$$

$$\rho_f = \rho(1+c) \tag{4-40}$$

式中　ρ——流体介质的密度；
　　　c——相介质的质量浓度。

图 4-5(d) 表示容器有一个孔口（或喷嘴），在压差的驱动下，会形成非淹没的自由射流。这与磨料水射流基本相同。

如果其他物料的密度 $\rho_s > \rho_f$，当投入流化床时，它将如图 4-5(e) 所示，沉降到床底。

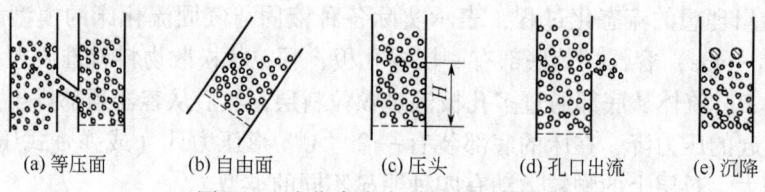

(a) 等压面　　(b) 自由面　　(c) 压头　　(d) 孔口出流　　(e) 沉降
图 4-5　流化床内介质的似流体性质

上述几个例子，已能说明流态化的流固两相介质与普遍流体的运动学和动力学性质相同。在前混合式或后混合式磨料水射流系统的设计和运行方面，可利用上述原理来改善磨料水射流的品质。例如，根据图 4-5(c)，可以用简易的方法来检测和控制磨料水射流的合理浓度。此外，流化床及其后续管路内的阻力计算，基本上可运用普通流体管路的水力学计算公式，但阻力系数不同。流固两相介质的流动阻力系数可根据实际运行条件自行测定。

第二节　后混合式磨料射流

一、磨料射流概述

高压水射流可以成功地切割岩石等脆性材料，但用它来切割钢铁和钢筋混凝土等材料时，则需要极高的压力，高至 700~1000MPa，要获得和使用如此高的压力是很困难的。然而在较低的压力下，在水射流中混入一定数量的磨料微粒，将能大大地提高高压水射流的冲击能力，有效地切割钢板和钢筋混凝土。这种混有研磨材料的高压水射流称为磨料射流。

磨料射流是 20 世纪 80 年代迅速发展起来的新型水射流。由于磨料射流有许多独特的优点，系统也比较简单，因而它一问世，便受到极大的重视（图 4-6）。

磨料射流中水为载体，磨料微粒被高压水射流加速，由于磨料微粒的质量比水大且具有锋利的棱角，所以磨料射流对物料的冲击力和磨削力要比相同条件下的高压水射流大得多。

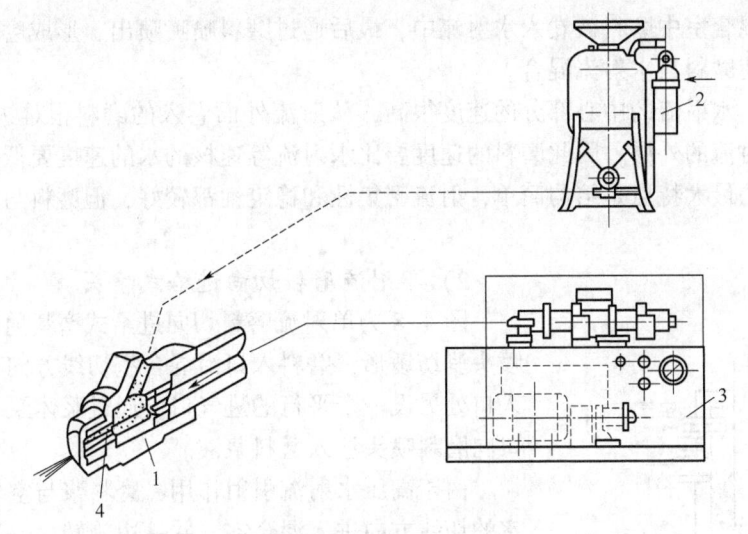

图 4-6　磨料射流系统
1—磨料射流喷头；2—磨料灌；3—高压泵站；4—喷嘴

另外，磨料在水射流中是不连续的，由磨料组成的高速粒子流对物料还产生高频冲击作用。因此，磨料射流具有很大的威力。磨料射流已广泛用于清洗、除锈、去毛刺及切割钢材、钢筋混凝土、坚硬的复合材料。

磨料射流系统中，高压泵站将高压水输送到磨料喷头处，并由水喷嘴喷出形成高压水射流。干磨料装入磨料罐后，盖上顶盖，构成密封容器。压缩空气从磨料罐的上方和下方通入，从磨料罐下方通入的压缩空气在供料的管道中高速流过。磨料在压缩空气和自重的作用下流入下部的供料管道中，然后由高速气流携带到磨料喷头处。磨料在水喷嘴出口处的混合室内与水射流相混合，并经磨料射流喷嘴喷出，形成磨料射流。

由此可见，磨料射流喷头和磨料供给系统是磨料射流的最关键部分。其他部分（如高压泵站）与前面讲的高压水射流系统相同。因此，下面仅就磨料射流喷头和磨料供给系统进行专门论述。

磨料射流喷头是磨料射流的关键部件，它主要由水射流喷嘴、混合室、磨料射流喷嘴组成。

1. 磨料射流喷头的分类

磨料射流喷头的种类很多，按水射流的股数可分为单射流磨料射流喷头和多射流磨料射流喷头；按磨料输入的方位，磨料射流喷头还可分为磨料侧进式、中进式和切向进给式磨料射流喷头。下面介绍几种常见的磨料射流喷头。

1）单射流磨料侧进式喷头

单射流磨料侧进式喷头，是典型、最常用的磨料射流喷头。其结构原理如图 4-7 所示。

高压水通过中央管路经高压水喷嘴喷出高压水射流，由于高压水射流在混合室内产生卷吸作用，混合室内的空气随高压水射流一起经过磨料射流喷嘴喷向大气，这样在混合室内将出现局部真空，从而将磨料吸入混合室或由压缩空气吹

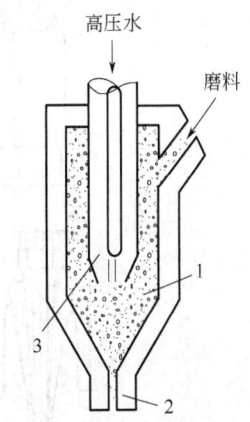

图 4-7　单射流磨料侧进式喷头
1—混合室；2—磨料射流喷嘴；
3—高压水射流喷嘴

入混合室，在混合室中磨料被卷入水射流中，最后通过磨料喷嘴喷出，形成磨料射流。混合室的作用是促使磨料与水射流混合。

众所周知，水射流的中心部分的速度很高，从射流外面卷入的磨料很难进入中心部分，大多聚集在水射流的外层，因此磨料的速度要比水射流等速核的水的速度要低。

该种喷头的最大特点是结构简单，射流密集性和稳定性都较好，但磨料与水射流的混合效果较差。

2) 单射流磨料切向进给式喷头

图4-8为单射流磨料切向进给式磨料射流喷头。该种喷头呈纺锤形，磨料入口沿混合室切线方向布置，在磨料入口处另设一个平行的进气口，通过浆体泵直接由磨料入口向磨料喷头注入磨料浆液。

由于高压水射流引射作用，磨料浆与空气同时沿混合室的切线方向进入混合室，并一边旋转，一边前进，使磨料与水射流得以更充分地混合，同时也减少了磨料粒子相互碰撞，从而可以提高磨料射流的切割能力。

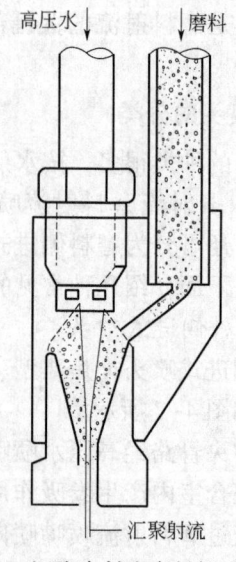

3) 多射流磨料侧进式喷头

多射流磨料侧进式喷头的特点是在喷头内安装有多个水射流喷嘴。根据水射流喷嘴的排列方式不同，又分为平行多射流侧进式喷头和汇聚多射流侧进式喷头。

图4-9为平行多射流侧进式喷头的结构原理图。在喷头顶端多个水射流喷嘴平行地呈圆周排列，由于受到水射流喷嘴孔间隔的制约，这种喷头所形成的磨料射流直径很大，卷吸磨料的能力强，磨料与水的混合效果较好，切割能力有很大提高，但切槽过宽。

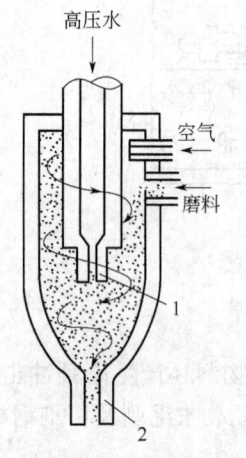

图4-8 单射流磨料切向进给式喷头
1—水射流喷嘴；2—磨料射流喷嘴

为了减小磨料射流束的直径，将圆周方向布置的多个水射流喷嘴的轴线由相互平行，变成沿喷头中心线收敛形式，这样多股水射流可以汇聚成单股水射流。如图4-10所示。

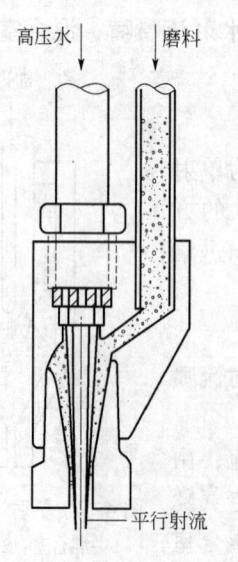

图4-9 平行多射流侧进式喷头　　图4-10 汇聚多射流磨料侧进式喷头

4) 多射流磨料中进式喷头

图 4-11 为多射流磨料中进式喷头结构原理图。在多股汇聚射流的卷吸作用下，磨料从中路进入混合室，并被卷入水射流中，以期望提高磨料与水射流的混合效果。但试验表明使用这种喷头的混合效果并不明显，且径向尺寸大，因此较少使用。

5) 外混合式磨料喷头

图 4-12 为外混合式磨料喷头的结构原理图。该种喷头的特点是没有混合室，也没有磨料喷嘴。磨料浆从喷头中路喷出，在多股汇聚射流的卷吸作用下，磨料浆被混入水射流流束中，并获得动能。由于没有混合室，从水喷嘴喷出的自由水射流，其卷吸磨料的能力较弱，因此相当一部分磨料浆散落到水射流的外部。

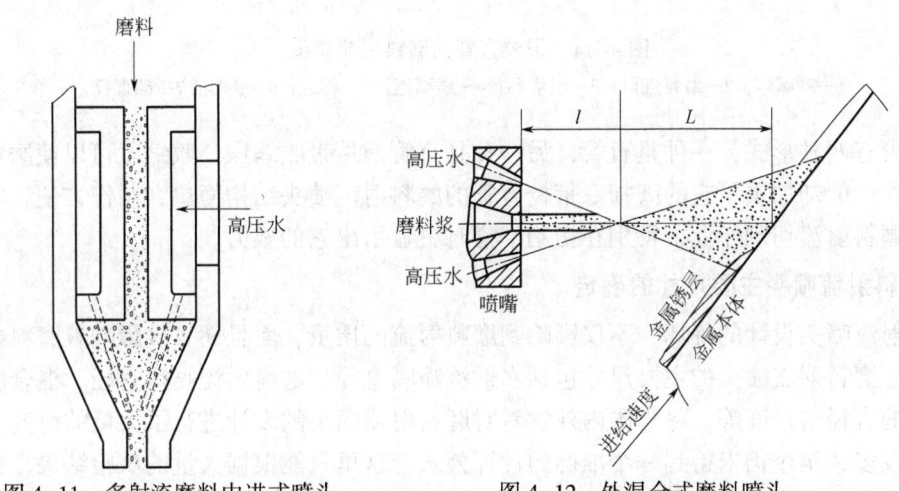

图 4-11　多射流磨料中进式喷头

图 4-12　外混合式磨料喷头

这种喷嘴的特点是结构非常简单，无磨料喷嘴的磨损问题，但磨料与水射流的混合效果较差，因此磨料射流的品质不高，只能用于大面积去垢除锈作业。

6) 旋转引射磨料射流喷头

这种磨料射流喷头是在单射流磨料侧进式喷头上加上一个旋流装置，它能使高压水射流产生旋转动能，如图 4-13 所示。高压水在旋转装置的作用下产生旋转，再经过水喷嘴后形成旋转水射流。这种旋转水射流有较大的扩散角和较强的卷吸作用，使磨料更容易混入水射流，从而提高了磨料射流的冲蚀能力。使用这种喷头可以提高清洗除锈的效率，但由于射流扩散角大而不宜用于物料切割作业。

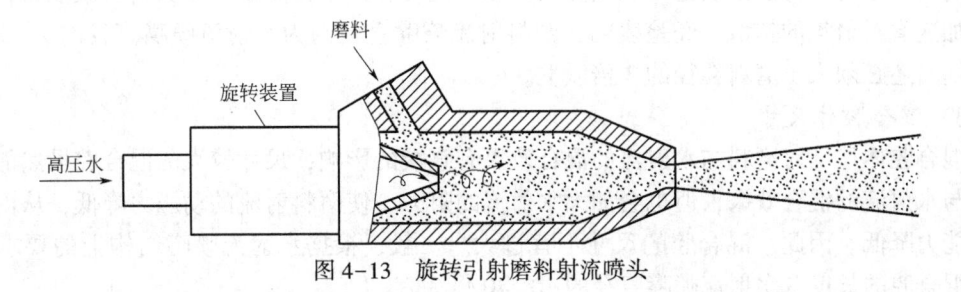

图 4-13　旋转引射磨料射流喷头

7) 带校直管的磨料射流喷头

这种喷头也是从单射流磨料侧进式喷头基础上发展起来的，如图 4-14 所示。由水射流喷嘴形成的水射流在混合室卷入磨料后，直接射入校直管，沿管子轴线喷射。磨料射流在较长的校直管内得到进一步的混合和加速。从而提高了磨料射流的冲击能力和射程。

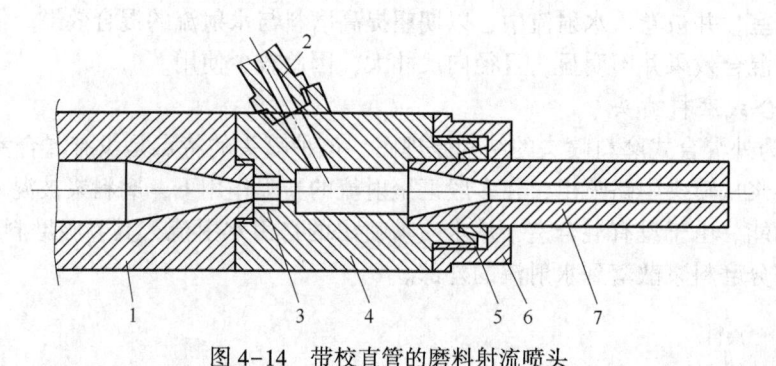

图 4-14 带校直管的磨料射流喷头
1—喷嘴体；2—磨料进口；3—喷嘴芯；4—喷嘴座；5—密封；6—锁母；7—准直管

校直管有两种形式，一种是直管，另一种是直管前端带收缩段。收缩段可以使磨料射流更密实一些，但却加重了它的磨损。带校直管的磨料射流喷头结构简单，制作方便，它已被广泛用于磨料射流切割作业，特别在切割窄槽时更显示出它的威力。

2. 磨料射流喷头主要尺寸的确定

磨料射流喷头设计的好坏，不仅影响到磨料射流的质量，而且还直接影响着磨料射流喷头的寿命。磨料射流喷头的主要尺寸包括水射流喷嘴直径、磨料射流喷嘴直径、混合腔尺寸及校直管的直径与长度等。尽管国内外学者对磨料射流喷头的设计进行了大量的研究，由于影响因素较多，至今仍未得到一个准确的计算公式，这里只能根据大量的试验结果，推荐一些经验数据。

1) 射流喷嘴直径

水射流喷嘴直径由工作需要及泵站压力和额定流量来定，磨料射流喷头尺寸都与它有关。关于水射流喷嘴相关特性，详见第三章第三节。

2) 磨料射流喷嘴直径

磨料射流喷嘴直径的大小，与水射流喷嘴直径及磨料射流喷嘴距水射流喷嘴的距离有关。大量的试验表明，磨料射流喷嘴直径应略大于该处的水射流直径。磨料射流喷嘴直径过小，不仅使其磨损严重，而且还会影响磨料射流喷头的自吸磨料的能力，甚至被磨料堵塞，这是由于磨料射流喷嘴处的水射流不能畅通。相反，磨料射流喷嘴直径过大，虽可以降低其本身磨损，但是，可能出现空气从喷嘴出口流入混合腔，不仅降低了喷头的自吸能力，而且还会加速磨料射流的扩散。经验表明，磨料射流喷嘴直径约为水射流喷嘴直径的 2~3 倍为宜，同时还必须大于磨料粒径的 3 倍以上。

3) 混合腔体尺寸

混合腔体尺寸对磨料与水射流的混合效果有直接的影响，尺寸较大的混合腔虽然能改善磨料与水射流的混合效果，但也会加大水射流的阻力，使磨料射流的动压力降低，从而使其切割能力降低。因此，混合腔的尺寸不宜过大。一般，根据水射流喷嘴结构上的要求来确定，混合腔的长度取水射流喷嘴直径的 30~40 倍为宜。

4) 校直管的直径与长度

校直管可以促进磨料与水射流的进一步混合，从而提高磨料射流的切割能力。校直管的直径一般与磨料射流喷嘴直径相同为宜，其长度不宜过大，过长的校直管将导致磨料射流的切割能力降低，一般为其直径的 15～20 倍。

二、磨料及其供给系统

1. 磨料

磨料是磨料射流的必不可少的工作介质，磨料的种类和性质对磨料射流的工作效率有很大的影响。

1) 磨料的种类

一般说来，磨料可分为矿物系、金属系和人造矿物系三大类。

几种常见磨料的自然特征见表 4-1。

表 4-1　几种常用磨料的自然属性

磨料名称	符号	布氏硬度，N/mm²	密度，g/cm³	成本
硅砂	S.S	1100	3.0	低
石榴子石	G.	1300	3.8	中
氧化铝	A.U	1500	3.4	中
金刚砂	S.C	2500	3.2	昂贵
铁渣	I.S	500	3.2	低
铁砂	I.G	800	7.3	中

选用磨料的原则是：(1) 切割效果好；(2) 货源充足，价格便宜。

磨料的硬度、粒度、磨料形状和密度对磨料射流的切割能力有较大的影响。

以金刚砂作为磨料的磨料射流，其切割效果最好，但价格昂贵，不宜普遍采用。

石榴子石磨料的切割效果也很好，我国又是盛产石榴子石的国家，货源充足，同时由于石榴子石与金刚砂相比，价格便宜得多，国内外已被广泛采用。

在常用的磨料中，硅砂的切割效果最差，但价格便宜，因此也常被采用。

2) 磨料的粒度

磨料粒度是磨料最重要的参数，一般将磨料的大小尺寸称为粒度。从粒度就可以知道某种磨料基本粒径的公称尺寸范围。当然在每一粒度号的磨料中，比基本粒径或大或小的磨粒也占一定的比例。

磨料的分粒和符号有两个标准：一个标准是以磨料的公称尺寸（μm）表示；另一个标准是用每英寸长度筛网的网眼数（目）来表示。磨料粒度号数的标志，是在数字的右上角加"#"。大量的试验表明，使用 60# 和 80# 磨粒的磨料射流，其切割金属的效果较好。

GB/T 2481.1—1998 规定：检查筛网孔尺寸系列采用国际标准 ISO3310/1982（E）、R40/3 的尺寸系列，其网孔尺寸 l 是以 $10^{3/40}$ 为公比的一个数列，即：

$$l = 45 \times (10^{\frac{3}{40}})^n \tag{4-41}$$

式中，n 取 0，1，2，…，30。

这个尺寸系列与国际标准 ISO/DIS 8486 和美国磨料标准（ANSIB 74.12—R1982）规定的检查用筛完全一致；与日本标准（JISR 6001—1973）及欧洲磨料制造者协会标准（FEPA 32GB 1971）基本接近。磨料老国标（即 GB 2481—1981）规定的检查网孔采用了 R10 尺寸系列，其尺寸 l 以 $10^{1/10}$ 为公比的一个尺寸系列，即：

$$l = 45 \times (10^{\frac{1}{10}})^n \tag{4-42}$$

式中，n 取 0，1，2，…，19。

这个尺寸系列仅与苏联国家标准（ГОСТ 3647—1971）规定的尺寸系列完全一致。新老国标检查筛网尺寸系列对比详见表 4-2。该表也是磨料粒度表。

表 4-2 新老国标检查筛尺寸系列对照

序号	新国标 筛号粒度	新国标 基本尺寸，μm	老国标 筛号粒度	老国标 基本尺寸，μm
0	325	45	320	40
1	270	53	280	50
2	230	63	240	63
3	200	75	180	80
4	170	90	150	100
5	140	106	120	125
6	120	125	100	160
7	100	150	80	200
8	80	180	70	250
9	70	212	60	315
10	60	250	46	400
11	50	300	36	500
12	45	355	30	630
13	40	425	24	800
14	35	500	20	1000
15	30	600	16	1250
16	25	710	14	1600
17	20	850	12	2000
18	18	1000	10	2500
19	16	1180	8	3150
20	14	1400		
21	12	1700		
22	10	2000		
23	8	2360		
24	7	2800		
25	6	3350		
26	5	4000		
27	4	4750		
28	3.5	5600		
29	0.265	6700		
30	5/16	8000		

3) 磨料的复用性

在磨料射流切割系统中，磨料流量一般为 3kg/min 左右，有时甚至高达 6kg/min，因此磨料消耗所占的成本是不容忽视的。为了降低成本，研究磨料的复用性很有必要。

磨料在加速和冲击物料的过程中会发生研磨和碰撞，用过的磨料其平均粒径将随之变小。磨粒粉碎的程度与磨料的性质有关。

如果使用后的磨料其平均粒度和原始的平均粒度相接近，那么这种磨料的复用性就好。例如钢砂，其使用前后的粒度变化不大，具有较好的复用性。然而像硅砂和石榴子石这样的脆性材料，使用前后的粒度变化较大，其复用性就很差，循环利用的可能性就受到很大的限制。

图 4-15 为三种磨料切割混凝土和钢铁后，保持原粒度的磨料所占的质量分数，用它可以作为评价磨料复用性的指标。从图中可以看出，钢砂的复用性约为 90%，硅砂和石榴子石的复用性约为 10%。试验表明，使用过后的石榴子石再次使用时，在其他条件不变时，其切割能力将下降 40%~60%，作为切割用的石榴子石磨料其复用性较小。当然在清洗、除锈作业中，由于磨料射流工作压力较低，磨料的复用性将会明显提高。

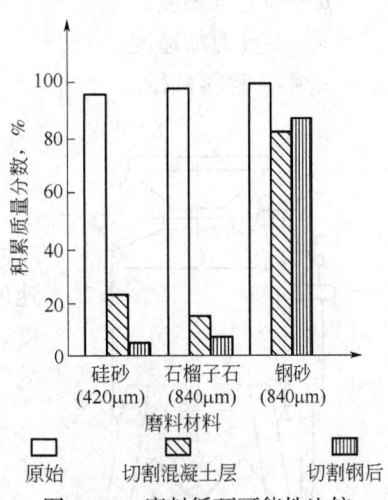

图 4-15 磨料循环可能性比较

4) 磨料的回收

由于磨料的密度较大，一般都能在很短的时间内沉淀下来。用石榴子石、硅砂和钢砂切割混凝土后的废水其沉降速度如图 4-16 所示。从图中明显看出，即使不使用凝结剂，三种情况下的磨料水几乎都能在 1~1.5min 内完全沉积下来。其中石榴子石的沉淀速度最快，切割后的砂水约在一分钟内就完全沉积下来。

由于磨料在水中的沉积速度很快，因此可用多路沉淀槽回收磨料。沉淀槽应有足够大的过流横断面积，使沉淀槽内的水流速度低于磨料沉积速度。当磨料在一个沉淀槽沉积满后，可将水—磨料混合流导入另一个沉淀槽。回收的磨料必须经过筛分，经相应的处理后，可以循环使用。

除此之外，还可以采用离心旋流器来快速回收磨料，但投资费用较大，仅用于磨料连续回收复用的自动化系统中。

2. 磨料供给系统

磨料射流的磨料供给系统，分为干磨料供给系统和湿式供料系统两大类。

1) 干磨料供给系统

干磨料的流动性能很差，不能在压差作用下水平流动，因此干磨料要靠气力输送。

在气力输送中，最重要的参数是磨料粒子发生沉降的临界速度。当磨料粒径 $d=0.1~1mm$ 时，其临界速度 u 为：

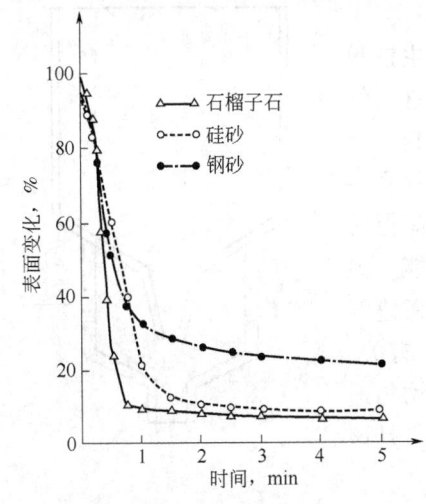

图 4-16 沉淀率试验结果

$$u = 0.261\left(\frac{\rho_a - \rho_g}{\rho_g}\frac{g}{\mu^{-\frac{1}{2}}}\right)^{\frac{2}{3}} d_a \tag{4-43}$$

式中 u——临界速度；

ρ_a、ρ_g——磨料、气体的密度；

μ——空气黏度；

g——重力加速度；

d_a——磨料粒径。

当磨料的密度为 $2.5 \times 10^3 \text{kg/m}^3$ 时：

$$u = 6.51 d_a \tag{4-44}$$

在实际气力输送装置中，由于颗粒之间以及颗粒与管壁之间的碰撞、摩擦、管壁附近存在边界层、在弯头等处空气速度不均匀等原因，所需气流速度远大于粒子的沉降临界速度。实验所得的临界输送气流速度为 18~22m/s，生产实用的气流速度为 30~40m/s。

干磨料供给系统又可分为加压式和自吸式两种。

(1) 加压式磨料供给系统。

靠空压机向磨料罐加压，磨料通过输送管道进入磨料喷头混合室（图4-6）。压缩空气的压力一般为 0.2~0.4MPa。

加压式磨料罐如图4-17所示，它主要由加压式密封磨料罐、分水滤气器、气阀、砂阀等组成。压气经分水滤气器分为两支，一支通到加料磨料罐上部，另一支流经加压磨料罐的下部。气流量由气阀来控制。磨料在空气和自重作用下漏到下部的空气管道中，然后由高速气流将磨料输送到喷头处。

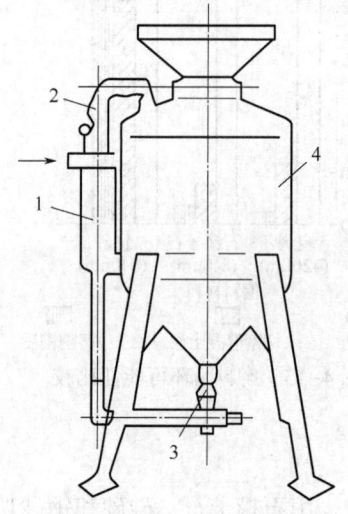

图 4-17 加压式磨料罐
1—分水滤气器；2—气阀；
3—砂阀；4—压气式磨料

分水滤气器是气动回路中用来清除气源中的水分、油分和灰尘的辅件，它必须垂直安装。

(2) 自吸式磨料供给系统。

该系统靠水射流喷射时在磨料射流喷头混合室内产生抽吸作用，使供砂管路中产生气流，干磨料供给系统就是靠这股气流来供给磨料的。系统采用双仓斗，上面主仓斗储存磨料，仓斗内的磨料靠自重漏入下面的接料仓斗（图4-18）。储料仓斗下端的控制阀可以调节磨料供给量，接料仓与储料仓之间保持一定距离，这样，磨料可以自由下落产生足够大的初动能。另外，空气可以经两仓之间的间隙被吸进输砂管中形成高速气流。该系统的磨料供给量仅与仓斗结构和磨料物理性质有关，与料仓中的磨料多少无关，因此，这种供料系统能连续均匀地供给磨料。另外，结构简单、投资少、不需要另设动力，是该系统被广泛采用的主要原因。

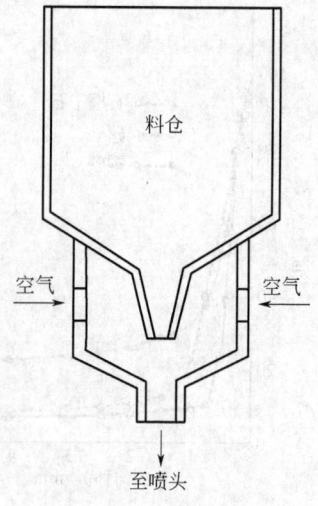

当输砂管中的气流速度过低时，磨料在输砂管中不呈悬浮

图 4-18 自吸式磨料供给系统

流而变成集团流，致使供砂不均。另外，磨料射流喷头附近管路容易潮湿，磨料容易在这里结块，甚至堵塞输砂管路，不能正常供砂，这是该系统的缺点。

2）湿式供料系统

在磨料射流发生装置中，用得较多的是干磨料供给系统，这是由于它的流程简单可靠、效率高。然而，干式供料系统也存在某些缺点，如切缝较宽，容易产生裂口、毛刺、碎片等。另外，干式供料系统中用过的磨料，难以循环使用，这就大大地增加了成本。

湿式供料系统如图4-19所示。该系统采用切向进料式喷头，由两台并联的高压泵供给高压水。该系统采用磨料浆供料方式。首先在磨料池中将磨料、黏土和水按一定比例调配成磨料浆。黏土可以阻止磨料沉淀和板结。调配好的磨料浆流动性较好，易于控制。通过泥砂泵将磨料浆输送到磨料喷头。用过的磨料浆收集到沉淀池中，经处理后循环使用。

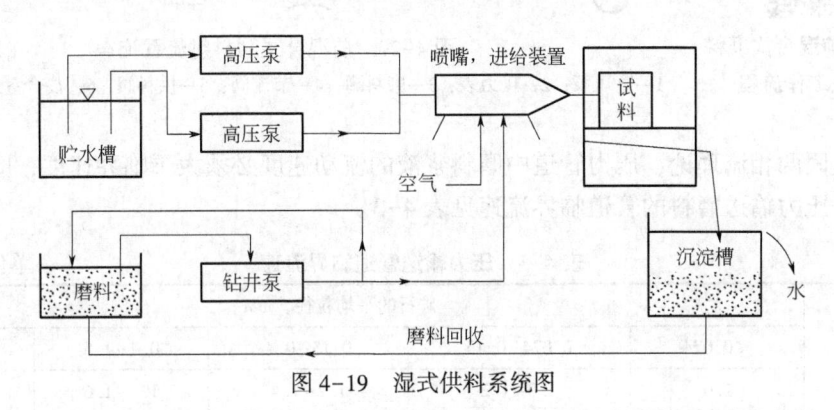

图 4-19 湿式供料系统图

浆状供料射流切割金属与普遍磨料射流相比，可产生较窄的切口和较高的光洁度。

第三节　前混合式磨料射流

后混合式磨料射流是早期开发并得到广泛应用的一种磨料射流。由于这种磨料射流的磨料与水射流的混合效果差，磨料的威力没能得到充分发挥，致使其所需要的水压偏高，切割钢材时一般为200MPa以上。

前混合式磨料射流，不像前面所讲述的后混合式磨料射流，即磨料在水射流形成后才加入的，而是磨料先和水在高压输水管路中均匀混合成磨料浆体，然后经磨料喷嘴喷射形成磨料射流。因此，前混合式磨料射流中的磨料具有很高的动能，从而使前混合磨料射流的冲蚀物料的效果大大提高。在相同的切割条件下，前混合式磨料射流所需的工作压力要低得多，10MPa的前混合磨料射流便能有效地切割钢板等坚硬物料。

图4-20为一种前混合式磨料射流系统，它由高压泵站、磨料供给装置和喷枪等组成。前混合式磨料射流的高压泵站与纯水射流的完全相同，只是压力等级要低得多。前混合式磨料射流所使用的磨料喷嘴，与纯水射流喷嘴大体相似，只是其喷嘴的磨损问题更加突出了一些。因此，前混合式磨料射流的技术关键是如何把磨料加到高压水管中去，并且使它与水均匀地混合起来。从泵站来的高压水，一股通往磨料罐的上部；一股通往混合室。到达磨料罐上部的高压水，由于磨料向下流的速度很慢，因此基本上以静压形式作用在磨料上，磨料在静水压力和自重的联合作用下通过供料阀进入混合室。经节流阀流入混合室的高压水流，在

混合室与磨料均匀混合后，经管路至磨料喷嘴喷出形成的磨料射流。磨料供给量通过供料阀进行调节（视频4-1）。

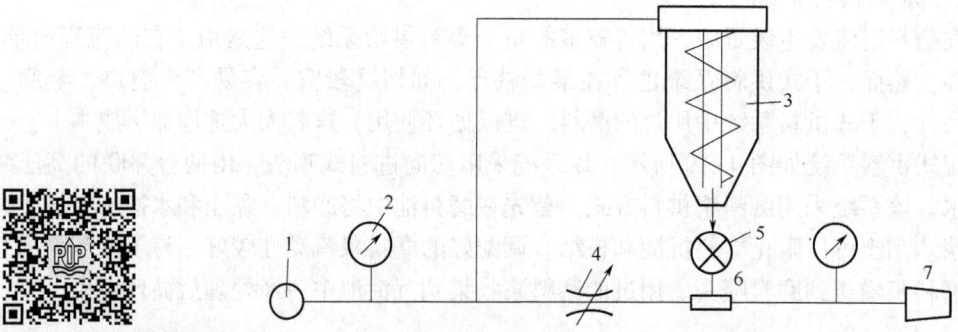

视频4-1 前混合式磨料射流系统工作流程

图4-20 前混合式磨料射流系统
1—高压泵；2—压力表；3—磨料罐；4—节流阀；5—供料阀；6—混合室；7—喷嘴

根据液固两相流理论，压力管道中磨料浆液的流动速度必须大于临界速度，磨料粒子才不会沉积。压力输送磨料的管道临界流速见表4-3。

表4-3 压力输送管道临界流速　　　　　　　　　　　　　　　　　单位：m/s

矿浆浓度，%	矿石的平均粒径，mm				
	≤0.074	0.074~0.15	0.15~0.4	0.4~1.5	1.5~3.0
1~20	1.0	1.0~1.2	1.2~1.4	1.4~1.6	1.6~2.2
20~40	1.0~1.2	1.2~1.4	1.4~1.6	1.6~2.1	2.1~2.3
40~60	1.2~1.4	1.4~1.6	1.6~1.8	1.8~2.2	2.2~2.5
60~70	1.6	1.6~1.8	1.8~2.0	2.0~2.5	

注：此表只适合于相对密度不大于2.72的矿石。

高压磨料罐是一个高压容器，其工作压力等于高压水系统的工作压力，一般应容纳20~30min的磨料量。为了改善压力容器的受力状况，可采用小直径的细长容器，若采用直径较粗的容器时应采用复合壁结构。磨料可以干的或浆液的形式装入压力容器。当采用人工加料时，容器上部应安装活动封盖，封盖所承受的作用力与封盖断面有关。因此加料口径不宜过大，封盖的启闭应力求操作方便，封密性能好。

供料阀的作用是启闭和调节磨料供给量。供料阀可以采用旋塞阀、球阀和往复式滑阀。在选择时，应充分考虑到液固两相流的特点，避免磨料夹在阀芯和阀座之间，使阀失效。混合室实际上是一个空腔。在混合室的上游有一节流孔，高压水流经该节流孔时造成压力降，且产生局部涡流，使磨料均匀地混合在水流中。

图4-21为引射注入式前混合磨料射流系统图，供磨料装置主要由高压磨料罐、引射器、控制阀和供水系统等组成。

从高压泵站来的高压水流分为三股：一股水经闸阀后再经节流阀通到高压磨料罐的顶端，对磨料产生一个向下压注的正压力；一股水到闸阀后经节流阀通往高压磨料罐的锥底部，使磨料流态化，以便注入高压水管路中去；另一股水经节流阀至引射器。三股水的流量由各支路上的节流阀来调节。

高压水从引射器喷出时，导致混合室的压力降低，同时，磨料罐锥底处被流态化的磨

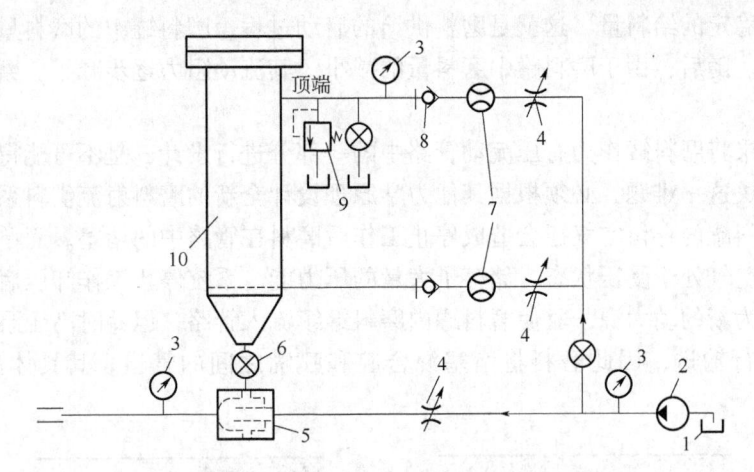

图 4-21 引射注入式前混合磨料射流系统

1—水箱；2—高压泵；3—压力表；4—节流阀；5—引射器；6—闸阀；7—流量计；8—单向阀；9—安全阀；10—磨料罐

料，在上面的压力作用下注入引射器的混合室，并被卷入高速水流中，与水均匀混合，夹带着磨料的高速水经输送管道至磨料喷嘴，经磨料喷嘴喷出，形成前混合式磨料射流。

大量的试验表明，上述两种前混合式磨料射流系统都普遍存在着磨料供给不均匀的问题。尽管采取了许多措施加以改进，但问题并没有得到根本解决。这是由于：

(1) 在磨料供给过程中，从磨料罐下方流出的磨料浆的体积必然与上方流入的水相同。

(2) 磨料罐中的磨料量减少，上述流动状态将发生变化。分析表明，流动阻力将随磨料罐内磨料高度的降低而降低。

(3) 流动阻力的降低，必然引起流入磨料罐内的水流量的增加。因此，就磨料供给量而言也将不断增加。图 4-22 是实验得出的磨料供给量随时间的变化曲线。

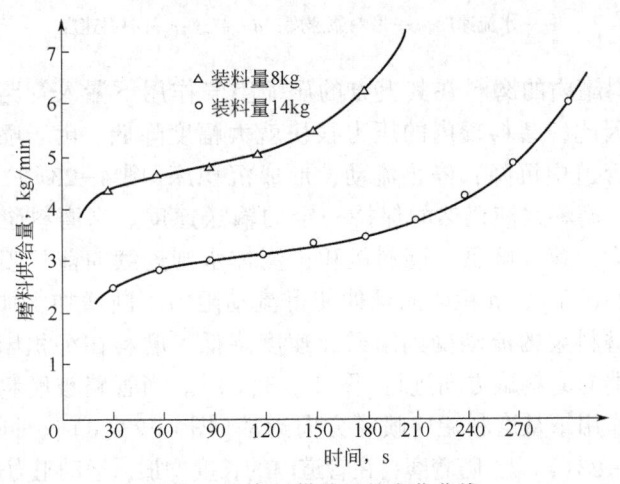

图 4-22 磨料供给量的变化曲线

从图中可以明显地看出，磨料罐上方供水的系统，不可能实现磨料的均匀供给。磨料供给量不仅与时间有关，而且与磨料罐内的装料量有关。

这在理论上是很容易解释的。在系统开始工作之前，磨料罐内的磨料处于静止状态，速度为零。当射流开始喷射之后，磨料罐内的磨料在上下压差的作用开始作加速流动，很快就达到一个相对稳定的给料量，这就是磨料供给的启动过程。磨料罐中的磨料量越多，这个启动过程就越长。随后，由于磨料罐中磨料量的减小，其流动阻力逐步减小，磨料供给量也就不断增大。

总之，如果将磨料罐作为有压流动管路中的一部分进行设计，是不可能得到均匀的磨料供给的。要解决这一难题，必须根据其他力学原理设计全新的磨料射流供料系统。

此外，磨料罐内存留空气还会造成停止工作后磨料在管路中的堵塞。简单地说，在工作时磨料罐内的空气处于受压状态，储存了大量的压力能。系统停止工作卸压后，这些压缩空气将膨胀，成为新的动力源，驱使磨料罐内磨料继续流入管路。但此时高压泵已不再提供压力水对磨料进行输送，因此磨料将堵塞混合腔和喷嘴之间的管道。其具体的堵塞过程如图4-23所示。

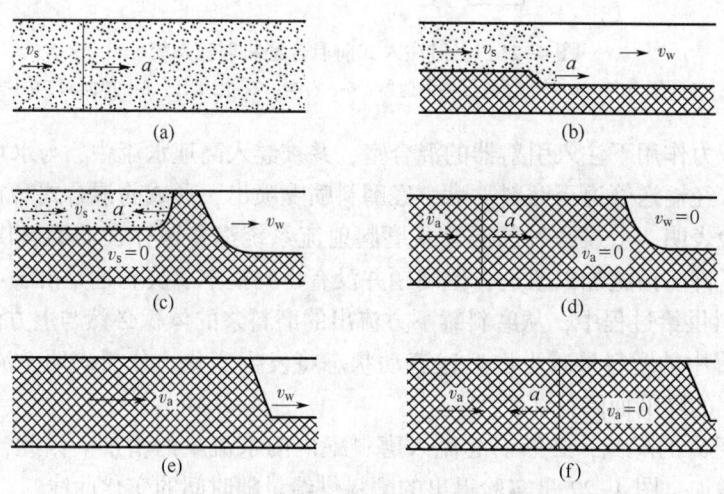

图4-23 停泵后管路内的流动状态
v_w—水流速度；v_s—磨料浆速度；a—波速；v_a—磨料速度

停泵之后，磨料罐内的磨料在其上方的压缩空气作用下漏入管路。由于空气压力与体积成反比关系，因此，磨料罐内的压力很快就大幅度降低。由于喷嘴的作用，管路内流速降低，磨料在管道中沉降，停止流动，形成沉积床[图4-23(a)]使管路断面变小，但在沉积床的上方，磨料浆液仍然能保持一定的输送速度。当磨料浆液到达沉积床最前端时，由于断面增大，速度降低，磨料沉积，流体水则连续向前从喷嘴流出，沉积床不断向前推移[图4-23(b)]。沉积床的延伸使得流动阻力不断增加，加之磨料罐压力的降低，沉积床上方的磨料浆的流动受到阻碍，速度降低，磨料在沉积床上方沉降，这一过程从沉积床的最前端向磨料罐方向进行[图4-23(c)]。当管路被磨料充满之后，整个断面的磨料在压差的作用下从磨料罐向喷嘴方向运动[图4-23(d)]，同时水通过磨料颗粒间作渗流流动[图4-23(e)]。随着磨料在管道内的长度增加，运动阻力也逐步增加，而磨料罐内压力却在减小，因此上述流动将渐渐停止。停止的过程是从喷嘴一侧向磨料罐方向进行，也就是与流动方向相反[图4-23(f)]。图4-23(c)、图4-23(d)、图4-23(e)、图4-23(f)过程使磨料进一步被压实，堵塞也更加严重。通常情况下，磨料罐内有很低的压力。

管道发生堵塞之后，应用最高压力疏通。如果逐次提高高压水的压力，只能使堵塞趋于严重，甚至无法使用高压水来疏通。

第四节　磨料浆体射流

于 1989 年首次公开发表的磨料浆体射流被称为 H-P-S 技术。磨料浆体是以高黏度的高聚物溶液作为载体，加入适量的磨粒配制而成为一种非牛顿流体。它是一种单一流体，而不是两相液固混合介质。因此，固相与液相之间不存在滑移速度问题。磨料浆体的流变模式问题已经提到议事日程上来，但还不像钻井液那样研究得比较透彻，趋向于采用剪切稀释型流变模式。作为实例，下面介绍三种推荐的磨料浆体的配制方案。

配方一：采用甲基纤维素高聚物添加剂，其含量为 $2×10^4$ mg/kg；溶解于水中，形成表观黏度为 12700cP 的溶液。磨料采用石榴子石，粒度为 53~75μm、即泰勒筛 280/200 目（mesh）或粒度为 75~106μm，相当于泰勒筛 200/150 目。磨料的重量浓度为 105.7g/L。

配方二：高聚物添加剂为超水、即聚丙烯酰胺（PAM）。含量为 $1.5×10^3$ mg/kg。制成的溶液表观黏度为 1730~9300cP，磨料品种、粒度及重量浓度与配方一相同。

配方三：高聚物溶液的配方及流变性能参数与配方二相同，但采用硬度更高的刚玉作为磨料。磨粒的尺寸为 10μm，属于超细颗粒（粉末）。这种配方适用于切缝很小的显微切割。

上述添加剂都是线性长链型高聚物，因此这些高聚物水溶液也属于兼有黏性与弹性的黏弹性流体。它与黏性流体的主要区别是外力消失后能产生局部的应变恢复。这是卷曲型分子链的一种禀性。它与弹性固体的主要区别是蠕变。此外，它与牛顿流体的主要区别是在剪切流动中还表现出法向应力差效应，如威申堡效应（即 1946 年威申堡首先提出的"爬杆效应"）。这些流变性质在磨粒浆体射流中发挥得比较充分。由于上述高聚物在水溶液中能形成网状絮凝结构，使它与固相颗粒之间的黏结效果较好，并使磨料浆体必然具有剪切稀释的优异性能。因此，磨料浆体流过高剪切率的喷嘴时，表现为流动阻力损失小。在形成高速非淹没射流时，表现出显著密集性。同样地，当磨料浆体射流打击在靶体表面时，由于德勃拉数 $De \gg 1$，它表现出类似固体的瞬时刚性，能把更多的流体能量通过上述的传输机制转换为射流的打击力。综上所述，并结合实验数据，不难看出，磨料浆体射流具有普通磨料射流不可比拟的优异的动力特性，主要参数见表 4-4。

表 4-4　浆体磨料射流与普通磨料射流比较

技术参数	射流类别	
	普通磨料射流	浆体磨料射流
压力，MPa	206.9	51.7
横移速度，cm/min	10.2	5.1
功率，kW	4.6	0.66
切割 1cm 所耗能量，J	26.8	7.54
切割 1cm 所耗磨料，g/cm	26	16
磨料品种及粒径	石榴子石 60#、80#	石榴子石 150#、200#
磨料流量，g/min	271	81.6
水流量，L/min	0.13	0.15
切缝宽度，mm	1.6	0.79

磨料浆体的增压及输送过程如图4-24所示。为了防止浆体对高压泵（或增压器）的磨损，磨料浆体以不通过高压泵为基本原则。采用低压泵（离心式泵、活塞式泵或隔膜泵）或用压缩空气输送磨料浆体到浮动活塞缸的下部。图中排放阀4的动作压力设定在低压泵与高压泵的工作压力之间。通常低压泵的压力只有0.3MPa。因此，低压泵的压力不能使阀4开启。当磨料浆体充填到浮动活塞的上死点时，高压泵馈送压力水并通过浮动活塞把磨料浆体输送到喷嘴，并通过喷嘴而形成射流。当浮动活塞到达它的下死点时，表示这一缸介质已用完。接着，应切断高压水源。在低压泵的作用下，用磨料浆体去置换缸内的水，这部分水由阀1排出。至此，一个工作循环结束。在机械设备运行正常的前提下，这个系统的关键在于制浆技术：一是磨料的粒度要严格控制；二是高聚物的选型及配制，要保证固相与液相介质不出现互相分离或沉析。此外，在图4-24里如果采用3~5个并联的缸及与其相应的控制阀件，可以实现磨料浆体的连续供料。

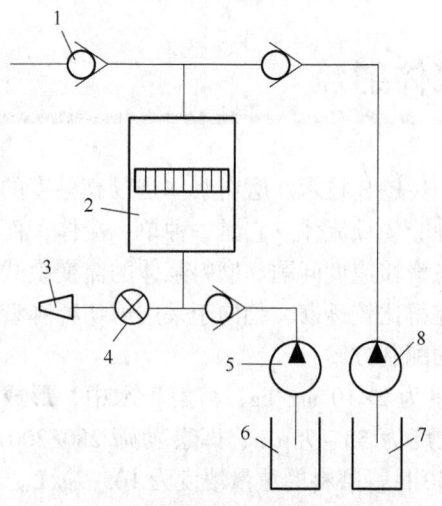

图4-24　磨料浆体射流原理系统
1—单向阀；2—浮动活塞缸；3—喷嘴；4—排放阀；
5—泥浆泵；6—制浆池；7—水池；8—压力源

上述系统的工作情况及实验数据扼要地介绍如下。

根据配方二制成磨料浆体，以金刚石拉丝模作为喷嘴（出口直径为0.254mm），对表4-5列举的金属与非金属板材做了切割实验。

表4-5　浆体磨料射流切割实验数据

试样	压力，MPa	切深，mm	切缝宽度，mm
铝板	51.7	6.350	<0.79
铝板	69.0	6.350	0.79
铝板	103.4	6.350	1.60
中碳钢	51.7	3.175	<0.79
中碳钢	51.7	6.350	<0.79
中碳钢	69.0	4.191	0.79
中碳钢	86.2	3.175	1.60
中碳钢	103.4	2.540	1.60
玻璃板	51.7	6.350	0.79
玻璃板	103.4	6.350	3.20
黄铜板	51.7	6.350	<0.79
铅板	51.7	6.350	<0.79

以上板料的厚度都是6.35mm，由数据可见，大多数情况都是一次切透。其中，切割头的行走速度为10.2cm/min，如果把行走速度减小一半，即5.1cm/min，则切割深度可增加将近一倍。

再讨论一下射流的密集性：已知喷嘴出口直径为0.254mm，切缝宽度（以铝板为例）

随驱动压力提高而增大，但增大并不显著。由此可以看出磨料浆体能产生密集性高的射流。目前驱动压力已增大到345MPa，显示了切割工艺的长足的进展。这种线切割工艺有几个突出的优点：(1) 冷加工，工件不产生温度应力和变形；(2) 切割头不与工件接触，工件在加工过程中不会引起应力集中现象；(3) 切缝较窄，能节省原材料；(4) 切割头轻便，易于实现光控、数控或机械手操作，尤其适用于对工件切割复杂的曲线形状。

如上所述，磨料水射流由后混合式发展到前混合式，后者再发展到磨料浆体射流。上述这些优点是三种磨料射流的共性。但是，前混合式更加显著。例如驱动压力，切割同样的材料，前混合式比后混合式的驱动压力通常可减小一个数量级（表4-6）。实际上，一些苏联和英国的学者也发表过在35MPa驱动压力下利用后混合式磨料水射流对碳素钢板进行切割和钻孔的报道，不过，切割速度很慢。为了提高切割的行走速度（例如，在345MPa时，行走速度达420cm/min）及降低切割的比能，由上所列举的数据可知，前混合式的驱动压力也有增加的趋向。在生产应用中，是采用高压力和高行走速度，或是较低的压力和行走速度，主要应根据用户的设备和技术条件而做出选择。

表4-6 前混合式磨料浆体射流与后混合式磨料水射流的比较

技术参数	射流类别	
	后混合式	前混合式
压力，MPa	206.9	51.7
平均速度，cm/min	10.2	5.1
功率，kcal/min	65.7	9.4
切割1cm所耗功率，kcal/min	6.4	1.8
切割1cm所耗磨料，g	26	16
磨料品种及粒径	石榴子石60#，80#	石榴子石150#，200#
磨料浓度（或流量）	271g/min	102.9g/L
每分钟磨料消耗量，g	271	81.6
每1cm的耗水量，L	0.129	0.152
切缝宽度，mm	1.6	0.79

磨料浆体按上述的第三种配方制备。金刚石拉丝模作为喷嘴，其出口直径为0.076mm。试样为镀金的石英晶片、厚度为0.15mm。磨料浆体射流以速度1.27cm/min平行移动，在试样上切出间格为0.3mm、切缝宽度为0.08～0.1mm两条窄缝，水压为34.5MPa。如果试件的定位机构（即夹具）尺寸精度允许，则浆体磨料射流还可以切割间格尺寸更小的缝隙。同时，还用厚度为0.94mm及3.2mm玻璃板做了扇形及圆环形等复杂的异型切割，实际上是一种玻璃雕刻工艺。此项技术刚崭露头角，有待于继续完善，它将为磨料水射流切割工艺增添一个新的应用领域。

第五节　磨料射流切割影响因素

影响磨料射流切割能力的因素很多，大致可分为磨料参数、水力参数、射流工作参数、被切割材料参数等几个方面。其中磨料参数又包括磨料品种（形状、密度、硬度）、粒度、磨料流量、磨料供料方式等。

水力参数、工作参数等在第二章已有所论述，它们对磨料射流切割能力的影响规律与对纯水射流的影响基本相似，本节只介绍磨料参数对切割能力的影响规律。

一、磨料品种

不同品种的磨料具有不同的机械性质，主要是磨料硬度和形状，它们对切割能力有直接的影响。在常用的磨料中，金刚砂的硬度最高、切割效果最好；硅砂的硬度较低，并且缺少棱角，其切割能力也较低。

图 4-25 给出了石榴子石（G）、硅砂（S.S）和金刚砂（S.C）三种不同磨料在不同的粒度下切割混凝土的切割深度。磨料代号下方的数字为磨料的平均粒度，方框内的数字为磨料流量。试验中使用的是硬混凝土块，抗压强度为 34.5MPa，射流的工作压力 241.5MPa，喷嘴直径 0.635mm，靶距 7mm，横移速度 3.8mm/s。

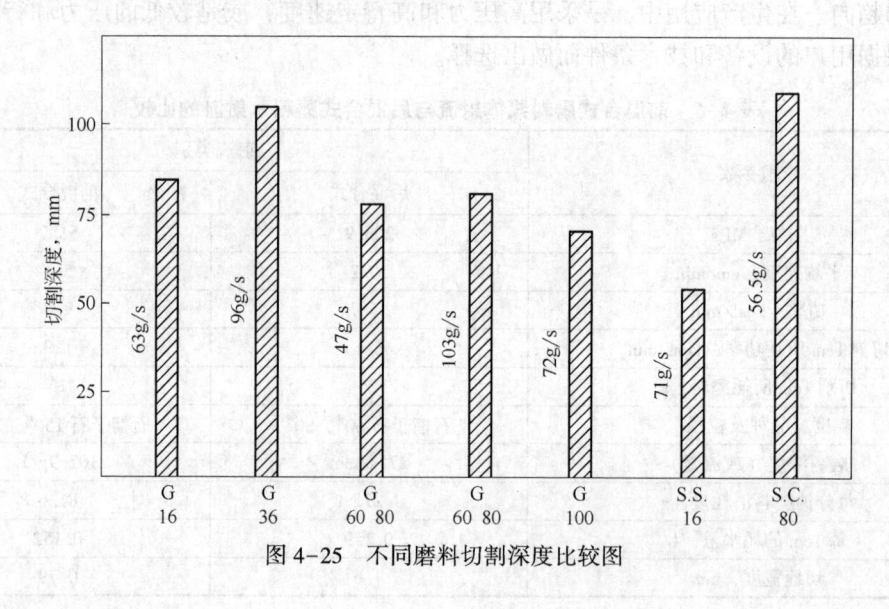

图 4-25 不同磨料切割深度比较图

二、磨料粒度

磨料粒度对切割能力和切割表面的粗糙度都有一定的影响。不论是切割脆性材料，还是塑性材料，都存在一个最佳的磨料粒度值，如图 4-26 所示。从图中可以看出，对于脆性材料，磨料的合理尺寸范围要比塑性材料宽，且磨料的合理尺寸范围，随材料的脆性指标的增长而增加。

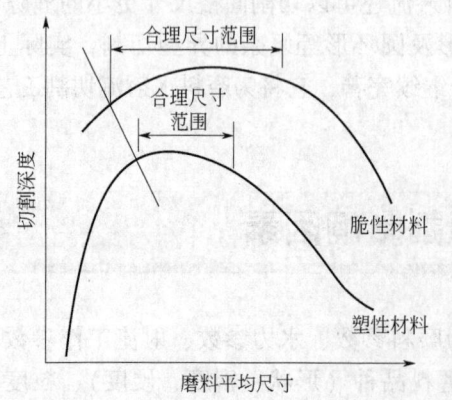

图 4-26 磨料的粒度与切割深度关系曲线

三、磨料流量

磨料流量对切割能力和切割成本都有很大的影响。试验表明，切割深度是磨料流量的函数，是一个凸曲线，因此存在一个最大值，存在一个最佳磨料流量的选用范围。

图 4-27 为石榴子石磨料射流切割混凝土的试验结果。试验压力为 241.5MPa，喷嘴直径 0.635mm，横移速度 3.8mm/s，磨料粒度 36 目。图中实线为一趋势线，呈上凸形。可以看出磨料流量约为 68g/s，切割深度出现了最大值，但在 38g/s 时，切割深度仅降低了 11%。如果磨料不重复使用，则需综合考虑切割成本后，再确定磨料流量值。试验表明，对应最大切割深度的磨料流量值，与磨料的性质、切割材料的性质，以及磨料射流的水功率等因素都有直接关系。

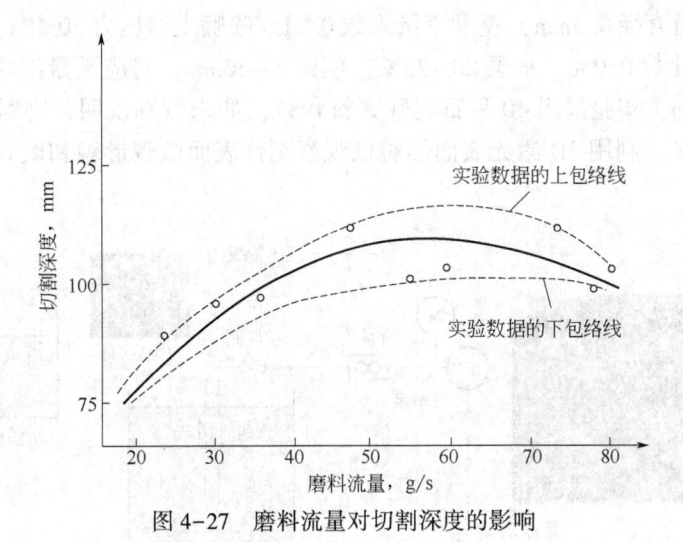

图 4-27　磨料流量对切割深度的影响

第六节　新型磨料射流

一、磨料空化射流

磨料空化射流是基于自振空化射流和磨料喷砂射孔提出的一种新型破岩方法。作为传统炮弹射孔的替代方法，磨料喷砂射孔技术利用水射流加速磨料颗粒，磨料颗粒冲蚀穿透金属套管和近井地带岩石，体现出强大的破岩能力。在磨料空化射流中，含有磨料颗粒的空化射流冲击岩石表面，水射流冲击、空化气泡空蚀、磨料颗粒切削共同作用破碎岩石，实现空化和磨料耦合作用下的高效破岩。该方法有望提高井底破岩效率，为快速钻井提供一种新思路。

磨料空化射流的概念最早见于 Sato 等人在 1990 年发表的文章，他们利用氧化铝颗粒产生磨料空化射流，研究了空化数、喷距、颗粒浓度和颗粒直径对射流冲蚀能力的影响。当空化数为 0.1~0.2 时，磨料空化射流的声发射强度比空化射流高 30%，冲击压力高 17%；磨料空化射流冲蚀能力随颗粒浓度增加而增加（10~50g/L），是磨料射流的 1.2~1.4 倍；射流冲蚀能力随颗粒粒径增加（8~39μm）而增加。Madadnia 和 Reizes 在 15m/s 的低速射流条件下定性地验证了磨料空化射流的优越性，相同条件下的空化射流只能破坏铝板表面的氧化层，磨料射流对靶件有轻微的冲蚀作用，磨料空化射流的冲蚀质量比空化射流和磨料射流之和还要高几个数量级。和空化射流造成的粗糙表面不同，磨料空化射流冲蚀后的金属靶件表面非常光滑，体现了磨料颗粒的打磨抛光作用。

磨料空化射流冲蚀实验装置如图 4-28 所示。磨料颗粒以悬浮液的形式被加入射流中。将清水、瓜尔胶（增黏剂）、石英砂磨料颗粒按一定比例混合均匀，放置在塑料桶中，为了保证磨料浓度恒定、防止磨料颗粒沉淀，实验过程中高速搅拌机不断搅拌磨料颗粒悬浮液。悬浮液由一台排量可调的蠕动泵输送到喷嘴加砂口中，射流卷吸效应会吸入磨料颗粒悬浮液，实现后混加砂。由于悬浮液中磨料颗粒的浓度已知，通过控制蠕动泵排量就可以调节加入磨料颗粒的浓度，磨料空化射流中的磨料质量浓度可以根据射流流量和蠕动泵排量计算得到。射流喷嘴喉道直径 0.3mm，喷嘴流量系数 0.71。喷嘴上游压力 50MPa，流量 0.96L/min ±0.05L/min，空化数 0.038，水温 20~23℃。喷距 5~50mm，对应无量纲喷距 16.7~166.7，冲蚀时间 2~20min。实验采用 40 目石英砂磨料颗粒，如未特别说明，磨料空化射流中磨料质量浓度为 3.05%。利用 3D 激光表面形貌仪观察靶件表面微观形貌和微观破坏特征，测量靶件表面粗糙度。

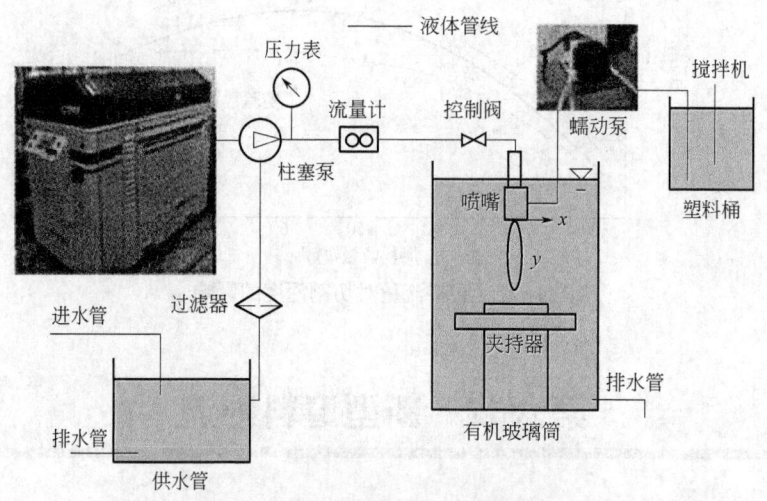

图 4-28　磨料空化射流冲蚀实验装置

冲蚀 8min 时，不同喷距下磨料空化射流冲蚀砂岩靶件的结果如图 4-29 所示。砂岩靶件冲蚀特征随喷距增加有明显的变化，在小喷距（5mm、10mm）下，砂岩靶件表面出现一个巨大的中心坑。对于磨料空化射流，水射流和磨料射流的共同冲击形成了更大的中心坑。和小喷距下的铝靶件相同，砂岩中心坑周围受空化影响较小，表面形貌变化不大，空化破坏对质量损失的贡献可以忽略。由高速摄影图片可知射流空泡云运动速度约为 75m/s，如果水射流与空泡云速度相同，则磨料颗粒速度最高可达到 75m/s。磨料颗粒高速冲击砂岩，使中心坑的直径和深度大大增加。

水射流对磨料颗粒的加速作用只能在较小的喷距下起作用，磨料颗粒速度随喷距增加急剧减小。喷距增加到 30mm 时，中心坑的重要性下降，环绕中心坑的大片空蚀区域变得非常明显。在这一喷距下，空泡溃灭强度较大，能够到达靶件表面的空泡数目较多，空化破坏最为显著，部分空蚀坑的尺寸已经可以和中心坑相提并论。和铝靶件不同，砂岩表面不存在中心坑和空蚀区域间的未破坏区域。相较而言，磨料空化射流对应的砂岩空蚀区域面积更广，深度更大。由空泡颗粒协同作用机制可知，一方面，磨料颗粒作为空化核降低了空化初生难度，促进空化气泡的产生，增加射流空化强度，从而增强砂岩靶件的空化破坏；另一方面，空泡膨胀能够加速磨料颗粒，颗粒高速冲击砂岩靶件造成额外的冲蚀。空泡与磨料颗粒的协

图 4-29 磨料空化射流冲蚀砂岩实验

同作用极大地提高了磨料空化射流的冲蚀能力。随着喷距继续增加到 40mm、50mm，水射流能量急剧减弱，中心坑勉强可见；能够到达砂岩靶件的空化气泡减少，空化破坏和磨料颗粒冲击减弱；射流剪切层闭合，空蚀破坏范围减小。

二、旋转磨料射流

旋转磨料射流利用磨料浆体作为射流介质，通过叶轮式旋转喷嘴产生，是一种高效射流钻孔技术。它兼具旋转水射流和磨料直射流优势，具有较强的扩散性和较高的破岩能力，是实现硬岩地层高效径向钻孔的有效解决办法。基于此，提出旋转磨料射流径向水平井技术。该技术采用半钢管作为进地层管柱，利用旋转磨料射流喷嘴破岩钻进，可实现硬质地层高效钻进，可望拓宽径向水平井技术适用范围，实现复杂油气藏、地热、页岩油气等非常规油气资源高效开发。

旋转磨料射流破岩实验采用中国石油大学（北京）自主研发的淹没条件下高压磨料射流破岩实验系统进行，如图 4-30 所示。该实验系统主要由混砂单元、动力单元、作业池单元、岩样夹持单元、数据采集与控制单元、液体循环单元六部分组成。实验系统具备完善的液体循环系统，且作业池单元具有沉淀分离功能，可实现清水和磨料循环使用。整体上，该实验系统可实现射流压力 70MPa、排量 350L/min、喷射距离 1000mm、淹没度 500mm、磨料质量浓度 30%、磨料粒径 24 目、岩样尺寸 500mm×500mm×500mm 以内的水射流或磨料射流破岩实验。

以喷射压力 25MPa、磨料质量浓度 10%、喷射距离 10mm、喷射时间 60s、淹没度 500mm 下的破岩结果，展开对旋转磨料射流破岩成孔储层适用性分析。宏观破岩结果如图 4-31 所示，整体上，旋转磨料射流可形成圆形、壁面光滑、带锥形凸起的规则大直径孔眼。其中页岩、煤岩、石灰岩、砂岩、花岗岩孔眼直径分别为 50mm、90mm、62mm、70mm、53mm，孔眼直径均大于常规水力喷射径向水平井成孔直径。在孔眼满足径向水平井成孔直径要求下，锥形凸起是影响旋转磨料射流喷嘴能否连续送进、形成大长度径向孔眼的重要因素。由图可知，对力学强度低的煤岩和砂岩而言，其锥形凸起远远低于岩石喷射面；

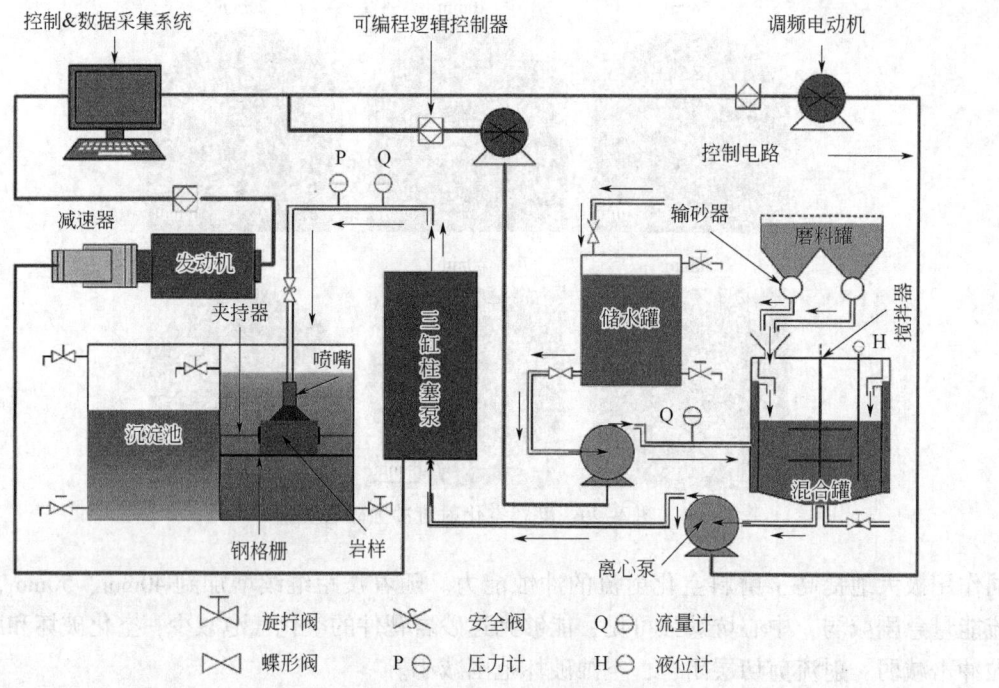

图 4-30 高压磨料射流破岩实验系统

对力学强度较高的页岩、灰岩、花岗岩而言，其锥形凸起距岩石喷射面约 5mm。综上分析可知，本实验条件下，锥形凸起距岩石喷射面有一定距离，不影响喷嘴连续送进。实际作业过程中，可增大喷射时间，进一步降低锥形凸起高度。

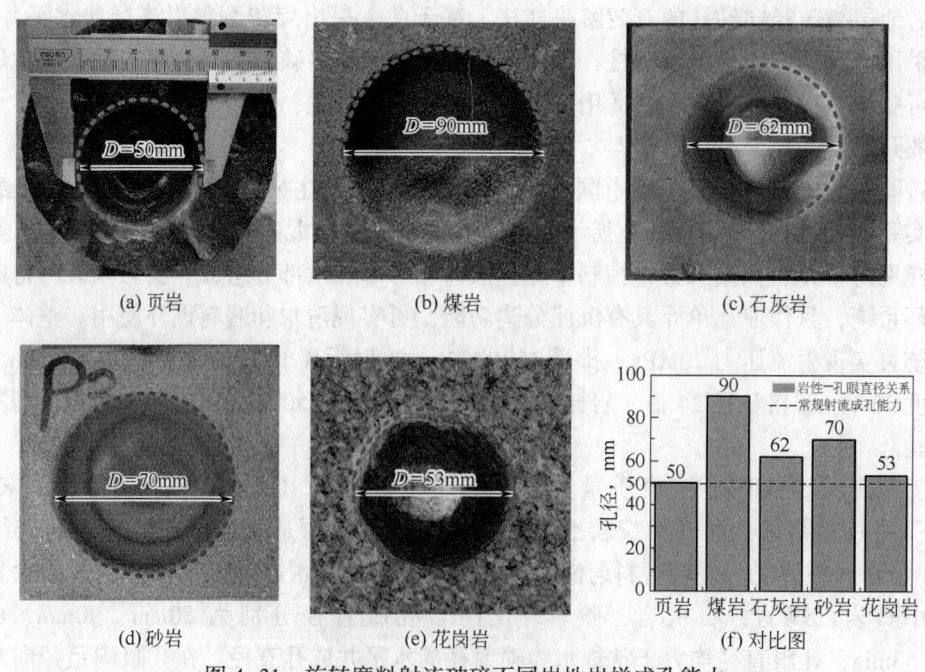

图 4-31 旋转磨料射流破碎不同岩性岩样成孔能力

三、直旋混合磨料射流

射流喷嘴是水力喷射径向水平井技术的核心工具之一，直旋混合磨料射流兼具直射流和旋转射流优点，对水力喷射径向水平井技术高效开发深层硬岩储层意义重大。

直旋混合磨料射流可高效破碎硬质花岗岩，成孔直径大（35~53mm），壁面光滑，且孔底凸台低；孔眼直径和体积随喷嘴出口直径增大而增大，孔眼深度随喷嘴出口直径增大而减小，直柱段长对喷嘴破岩效果影响较小，优选出的喷嘴结构参数为出口直径 7mm，直柱段长 7mm；喷距增大，孔眼直径增大，孔眼深度和体积减小，直旋混合磨料射流有效作用距离为 0~10mm。喷嘴送进实验表明，孔底凸台不影响喷射管串连续送进，即可形成大深度径向孔眼。锥—直型、旋转型、直旋混合型磨料射流对比实验表明，锥—直型磨料射流成孔直径小，旋转磨料射流孔底存在锥形凸起，均影响喷嘴连续送进，而直旋混合磨料射流可形成大直径孔眼，且孔底凸台低，不影响连续送进。

四、超临界二氧化碳磨料射流

超临界二氧化碳流体因具有独特的性质（如射流破岩能力强、与地层岩石的吸附能力强、避免造成油气藏渗透性伤害等），被认为在钻井、驱替和压裂增产等方面具有良好的发展前景。将超临界二氧化碳流体与喷射压裂技术结合从而实现超临界二氧化碳喷射压裂技术，可望为页岩气等非常规油气资源的提供种新型的无水压裂方法。在套管和储层岩石上喷射形成有效的孔眼是实现超临界二氧化碳喷射压裂技术的前提。将磨料加入超临界二氧化碳流体中形成新型的超临界二氧化碳磨料射流，则有望进一步提高其射孔破岩效果。

超临界二氧化碳磨料射流破岩实验是利用中国石油大学（北京）高压水射流实验室的超临界二氧化碳综合实验系统（图 4-32）完成的。该实验系统主要由液态二氧化碳储存单元、超临界二氧化碳射流发生单元、射流射孔单元、磨料射流射孔单元、净化除杂单元、控制单元、管线与仪表以及相关配件等组成。

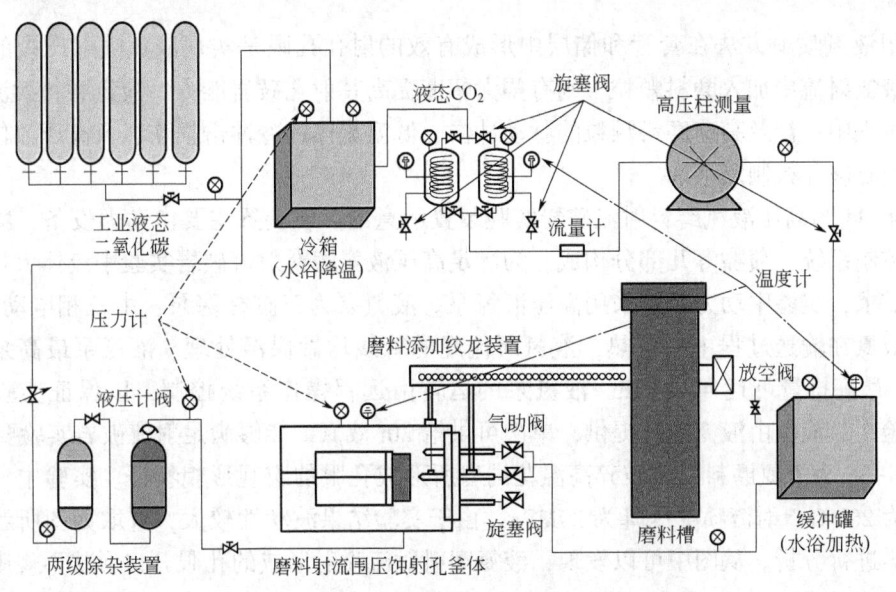

图 4-32 超临界二氧化碳磨料射流实验流程图

射流压差是影响磨料水射流作业效果最直接的因素之一，设置射流压差变化范围为 25MPa，其他参数恒定，围压分别恒定为 5MPa 和 15MPa，喷嘴直径为 1.0mm，无量纲喷距为 10，流体温度为 333K，喷射时长为 3min，喷射靶件为大理岩，得到了射流压差对超临界二氧化碳磨料射流冲蚀射孔效果（图 4-33）。由图 4-34 可以看出，随着超临界二氧化碳磨料射流压差的增大，冲蚀孔深呈线性增大趋势。数据显示，本实验条件下，当围压为 5MPa 时，射流压差每增加 5MPa，射孔深度平均增幅约为 1.0mm；孔眼直径变化较小，平均仅增加约 0.04m，测得孔眼体积平均增幅约为 50.5mm^3，表征射孔效果的三个指标（孔深、孔径、孔体积）的平均增幅分别为 36.6%、1.70% 和 67.8%，表明了射流压差对射孔效果的明显作用。

图 4-33　射流压差对超临界二氧化碳磨料射流射孔效果

分析认为，射流压差增大为超临界二氧化碳射流赋予了更多的能量，磨料射流使固液两相获得了更高的喷射速度；而射流压差的增大引起喷嘴外流体黏度的进一步降低，从而使颗粒所受阻力减小，撞击靶件速度较高，冲蚀效果较好。但超临界二氧化碳流体经过压力骤变环境时会产生焦汤效应，射流压差过大会造成喷嘴局部剧烈降温，甚至可在喷嘴外局部形成液态二氧化碳，增大颗粒运动阻力降低冲蚀效率，射流压差过大还易造成喷嘴扩孔和使用寿命缩短。因此在实际作业中，应在满足作业效率的条件下进行合理的设计。

五、液氮磨料射流

利用液氮喷射方法在套管和储层中形成有效的射孔孔眼是实现液氮喷射压裂的重要前提。在液氮射流中加入磨料颗粒，则有望大幅度提高其射孔破岩能力。液氮磨料射流破碎高温岩石过程中，涉及高速磨料颗粒的脉动冲击、低温流体的冷冲击损伤以及高压流体的拉伸作用，岩石破碎机制复杂。

图 4-34 为高压液氮磨料射流破岩实验装置示意图。该装置主要由动力设备、磨料添加设备、控制系统、喷嘴等几部分构成。为满足高压液氮磨料射流破岩实验中流体大排量、高压力的需求，实验中动力装置采用高压液氮泵。液氮泵为三缸柱塞泵，由三相电动机驱动，为减少液氮在输送过程中的散热，液氮所流经的管线均做保温处理。液氮泵最高泵压可达 35MPa，最高排量可达 4000L/h。液氮泵的运转由远程操作系统控制，以保证实验人员安全。实验中，液氮由液氮罐车提供，单次可供给 20t 液氮，能够满足射流破岩实验要求。

图 4-35 为液氮磨料射流破碎高温花岗岩所形成孔眼的宏观形貌特征。实验中，岩石初始温度为 200℃，射流喷嘴压降为 20MPa。由于实验结果波动性较大，选取如图所示的 4 块喷射岩样进行分析。从图中可以发现，液氮磨料射流喷射形成的孔眼开口形状不规则，开口曲线曲折不光滑。孔眼的最大直径也不尽相同，例如，2$^#$ 岩样中孔眼开口最宽处为

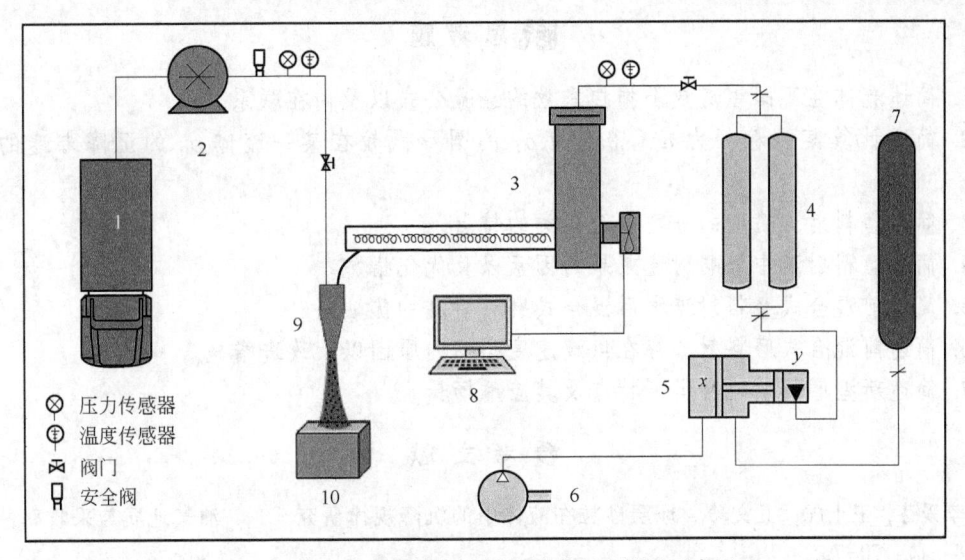

图 4-34 高压液氮磨料射流破岩实验装置示意图
1—液氮车；2—液氮泵；3—磨料混合装置；4—高压储气罐；5—气体增压装置；6—空气压缩机；
7—高压气瓶；8—控制装置；9—喷嘴；10—岩样

10.04mm，而 3#岩样中孔眼最宽处则达到 11.79mm。归结原因为，在高压液氮磨料射流冲击破岩过程中，高温岩石同时受到磨料颗粒冲击、热应力拉伸作用以及高压流体水楔作用，岩石容易以大块碎屑形式剥落，由于岩石的非均质性，被剥落岩屑的形状、大小各异，由此造成射流孔眼开口形状不规则，且开口大小不一。4 块岩样中孔眼深度分别为 6.96mm、7.09mm、6.7mm 和 7.45mm。由此看出，实验中孔眼深度也存在较大差异。在冷冲击作用下，岩石非均质性对岩石破碎的影响增强，导致实验结果存在较大波动。

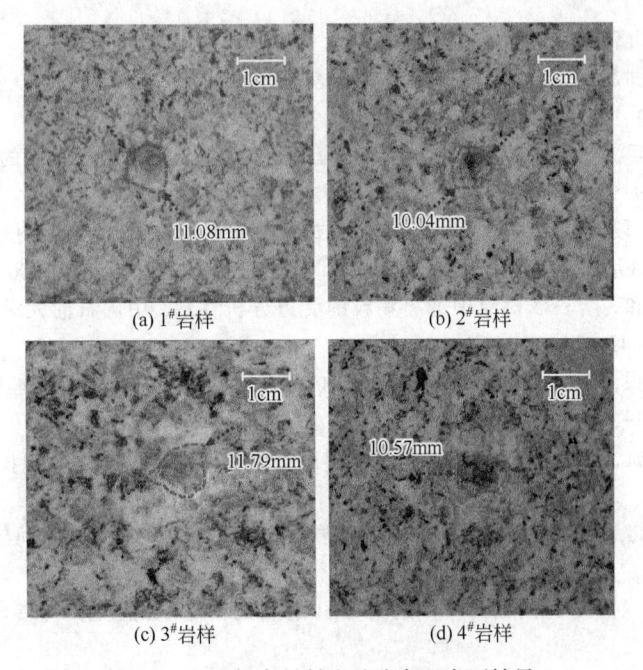

(a) 1#岩样　　(b) 2#岩样
(c) 3#岩样　　(d) 4#岩样

图 4-35 液氮磨料射流破碎高温岩石结果

思考题

1. 简述流体在不同雷诺数下拖拽系数的经验公式以及内在联系。
2. 简述计算某一粒径为 d、密度为 ρ_1 的圆形微粒在某一流体 ρ_0 的沉降末速的计算步骤。
3. 简述磨料射流喷头的分类以及各类的特点。
4. 简述磨料射流中影响射流效果的因素以及优化措施。
5. 简述前混合式磨料射流和后混合式磨料射流的优缺点。
6. 简述前混合式磨料射流存在供液速度不均的原因以及改进措施。
7. 简述新型磨料射流种类、特点及其应用场景。

参 考 文 献

[1] 李爱芬,王士虎,王文玲. 地层砂粒在液体中的沉降规律研究 [J]. 油气地质与采收率, 2001, 8 (1): 70-73.

[2] Cheng N S. Comparison of formulas for drag coefficient and settling velocity of spherical particles [J]. Powder Technology, 2009, 189 (3): 395-398.

[3] 李芳兵. 成分配比对磨料浆体射流性能影响的实验研究 [D]. 徐州:中国矿业大学, 2017.

[4] 张成光,张勇,张飞虎,等. 磨料水射流加工去除模型研究 [J]. 机械工程学报, 2015, 51 (7): 188-196.

[5] 张成光,张勇,张飞虎,等. 新型后混合式磨料水射流系统的研制 [J]. 机械工程学报, 2015, 51 (5): 205-212.

[6] 刘增文. 硬脆材料冲蚀机理及前混合微细磨料水射流抛光技术研究 [D]. 济南:山东大学, 2011.

[7] 李强. 超高压磨料水射流切割喷嘴的结构研究 [D]. 兰州:兰州理工大学, 2011.

[8] 刘力红,刘本立,刘萍,等. 前混合磨料射流基础研究概要 [J]. 机械科学与技术, 2011, 30 (3): 457-462.

[9] 李连荣,唐焱. 磨料水射流切割技术综述 [J]. 煤矿机械, 2008 (9): 5-8.

[10] 赵永赞,王军,赵民. 磨料水射流切割工程陶瓷的机理及实验分析 [J]. 稀有金属材料与工程, 2008, 37 (S1): 741-744.

[11] 林柏泉,吕有厂,李宝玉,等. 高压磨料射流割缝技术及其在防突工程中的应用 [J]. 煤炭学报, 2007 (9): 959-963.

[12] 阴妍,鲍久圣,段雄. 磨料水射流切割工艺参数的实验研究 [J]. 机械设计与制造, 2007 (4): 107-109.

[13] 张永利. 岩石在磨料射流作用下破坏机理 [J]. 辽宁工程技术大学学报, 2006 (6): 836-838.

[14] 王明波,王瑞和. 磨料水射流中磨料颗粒的受力分析 [J]. 中国石油大学学报(自然科学版), 2006 (4): 47-49, 74.

[15] 杨玉峰,胡寿根,王宗龙. 基于正交实验法的淹没磨料射流冲蚀性能实验研究 [J]. 力学季刊, 2006 (2): 311-316.

[16] 陆国胜,龚烈航,王强,等. 前混合磨料水射流磨料颗粒加速机理分析 [J]. 解放军理工大学学报(自然科学报), 2006 (3): 275-280.

[17] 向文英,李晓红,卢义玉,等. 磨料射流破碎岩石的性能研究 [J]. 地下空间与工程学报, 2006 (1): 170-174.

[18] 胡贵华,俞涛,刘小健. 前混合磨料水射流喷嘴内液固两相流的数值模拟 [J]. 机电一体化, 2005 (6): 20-23.

[19] 杨林,彭中波,杜子学. 磨料水射流切割质量的参数化模型 [J]. 机械科学与技术, 2005 (7): 869-871.

[20] 冯衍霞，黄传真，侯荣国，等. 磨料水射流加工技术的研究现状 [J]. 机械工程师，2005 (6)：17-19.
[21] 傅旭东，王光谦. 低浓度固液两相流的颗粒相动理学模型 [J]. 力学学报，2003 (6)：650-659.
[22] 杨林，张凤华，唐川林. 磨料水射流切割断面质量的研究 [J]. 机械设计与研究，2003 (5)：54-56, 8.
[23] 牛继磊，李根生，宋剑，等. 磨料射流射孔增产技术研究与应用 [J]. 石油钻探技术，2003 (5)：55-57.
[24] 孟晓刚，倪晋仁. 固液两相流中颗粒受力及其对垂向分选的影响 [J]. 水利学报，2002 (9)：6-13.
[25] 倪晋仁，黄湘江. 高浓度固液两相流的运动特性研究 [J]. 水利学报，2002 (7)：8-15.
[26] 傅旭东，王光谦，董曾南. 低浓度固液两相流理论分析与管流数值计算 [J]. 中国科学 E 辑：技术科学，2001 (6)：556-565.
[27] 白晓宁，胡寿根，张道方，等. 固体物料管道水力输送的研究进展与应用 [J]. 水动力学研究与进展（A 辑），2001 (3)：303-311.
[28] 董星. 前混合式磨料水射流磨料颗粒运动的理论分析 [J]. 黑龙江科技学院学报，2001 (3)：4-6, 26.
[29] 倪晋仁，王光谦. 高浓度恒定固液两相流运动机理探析：I. 理论 [J]. 水利学报，2000 (5)：22-26.
[30] 申焱华，毛纪陵，凌胜. 垂直管道固液两相流的最小提升水流速度 [J]. 北京科技大学学报，1999 (6)：519-522.
[31] 白晓宁，胡寿根. 固液两相流管道水力输送的研究进展 [J]. 上海理工大学学报，1999 (4)：366-372.
[32] 张东速，刘本立，贾北华. 前混合磨料射流切割试验装置的研制 [J]. 江苏煤炭，1999 (2)：53-55.
[33] 铁占绪. 磨料射流中磨料粒子的加速机理和运动规律 [J]. 焦作矿业学院学报，1995 (4)：39-42, 63.
[34] 宋拥政，温效康，梁志强. 磨料水射流等现代切割技术的研究与分析 [J]. 锻压机械，1994 (4)：50-54.
[35] 王光谦，倪晋仁. 固液两相流流速分布特性的试验研究 [J]. 水利学报，1992 (11)：43-49.
[36] Melentiev R, Fang F Z. Recent advances and challenges of abrasive jet machining [J]. CIRP Journal of Manufacturing Science and Technology, 2018 (22)：1-20.
[37] Anu Kuttan A, Rajesh R, Dev Anand M. Abrasive water jet machining techniques and parameters: a state of the art, open issue challenges and research directions [J]. Journal of the Brazilian Society of Mechanical Sciences and Engineering, 2021, 43 (4)：1-14.
[38] Natarajan Y, Murugesan P K, Mohan M, et al. Abrasive Water Jet Machining process: A state of art of review [J]. Journal of Manufacturing Processes, 2020 (49)：271-322.
[39] Li B, Zhang B, Hu M M, et al. Full-scale linear cutting tests to study the influence of pre-groove depth on rock-cutting performance by TBM disc cutter [J]. Tunnelling and Underground Space Technology, 2022 (122)：104366.
[40] Ramesh P, Mani K. Prediction of surface roughness using machine learning approach for abrasive waterjet milling of alumina ceramic [J]. The International Journal of Advanced Manufacturing Technology, 2022, 119 (1)：503-516.
[41] Yuan Q L, Chen X, Wen D H. Constrained abrasive jet polishing with a tangentially aligned nozzle shroud [J]. The International Journal of Advanced Manufacturing Technology, 2022, 120 (5)：4191-4205.
[42] Dong Y Z, Liu W W, Zhang H, et al. On-line recycling of abrasives in abrasive water jet cleaning [J]. Procedia CIRP, 2014 (15)：278-282.
[43] Qu H, Wu X G, Huang P P, et al. Acoustic Emission and Failure Characteristics of Shales with Different Brittleness Under AWJ Impingement [J]. Rock Mech Rock Eng, 2022, 55 (4)：1871-1886.
[44] Oh T M, Cho G C. Characterization of effective parameters in abrasive waterjet rock cutting [J]. Rock Mech

Rock Eng, 2014, 47 (2): 745-756.
- [45] Aydin G, Karakurt I, Aydiner K. Prediction of the cut depth of granitic rocks machined by abrasive waterjet (AWJ) [J]. Rock Mech Rock Eng, 2013, 46 (5): 1223-1235.
- [46] Oh T M, Joo G W, Cho G C. Effect of abrasive feed rate on rock cutting performance of abrasive waterjet [J]. Rock Mech Rock Eng, 2019, 52 (9): 3431-3442.
- [47] Cha Y H, Oh T M, Joo G W, et al. Performance and reuse of steel shot in abrasive waterjet cutting of granite [J]. Rock Mech Rock Eng, 2021, 54 (3): 1551-1563.
- [48] Huang F, Zhao Z Q, Li D, et al. Investigation of the breaking manifestations of bedded shale impacted by a high-pressure abrasive water jet [J]. Powder Technology, 2022 (397): 117021.
- [49] Kamel A H. Radial jet drilling: a technical review [C]. SPE Middle East Oil & Gas Show and Conference, 2017.
- [50] Gent M, Menéndez M, Torno S, et al. Experimental evaluation of the physical properties required of abrasives for optimizing waterjet cutting of ductile materials [J]. Wear, 2012 (284): 43-51.
- [51] Fowler G, Pashby I, Shipway P. The effect of particle hardness and shape when abrasive water jet milling titanium alloy Ti6Al4V [J]. Wear, 2009, 266 (7-8): 613-620.
- [52] 彭炽. 磨料空化射流破岩机理与参数影响规律研究 [D]. 北京: 中国石油大学 (北京), 2020.
- [53] 马国锐, 李敬彬, 李欢, 等. 旋转磨料射流破碎碳酸盐岩成孔特性研究 [J]. 流体机械, 2021, 49 (11): 12-17, 53.
- [54] 杜鹏. 直旋混合射流流场特性及破岩机理研究 [D]. 重庆: 重庆大学, 2016.
- [55] 贺振国. 超临界二氧化碳磨料射流流场与射孔特性研究 [D]. 北京: 中国石油大学 (北京), 2016.
- [56] 张世昆. 液氮磨料射流破碎高温花岗岩机制研究 [D]. 北京: 中国石油大学 (北京), 2020.
- [57] Li H, Huang Z, Li J, et al. Rock breaking characteristics by swirling impeller abrasive water jet (SAWJ) on granite [J]. International Journal of Rock Mechanics and Mining Sciences, 2022, 159: 105230.

第五章　空化射流

第一节　空化概述

一、空化现象

对于空化现象，现在还难以给出一个简明而严格的定义。一般把液体内部局部压力降低时，液体内部或液固交界面上蒸气或气体的空穴（空泡）的形成、发展和溃灭过程，称为空化（视频5-1）。

由物理学可知，在温度不变的条件下，如果忽略形成小气泡时表面张力的微小作用，则液流局部的绝对压力降低到当地温度下的饱和蒸气压力时，液体内部原来含有的很小的气泡（通称气核）将迅速膨胀，在液体内部形成含有蒸气和其他气体的空泡，从而产生空化现象。空化在水中形成的空洞称为空穴，球形空穴常称为空泡，较大的空穴称为空腔，大量的空泡聚集在一起称为空泡云，如水翼表面和空化射流中的空泡云。图5-1表示一段收缩管道内的水流，上游压力为p_1、下游压力为p_2，收缩段的压力为p_c，主流速度为u。当绝对压力p_c降低到等于或小于当地水的饱和蒸气压力p_v（即$p_c \leq p_v$）时，在收缩段内水就会产生空化。在低压区空化的液体挟带着大量的空泡形成了两相流运动，使整个管道内液体流动的连续性被破坏。

视频5-1　空化现象

空化现象不仅在水流中产生，其他任何液体，包括液态金属，只要流动过程中出现低于该种液体饱和蒸气压力的局部地区，都会产生空化现象。表5-1、表5-2、表5-3给出了水及其他液体的饱和蒸气压力值。

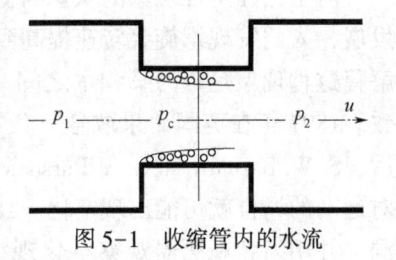

图5-1　收缩管内的水流

表5-1　水在不同温度下的饱和蒸气压力

t,℃	0	5	10	20	30	40	50	60	70	80	90	100
p_v,MPa	0.0006	0.0009	0.0012	0.0024	0.0043	0.0075	0.0124	0.020	0.0318	0.0483	0.0705	0.1033

表5-2　液压油在不同温度下的饱和蒸气压力

t,℃	20	40	60	80	100	120	140
p_v,Pa	0.009	0.06	0.40	2	8	30	80

表5-3　几种液体在20℃时的饱和蒸气压力

种类	水银	煤油	乙醇	苯	甲醇	汽油
p_v,Pa	0.16	3300	5900	10000	12500	30400

由表 5-1 可知，在常温 20℃ 条件下，水流系统内的局部绝对压力必须降低到 2.4×10^{-3} MPa 以下才能产生瞬态的相变过程，并可能导致空化和冲蚀。反之，在正常的大气压力下，水的温度必须加热到 100℃ 才能出现汽化或沸腾现象，这就是日常生活中水煮到 100℃ 才能沸腾的道理。因此有两种不同的方法使水汽化。必须强调指出，空化是专门指水流系统由于动水压降而产生的汽化过程，不包括由于加热而使水产生沸腾的汽化过程。

以上介绍的空穴或气泡在水流系统中的形成条件和过程，这在全部空化过程中称为空化初生。由图 5-1 可知，空泡首先在收缩截面的边界层内产生。简单地说，空泡在收缩截面的固体内壁面孕育而初生，并在低压区内长大，随主流运动到压力升高区内，空泡收缩而溃灭。因此，空化现象的全过程应该包括空泡的孕育与初生、发育与长大以及收缩和溃灭三个阶段。全过程的每一个阶段（或子过程）都取决于系统内部动水压力的变化。

对于空化初生，还可以把上述过程与水加热沸腾的过程做一个对比。在烧开水时，如果仔细观察，可以发现气泡并不是先在大气与水的分界面（即自由面）上产生，而是先在容器的壁面附近产生，这是用加热或用降低压力使水气化或沸腾的相同之处。但是，空泡的溃灭与水蒸气的凝结，是迥然不同的。众所周知，水加热到沸腾后，产生蒸汽，遇到降温区，蒸汽又凝结成水，这仅仅是一个热力学过程。而空化现象中发生的空泡溃灭却是一个瞬态的动力过程。由于空泡溃灭过程发生于瞬间（微秒级），因而在局部产生极高的瞬时压力，当溃灭发生在固体表面附近时，水流中不断溃灭的空泡所产生的极高压力引起的反复冲击作用，使固体表面产生破坏，这种现象称为空化冲蚀，简称空蚀。空化现象如果出现，轻则使机械的效率显著降低，出现振动和噪声，重则使水力机械的零件被冲蚀破坏。

对空化和空蚀现象的认识与研究可以追溯到 19 世纪。19 世纪后半叶，随着蒸汽机船的发展，人们发现螺旋桨转速提高到一定程度反而会使航行速度下降。1873 年 O. Reynolds 曾解释这种现象是因为桨和水之间高速相对运动，使螺旋桨上压力降低到真空时吸入空气所致。1897 年在英国"果敢号"鱼雷艇和几艘蒸汽机船相继发生螺旋桨效率严重下降事件之后，S. W. Barnaby 和 C. A. Parsons 提出了"空化"的概念，并指出液体和物体间存在高速相对运动的场合就可能出现空化。1896 年 C. A. Parsons 建立了世界上第一个研究空化的小型水洞，并用闪频观测器观察空化现象（图 5-2）。1917 年 Rayleigh 比较系统地提出了空化理论，建立了描述自由空泡运动的方程。在此基础上，Plesset 进一步研究，得到了著名的 Rayleigh-Plesset 方程，形成了空泡动力学的基础（视频 5-2）。

视频 5-2 潜艇螺旋桨上的空化

图 5-2 Parsons 建造的高速蒸汽机船和世界上第一个空化水洞

20 世纪初期，在水泵和水轮机中相继发现了空化现象，空化被认为是造成工作效率降低和设备损坏的重要原因。20 世纪 30 年代以来，空蚀作用也被认为是造成水坝泄洪道严重破坏的主要原因，在相当短的时间内就能造成极其严重的后果。因此，美国 H. A. Thomas 于 20 世纪 40 年代设计并建造了减压箱，在减压条件下研究空化问题。

近几十年来，随着科学技术的发展和实验测试手段的进步，许多学者对空化和空蚀机理进行了广泛的研究，对空化初生条件、空泡动力学、影响因素、空蚀强度、材料抗蚀性等的研究取得了大量的成果。但到目前为止，有关空化和空蚀的理论及不少研究成果还不能令人满意，许多问题还有待进一步深入研究和探索。直到现在，船舶、水力机械和水工建筑中空化问题的研究始终占有重要地位。除此之外，水中兵器、液体火箭泵、柴油机汽缸套等也都遇到空化问题，造成效率降低、材料剥蚀，并产生振动和噪声。但是，在进行流态显示、水力破岩和工业清洗作业中，空化并不完全是有害的，甚至在化学工程、医药工程、空间工程和核工程等方面还有广阔应用价值。

二、空化数

影响水中空化产生与发展的主要因素有流动边界形状、绝对压力和流速等。此外，水流黏性、表面张力、温度、气化特性、水中杂质、边壁表面条件和所受的压力梯度等也有一定影响，其中最基本的量为压力与流速。如前所述，如果在水流中局部区域绝对压力等于或低于饱和蒸气压时，就会出现空化，这种检测空化的方法，对于已有的水流设备或系统是行之有效的。但是，如果要描述一种新设计或研制的水流设备是否会出现空化问题，上述方法就行不通了，必须根据流体动力相似原理，开展模型实验和研究。在模型与实物保持几何相似、运动相似以及动力相似条件下，模型与实物内部的水流过程就必然是相似的。相似条件是用无量纲相似准则数来表示的，例如水力学中的雷诺数 Re、弗劳德数 Fr 等。在研究水流中的空化现象时，采用的无量纲参数是空化数，其物理意义是：

$$空化数 = \frac{抑制空化产生的力}{促使空化出现的力} \tag{5-1}$$

对于具体的水流系统，空化数可定义为：

$$\sigma = \frac{p_\infty - p_v}{\frac{1}{2}\rho u_\infty^2} \tag{5-2}$$

式中　σ——空化数；

　　　p_∞——无穷远处的液体压力，Pa；

　　　p_v——液体的饱和蒸气压力，Pa；

　　　ρ——液体的密度，kg/m³；

　　　u_∞——无穷远处的液体流速，m/s。

空化数是描述空化状态和特性的一个重要参数，它有三方面的意义。

1. 判别空化初生和衡量空化强度

当流场内最低压力达到空化核不稳定的临界压力 p_i（也称为不产生空化流动时的最小压力）时，空化现象就会首先在该处发生，这时的空化数称为临界空化数或初生空化数，用 σ_i 表示为：

$$\sigma_i = \frac{p_i - p_v}{\frac{1}{2}\rho u_\infty^2} \tag{5-3}$$

对任何流场，当 $\sigma > \sigma_i$ 时，不会发生空化；当 $\sigma \leq \sigma_i$ 时；则会发生空化。另一方面对给定的流场而言，空化程度随 $(\sigma_i - \sigma)$ 值的增大而增加。σ 值越大，流场越不容易空化；σ 值越小，流场越易空化。

2. 描述设备无空化极限工作条件

各种水力机械都有相应的 σ 值，σ 值越低，说明产生空化所需的压力降越大，所需流速越高，该设备抑制空化产生的能力也越强。

3. 衡量不同流场空化现象的相似性

在 Re、Fr、Wc 等相似准数相等的情况下，当两流动状态的空化数相等时，则可认为其空化现象也相似。需要注意的是，当原型与模型几何相似，且 Fr 及空化数相等时，两者间不一定存在动力相似，这一现象称为"比尺影响"。这是因为空化数本身并未包括其他影响空化因素在内，故当两流场的比尺改变时，这些因素的影响所表现的程度也不同。研究人员发现，由于实验设备不同和实验条件的变化，同一试件的初生空化数有很大差异（初生空化数离散）。20 世纪 80 年代末，A. Keller 和杨志明提出用液体的抗拉强度来修正初生空化数，即：

$$\sigma = \frac{p_\infty - p_v + Mp_t}{\frac{1}{2}\rho u_\infty^2} \tag{5-4}$$

式中　p_t——液体的抗拉强度，Pa；
　　　M——系数，根据试件的流线特性而定。

由上式修正的初生空化数可以大大改善其离散程度。通常，式(5-2) 至式(5-4) 适用于常压条件下水流中的空化问题。对于高环境压力（高围压）条件下的空化现象，例如石油钻井使用的空化射流，其空化数可以用下述关系近似计算：

$$\sigma = 下游压力/喷嘴总压降 = p_2/(p_1 - p_2) \tag{5-5}$$

因为下游压力即环境压力很高，原来分子项中的 p_v 可以忽略不计。此外，式(5-5) 中的分母 $p_1 - p_2 = \frac{1}{2}\rho u^2$，即通过喷嘴的总压降都转换为水射流的动能，忽略了喷嘴流量系数的影响。这就说明了在环境压力为几十兆帕时，只要射流速度（能量）足够大，使空化数变小，就同样能出现空化和空蚀现象。例如法国石油研究院的油井开采系统空化模型实验（模拟井深 3000~5000m），其中的空化数 $\sigma = 2.5$。但是，由于空化数越大，出现空化的可能性越小，因此，实现高围压下的空化射流，技术上的难度是很大的。通常在淹没水射流里，$\sigma \leq 0.5$，必然会出现稳定的空化。此外，在水力机械里，例如离心式水泵的导水轮、螺壳和潜艇螺旋桨等局部位置也存在高围压下的空蚀问题。

三、空化的分类

美国加州理工学院 R. T. Knapp 教授综合考虑了发生空化的条件、空穴区结构及水动力特性诸因素，把空化分成游移型、固定型、漩涡型和振荡型四类。

1. 游移型空化（Travelling Cavitation）

它是一种在水中形成的单个的随水流一起运动的不稳定空泡（或空穴）。这种游移的、不稳定的空泡可以在固体边界附近、水体内部的低压区、漩涡核心或紊动剪切的高紊动区域内出现。这些空泡随水流一起运动。在其发展过程中，会形成若干次扩大、收缩过程，当其流经低压区时，尺寸增大；当其运动到压力较高的区域，会迅速形成收缩、再膨胀（再生）、再收缩的振荡过程，以致最后溃灭消失。可见，在这个过程中，水流会产生强烈的脉动。

2. 固定型空化（Fixed Cavitation）

固定型空化发生在初生空化的临界状态以后，当水流从绕流物体或流过通道的固体边壁面上脱流时，在壁面上形成肉眼看来似乎不动，而实际上是随时变动的不稳定的空穴。这种空穴有时经过发育成长后，可自尾部逆流回充，形成固定型空穴的溃灭，产生周期性循环过程。

要特别指出的是，固定型空化是发生在边壁上压力近于蒸气压力（或临界抗拉强度）处；由于该处发生局部空化使流体脱流而形成了固定型空化的空腔。而边界层分离一般则是发生在逆压力梯度范围内，在分离点处的壁面流速梯度为 0，该点压力不一定需要降低到蒸气压力以下。这两种情况水流都形成脱体，但原因不同。

3. 漩涡型空化（Vortex Cavitation）

在螺旋桨叶梢附近的梢涡（即梢涡空化）、螺旋桨的毂涡（毂涡空化）、与导管二次流动有关的漩涡流、水翼和支架交界面的漩涡中均常出现此种空化。由于这些部位漩涡核心中的压力最低，而且漩涡使卷入涡心的气核可以较长时间处于低压区中，所以在漩涡中心可以首先形成空化。显然，漩涡型空化的特性与漩涡的强度密切相关。

4. 振荡型空化（Vibratory Cavitation）

振荡型空化，又称无主流空化，其特点是一般发生在不流动的水体中，水体可经受多次空化循环过程。在振荡空化中，造成空穴生成和溃灭的作用力是水体所受到的一系列连续的高频压力脉动，这种高频压力脉动可以由潜没在水体中的物体表面振动形成（如磁致振荡仪），也可以由专门设计的超声电磁转换器造成。这种高频振动的振幅应足够大，以使局部水体中的压力低于蒸汽压力，否则不会形成空化。

除上述分类方法外，还可以根据空穴内所含气体性质和空穴的位置、形状等对空化进行分类，此处不再赘述。

第二节　空泡动力学基础

上节所述各种类型的空化，基本是由单个空泡发展而成的。如果在空间中空泡的密度不太大，则每一个空泡将独立运动，而邻近空泡运动对其影响可忽略。因此，研究单个空泡的运动特性及有关动力变化过程对不同类型的空化均具有普遍意义，有关的学科称为空泡动力学。1917 年 L. Rayleigh 比较系统地提出了空化理论，建立了描述自由空泡运动的方程，此后 M. S. Plesset 在 Rayleigh 方程的基础上进一步完善，提出 Plesset 解，从而奠定了空泡动力学的基础。

目前，静止空泡的产生、膨胀、收缩和溃灭，可用数学方法求解，而运动空泡暂时还没有较成熟的解答。单个空泡的生成、发育、运动和溃灭过程可用高速摄影方法记录，从而对其形态变化、速度、加速度等运动特性以及泡内的动力特性进行分析。目前对泡内压力大小及其变化过程还没有适当手段进行实验测定。本节主要介绍空泡动力学基本方程推导、近似计算及有关实验观察结果。

一、球形空泡的静力平衡条件

首先对静止状态的孤立球形空泡（气核）进行分析，研究其平衡条件。设小空泡内只含有水蒸气，如图 5-3 所示。

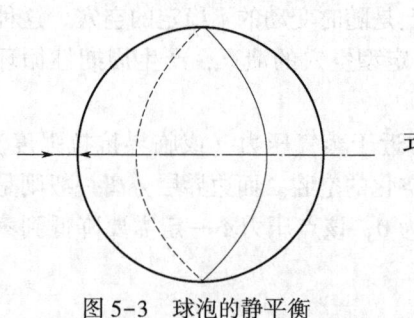

在忽略水中气体扩散的情况下，空泡的平衡条件为：

$$p = p_v - \frac{2\sigma}{R} \tag{5-6}$$

式中　p——空泡周围壁面上的水体压力，Pa；
　　　p_v——泡内的饱和蒸汽压力，Pa；
　　　R——空泡半径，m；
　　　σ——水的表面张力系数，m·Pa。

图 5-3　球泡的静平衡

显然，空泡膨胀的条件是：

$$p < p_v - 2\frac{\sigma}{R} \tag{5-7}$$

假如空泡的初始半径很小，例如 $R = 10^{-9}$ m（约为分子半径的 5 倍，可以近似理解为分子热运动形成的分子间裂隙），则由表面张力产生的拉应力接近 145MPa，空泡在膨胀时必须克服这么大的拉应力。实际上，一般空泡中除水蒸气外，还含有从周围水体扩散到泡内的原来溶于水中的某些杂质气体（如空气），此时静力平衡方程式可写为：

$$p = p_v + p_g - 2\frac{\sigma}{R} \tag{5-8}$$

式中　p_g——泡内的气体分压力，Pa。

如认为 p_v 是常数，并且由于周围水体的热容量很大，气泡质量很小，气体由水体向泡内扩散引起的热量不平衡很快会由周围水体调节，这样，气泡内蒸气和气体的温度可认为是常数。

假设 R 变化的过程很慢，视为理想气体等温过程，此时：

$$p_g = p_{go} V_o / V = p_{go} R_o^3 / R^3 \tag{5-9}$$

式中　p_{go}——某一初始状态时的气体分压力，Pa；
　　　R_o——气泡半径，m；
　　　V_o——气泡体积，m³。

由式(5-8) 可知，初始压力为：

$$p_o = p_v + p_{go} - 2\sigma/R_o$$

或表示为：

$$p_{go} = p_o - p_v + 2\sigma/R_o \tag{5-10}$$

将式(5-10) 代入式(5-9) 并与式(5-8) 联立，可以得出静力平衡条件下及与所对应的泡外压力 p 间的关系式：

$$p = p_v + (p_o - p_v + 2\sigma/R_o)(R_o/R)^3 - 2\sigma/R \tag{5-11}$$

二、理想球形空泡动力学

设空泡周围水体为均匀介质，下面着重研究周围水体的运动及动力特性。

先考虑最简单的情况，假设在压缩与膨胀全过程中空泡保持球形，主要考虑惯性的作用而忽略其他因素（黏性、压缩性等）的影响，认为周围静止的不可压缩水体的运动是由突然作用外力产生的。由于静止的水体是无旋的，故周围水体的运动应为无旋运动，即应存在速度势 φ，φ 应当满足 Laplace 方程式：

$$\frac{\partial^2 \varphi}{\partial x^2} + \frac{\partial^2 \varphi}{\partial y^2} + \frac{\partial^2 \varphi}{\partial z^2} = 0 \tag{5-12}$$

如果采用球面坐标，则可改写成

$$r\frac{\partial^2 \varphi}{\partial r^2} + 2\frac{\partial \varphi}{\partial r} = 0 \tag{5-13}$$

式中　r——由泡中心起至水体中某点的极距，m。

由于泡周围水体的运动为球对称，故流速为：

$$u_r = \mathrm{d}\varphi/\mathrm{d}r$$

这样，式(5-13)可写成下列形式：

$$r\frac{\partial r}{\partial r} + 2u_r = \frac{1}{r}\frac{\partial}{\partial r}(r^2 u_r) = 0$$

故可解出：

$$u_r = C/r^2$$

式中　C——常数。

当 $r=R$ 时，空泡壁上水体质点的运动速度即为空泡壁的膨胀或压缩速度 u_r，令 $u_r = \dot{R}$，则上式中的常数 $C = R^2\dot{R}$。这样，水体中任一点的速度为：

$$u_r = C/r^2 = R^2\dot{R}/r^2$$

而速度势为：

$$\varphi = -R^2\dot{R}/r \tag{5-14}$$

由流体力学可知，有势流动中伯努利方程式的积分可写成下列拉格朗日—柯西形式：

$$\frac{p}{\rho} + \frac{\partial \varphi}{\partial t} + \frac{1}{2}\left(\frac{\partial \varphi}{\partial r}\right)^2 = F(t) \tag{5-15}$$

如果将式(5-14)求得的 φ 分别对 t 及 r 求导后代入式(5-15)，则可求出水体中某任意点压力的计算公式：

$$\begin{cases} \dfrac{\partial \varphi}{\partial t} = \dfrac{2R\dot{R}^2 + R\ddot{R}^2}{r} \\ \dfrac{\partial \varphi}{\partial t} = \dfrac{R^2\dot{R}}{r} \end{cases} \tag{5-16}$$

故

$$\frac{p}{\rho} = \frac{R^2\ddot{R} + 2R\dot{R}^2}{r} - \frac{1}{2}\frac{R^4\dot{R}^2}{r^4} + F(t) \tag{5-17}$$

式中　$\ddot{R}$——空泡壁运动加速度，$\mathrm{kg \cdot m/s^2}$。

设在流场内，距空泡中心无限远处的压力为 p_∞，则由式(5-17)可知：

$$F(t) = p_\infty/\rho \tag{5-18}$$

将式(5-18)代入式(5-17)即可得出空泡壁($r=R$)的运动微分方程式：

$$R\ddot{R}+\frac{3}{2}\dot{R}^2=\frac{p_R-p_\infty}{\rho} \tag{5-19}$$

式中 p_R——空泡壁处的压力，Pa。

这就是1917年 L. Rayleigh 发表的著名的空泡运动方程式。

用式(5-19)可以求出空泡周围水体内压力的瞬态分布以及泡径随时间的变化情况，Rayleigh 曾假设：

$$p=p_v+p_g-2\sigma/R \tag{5-20}$$

由式(5-9)，得 $p_g=p_{go}(R_o/R)^{3\gamma}$，并取 $\eta=R/R_o$，$\delta=p_{go}/p_op_o=p_\infty-p_v$，$\tau=(p_o/\rho)^{1/2}t/R_o$，$\psi=p_o\sigma R_o$；则式(5-19)可化为无量纲的 Rayleigh 方程：

$$\eta\ddot{\eta}+\frac{3}{2}\dot{\eta}^2-\delta\eta^{-3\gamma}+2\psi\eta^{-1}+1=0 \tag{5-21}$$

其中

$$\dot{\eta}=\frac{d\eta}{d\tau},\ \ddot{\eta}=\frac{d^2\eta}{d\tau^2}$$

式(5-19)发表以来，对该式的解法曾有过不少讨论。在某些简单的情况下，该式可得到解析解。式(5-19)的左侧可做如下变换：

$$R\ddot{R}+\frac{3}{2}\dot{R}^2=\frac{1}{2R^2\dot{R}^2}\frac{d}{dt}(R^3\dot{R}^2) \tag{5-22}$$

故当式(5-19)的右侧为常数或仅为 R 的函数时，根据初始条件：

$$t=0, \dot{R}_o=\ddot{R}_o=0 \tag{5-23}$$

即可对式(5-19)进行积分求解。

对常见的几种空泡情况，如蒸气空泡的突然膨胀、蒸气空泡的突然收缩、纯气泡的绝热膨胀或收缩、纯气泡的等温膨胀或压缩等，可以求解。

下面举例说明其求解过程及有关结果。

1. 蒸气空泡的突然膨胀

1) 气泡壁膨胀速度

空泡内的压力等于饱和蒸气压力 p_v，并假设其为常数，当离泡中心无限远处水中的压力为常数，并设其等于 $-p_o$（即流场中的水体承受拉力状态）时，则 p_∞ 等于 $-p_o$。这样，根据式(5-19)及式(5-22)可以得到：

$$\frac{1}{2R^2\dot{R}}\frac{d}{dt}(R^3\dot{R}^2)=\frac{p_v+p_o}{\rho}=\frac{z_o}{\rho} \tag{5-24}$$

即：

$$\frac{d}{dt}(R^3\dot{R}^2)=2R^2\dot{R}\frac{z_o}{\rho}=2R^2\frac{z_o}{\rho}\frac{dR}{dt} \tag{5-25}$$

这样

$$\int_{R_o}^{R}d(R^3\dot{R}^2)=\frac{2z_o}{\rho}\int_{R_o}^{R}R^2dR$$

利用式(5-23)的初始条件，可得气泡壁的膨胀速度：

$$\dot{R}^2=\frac{2}{3}\frac{z_o}{\rho}\left(1-\frac{R_o^3}{R^3}\right) \tag{5-26}$$

膨胀加速度为：

$$\ddot{R} = \frac{z_o}{\rho} \frac{R_o^3}{R^4} \tag{5-27}$$

式(5-26)和式(5-27)就是气泡壁膨胀速度和膨胀加速度与气泡半径的关系式。由式(5-26)式可以看出，在气泡膨胀初期，即 R 与 R_o 相差不多时，$\dot{R}$ 值便已接近其最大值。例如当 $R=3R_o$ 时，泡壁速度只比其最大的值小 4% 左右；$R=4R_o$ 时，泡壁速度只比其最大的 $\dot{R}$ 值小 1% 左右。

2）水体中任意点的压力

将式(5-26)及式(5-27)代入式(5-17)，可以得到气泡周围水体内任意点的压力计算公式：

$$1+(p-p_v)/z_o = \frac{1}{3}(R/r)(4-R_o^3/R^3) - \frac{1}{3}(R/r)^4(1-R_o^3/R^3) \tag{5-28}$$

当 R_o/R 值足够小时（即气泡已膨胀到足够大时），式(5-28)可简化为：

$$1+(p-p_v)/z_o \approx \frac{1}{3}(R/r)(4-R^3/r^3) \tag{5-29}$$

在距气泡表面较远的地方（$r>3R$），式(5-29)还可简化为：

$$(p-p_v)/z_o \approx \frac{4}{3}\frac{R}{r} - 1 \tag{5-30}$$

气泡的膨胀速度、水体中任意点的压力与气泡半径的关系，可分别根据式(5-26)及式(5-28)画出，如图 5-4 及图 5-5 所示。

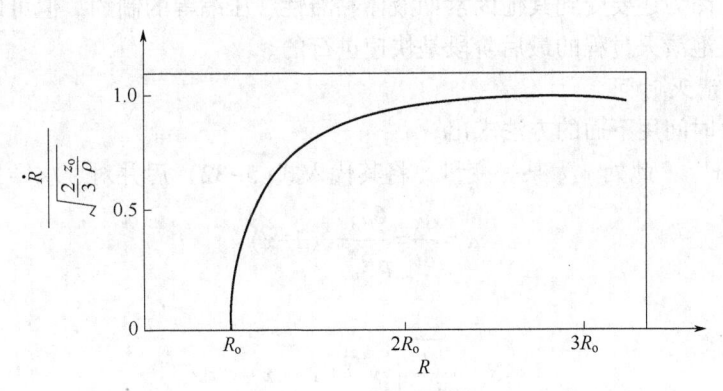

图 5-4 气泡壁膨胀速度与气泡半径 R 的关系

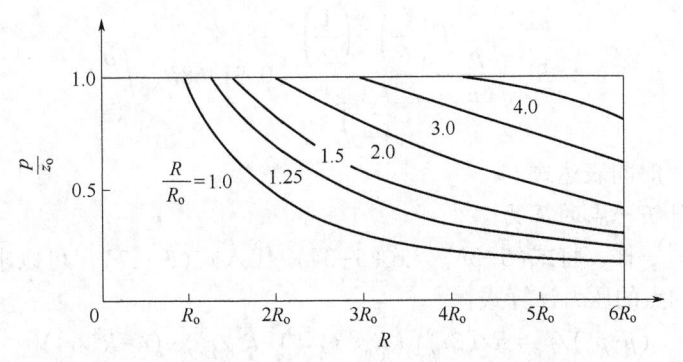

图 5-5 水体中任意点压力与气泡半径 R 的关系

关于气泡半径 R 随时间的变化关系，目前尚无显式解答，必要时可用式(5-27)进行数值积分求解。

2. 蒸气空泡的突然压缩

1) 气泡壁的压缩速度

仍假设离泡中心无限远处水体中的压力为常数，并等于$+p_o$；泡内的蒸气压力为 p_v，且该值较 $+p_o$ 为小，故 p_v 可忽略不计。在这种情况下，式(5-19)可写为：

$$R\ddot{R} + \frac{3}{2}\dot{R}^2 = -\frac{p_o}{\rho} \tag{5-31}$$

根据式(5-23)的初始条件积分上式，可得：

$$R^3\dot{R}^2 = \frac{2}{3}\frac{p_o}{\rho}(R_o^3 - R^3) \tag{5-32}$$

由上式可求得气泡壁的压缩速度：

$$\dot{R} = \sqrt{\frac{2}{3}\frac{p_o}{\rho}\left(\frac{R_o^3}{R^3} - 1\right)} \tag{5-33}$$

压缩加速度为：

$$\ddot{R} = -\frac{p_o}{\rho}\frac{R_o^3}{R^3} \tag{5-34}$$

上述两式表明，当 $R=0$，气泡溃灭时，泡壁的速度和加速度均将为无限大，但事实上这是不可能的，因为还要受到其他因素如液体黏滞性、压缩等的制约。但可以由上式得到一个概念，即蒸气泡溃灭过程的最后阶段是快速进行的。

2) 气泡的溃灭时间

气泡的溃灭时间用下面的方法求出。

假设 $R = R_o x^{1/3}$，此处 x 为某一变量，将其代入式(5-32)后并对 x 求导，可得：

$$\dot{x} = \frac{\mathrm{d}x}{\mathrm{d}t} = \frac{6p_o}{\rho R_o^2}x^{\frac{1}{3}}(1-x)$$

对 x 求解得：

$$t = R_o\sqrt{\frac{\rho}{6p_o}}\int_0^1 x^{-\frac{1}{6}}(1-x)^{-\frac{1}{2}}\mathrm{d}x$$

借助于 Γ 函数，上式可变换为：

$$t = R_o\sqrt{\frac{\rho}{6p_o}}\frac{\Gamma\left(\frac{5}{6}\right)\Gamma\left(\frac{1}{2}\right)}{\Gamma\left(\frac{3}{4}\right)} = 0.91468 R_o\sqrt{\frac{\rho}{p_o}} \tag{5-35}$$

上式即为气泡溃灭时间表达式。

3) 水体周围任一点的压力

和气泡膨胀时一样，将式(5-33)、式(5-34)代入式(5-17)，可以求得周围水体内任一距泡中心为 r 的点的压力计算式：

$$(p-p_o)/p_o = R/(3r)[(R_o/R)^3(1-R^3/r^3) - (4-R^3/r^3)] \tag{5-36}$$

或

$$p/p_o - 1 = R/(3r)[(R_o/R)^3 - 4] - R^4/(3r^4)[(R_o/R)^3 - 4] \tag{5-37}$$

为了求得不同 R 时流场内的最大压力，可对上两式中的任一式求导，并使之等于零，其结果为：

$$(r_m/R)^3 = 4[(R_o/R)^3 - 1]/[(R_o/R)^3 - 4] \tag{5-38}$$

式中 r_m——最大压力点距泡中心的距离，m。

将上式代入式(5-37)，则可得：

$$\frac{p_{max}}{p_o} = 1 + \frac{\left[\left(\frac{R_o}{R}\right)^3 - 4\right]^{\frac{4}{3}}}{4^{\frac{3}{4}}[(R_o/R)^3 - 1]^{\frac{1}{3}}} \tag{5-39}$$

当 R/R_o 值较大时，式（5-35）可近似写为：

$$p_{max}/p_o \approx (R_o/R)^3/4^{4/3} = \frac{1}{6.35}(R_o/R)^3 \tag{5-40}$$

式（5-40）即不同 R 处最大压力的近似表达式。例如在 $R = 20R_o$ 位置上，最大压力可达：

$$p_{max} = \frac{20^3}{6.35}p_\infty = 1260 p_\infty$$

即可达环境压力的 1260 倍，其破坏能力由此可见。

将式(5-40) 代入式(5-37) 后，可解出：

$$r_m = 1.587R \tag{5-41}$$

这些由理论推导出的结果均示于图 5-6 中。必须注意，图示的压力分布只是气泡被压缩过程中的各瞬时情况。上述推导表明，气泡变得很小时，泡壁的压力总为零，水体中最大压力点在泡壁附近。目前尚无测量数据可证明这一结论。

由上述理论算出的气泡压缩溃灭时泡径大小随时间的变化，与单个气泡高速摄影结果的比较如图 5-7 所示。可以认为，理论与实测结果相当吻合，特别是气泡溃灭初期。

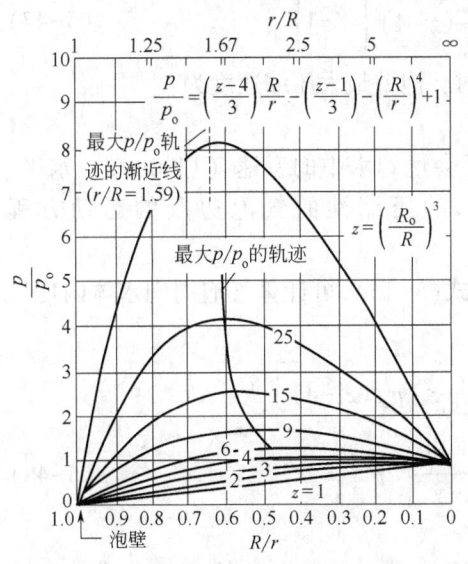

图 5-6 气泡压缩时周围气体中的压力分布 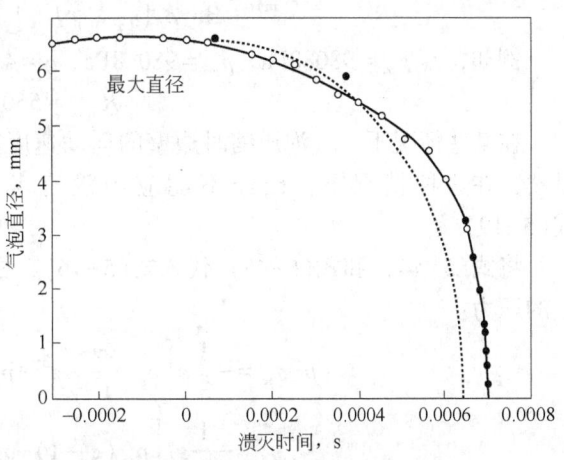　　图 5-7 气泡压缩溃灭过程中实测结果与理论计算的比较

3. 纯气泡的绝热膨胀或收缩

假设泡内只含有在膨胀或收缩过程中不凝结的气体，而不含水蒸气。所含气体的质量在气泡边界运动过程中保持不变；不考虑表面张力的影响。气泡运动的初始条件是：泡内充满压力为 p_{go} 的气体；泡外水体中无限远处的压力为 p_∞；泡内气体的压缩和膨胀过程是绝热过程。下面研究气泡边界的运动。

考虑理想气体绝热过程，可有：

$$p_g/p_{go} = (R_o/R)^{3\gamma} \tag{5-42}$$

式中 γ 为绝热指数，可取 $\gamma = 4/3$。

在纯气泡情况下，$p_R = p_g$，因此将式(5-42)代入式(5-19)可得：

$$R\ddot{R} + \frac{3}{2}\dot{R}^2 = \frac{p_{go}}{\rho}\left(\frac{R_o}{R}\right)^{3\gamma} - \left(\frac{p_\infty}{\rho}\right) \tag{5-43}$$

借助式(5-22)，与前述推导过程类似，将式(5-43)积分化简后得纯气泡绝热膨胀或压缩时边界运动速度：

$$\dot{R}^2 = \frac{2}{3}\frac{p_{go}}{\rho}\frac{1}{\gamma-1}\left[\left(\frac{R_o}{R}\right)^3 - \left(\frac{R_o}{R}\right)^{3\gamma}\right] - \frac{2}{3}\frac{p_\infty}{\rho}\left[1 - \left(\frac{R_o}{R}\right)^3\right] \tag{5-44}$$

对上式求导，可得压缩过程中气泡壁最大加速度：

$$\ddot{R} = \frac{p_{go}}{\rho}\frac{1}{\gamma-1}\frac{R_o^3}{R^4}\left\{\gamma\left(\frac{R_o}{R}\right)^{3(\gamma-1)} - \left[1 + \frac{p_\infty}{p_{go}}(\gamma-1)\right]\right\} \tag{5-45}$$

令 $\ddot{R}=0$，即可得出相应于最大压缩速度时的气泡半径 R_c：

$$R_c = R_o \gamma^\eta / \left[1 + \frac{p_\infty}{p_{go}}(\gamma-1)\right]^\eta \tag{5-46}$$

其中 $\eta = 1/[3(\gamma-1)]$

将式(5-44)中的 R 用 R_c 代入，即可求出气泡在压缩过程中的泡壁最大速度：

$$\dot{R}^2_{max} = \frac{2}{3}\frac{p_\infty}{\rho}\left\{\frac{p_{go}}{p_\infty}\left(\frac{1}{\gamma}\right)^{\frac{\gamma}{\gamma-1}}\left[1 + \frac{p_\infty}{p_{go}}(\gamma-1)\right]^{\frac{\gamma}{\gamma-1}} - 1\right\} \tag{5-47}$$

例如，当 $p_\infty = 98088\text{Pa}$，$p_{go} = 980.8\text{Pa}$，$\gamma = 4/3$ 时，泡壁最大压缩速度为：

$$\dot{R}_{max} \approx 550\text{m/s}$$

在某些情况下，气泡压缩时边壁的运动速度甚至会达到水中的音速（1400m/s）水平。显然，在这种情况下，已经不能应用没有考虑水的压缩性的气泡边壁的运动方程式(5-19)了。

将式(5-44)和式(5-45)代入式(5-16)，根据式(5-15)可计算气泡周围水体内任一点的压力：

$$p - p_\infty = -\frac{1}{3}\varepsilon\left[p_{go}\frac{3\gamma-4}{1-\gamma}z^{3\gamma} + p_{go}\frac{\gamma}{1-\gamma}z^3 - p_\infty(z^3-4)\right]$$

$$-\frac{1}{3}\varepsilon^4\left[p_\infty(z^3-1) - p_{go}\frac{z^3-z^{3\gamma}}{1-\gamma}\right] \tag{5-48}$$

其中 $z = R_o/R$　$\varepsilon = R/r$

当 $p_{go} > p_\infty$ 时，气泡为膨胀状态，此时取 $z<1$；当 $p_{go} < p_\infty$ 时，气泡为压缩状态，此时取 $z>1$。

压缩过程中 $\dot{R}=0$ 时,可由式(5-44)解得气泡的最小半径 $R_{\min}$:

$$R_o/R_{\min} = [1+(\gamma-1)p_\infty/p_{go}]^\eta \tag{5-49}$$

当 $\gamma=4/3$ 时:

$$R_{\min} = \frac{R_o}{1+\frac{1}{3}\frac{p_\infty}{p_{go}}} \tag{5-50}$$

显然,当泡半径达到 $R_{\min}$ 时,泡内压力值最大,其值为:

$$p_g = p_{go}(R_o/R_{\min})^{3\gamma} \tag{5-51}$$

【例5-1】 当 $p_\infty=98088\text{Pa}$,$p_{go}=980.8\text{Pa}$,$\gamma=4/3$ 时,由式(5-49)求得 $R_o/R_{\min}=34$,将其带入式(5-51),可求得:

$$p_g = 980.8\times(34)^4\text{Pa} \approx 1000(\text{MPa})$$

纯气泡的绝热压缩过程将引起泡内气体温度剧烈上升,可以认为:

$$T = T_o(R_o/R)^{3(\gamma-1)} \tag{5-52}$$

式中 T、T_o——压缩过程气体的终了、初始温度,K。

如将式(5-49)代入式(5-52),则可得出相应于最大压力情况下泡内的最高温度 $T_{\max}$:

$$T_{\max} = T_o[1+(\gamma-1)p_\infty/p_{go}] \tag{5-53}$$

例5-1中,如初始温度为 $T_o=300\text{K}$,则泡内最高温度为:

$$T_{\max} = 300[1+1/3\times100] \approx 10000(\text{K})$$

由于气体的热传导系数很大,气泡的表面温度如果是 T_o,则泡内的气体将具有很大的温度梯度。有人认为,在发生空化的过程中常常伴有发光现象,可能是气泡中温度很高所致。

据以上所述,纯气泡壁的压缩速度、压力及泡内温度的数值都是很大的,这可能是对气热胀缩过程所做的假设不合实际以及理论上还没有考虑到的因素影响所致,例如水的压缩性和黏滞性的影响。此外,由于对高温、高压下水的物态及其特性还知之甚少,故对气泡被压缩的最后阶段的理论分析目前还无法完善。

4. 纯气泡的等温膨胀或压缩

首先看膨胀情况。此时,Rayleigh方程可写为:

$$R\ddot{R} + \frac{3}{2}\dot{R}^2 = (p_R - p_\infty)/\rho \tag{5-54}$$

假设忽略表面张力作用,则:

$$p_R = p_g \tag{5-55}$$

对等温情况,有:

$$p_g = p_{go}(R_o/R)^3 \tag{5-56}$$

将式(5-55)、式(5-56)代入式(5-54),再由式(5-22)并考虑式(5-23)的初始条件,可推导出纯气泡等温情况下泡壁运动速度和泡壁最大加速度:

$$\dot{R}^2 = \frac{2p_{go}}{\rho}\left(\frac{R_o}{R}\right)^3 \ln\frac{R}{R_o} - \frac{2}{3}\frac{p_\infty}{\rho}\left[1-\left(\frac{R_o}{R}\right)^3\right] \tag{5-57}$$

$$\ddot{R} = \frac{R^3}{\rho R^4}\left[p_{go}\left(1-3\ln\frac{R}{R_o}\right) - p_\infty\right] \tag{5-58}$$

其次，压缩情况下 Rayleigh 方程可写为：

$$R\ddot{R} + \frac{3}{2}\dot{R}^2 = (p_\infty - p_R)/\rho \tag{5-59}$$

按上述相同法可推导出纯气泡等温压缩情况下泡壁运动速度和泡壁最大加速度：

$$\dot{R}^2 = -\frac{2p_{go}}{\rho}\left(\frac{R_o}{R}\right)^3 \ln\frac{R}{R_o} + \frac{2}{3}\frac{p_\infty}{\rho}\left[1-\left(\frac{R_o}{R}\right)^3\right] \tag{5-60}$$

$$\ddot{R} = \frac{R_o^3}{\rho R^4}\left[-p_{go}\left(1-3\ln\frac{R}{R_o}\right)+p_\infty\right] \tag{5-61}$$

根据式(5-57)、式(5-58)、式(5-60)及式(5-61)可进行与上述气泡绝热膨胀和压缩过程中类似的各种特性的讨论，有关结果此处从略。

所有上述四种情况均未考虑表面张力的影响，如果计入这种影响，对式(5-19)积分并无困难。例如对于蒸气泡的突然膨胀情况，式(5-26)就会成为下列形式：

$$\dot{R}^2 = \frac{2}{3}\frac{z_o}{\rho}\left(1-\frac{R_o^3}{R^3}\right)\frac{2\sigma}{\rho R}\left(1-\frac{R_o^2}{R^2}\right) \tag{5-62}$$

其他三种情况计入表面张力影响后，也可类似得到有关公式。

一般情况下，泡内既有蒸气又有其他气体，此时泡内压力 p_R 应为

$$p_R = p_v + p_g - 2\sigma/R \tag{5-63}$$

在 $F(t)$ 为常数的情况下，对式(5-19)的积分也无困难，此时式(5-19)的右侧为主蒸气压力、气体分压和表面张力有关的各力之和，可分相进行积分后再叠加，所得结果由于蒸气与气体的不同状态而有所不同，但无非是上述四种状态中不同状态蒸气与气体所得结果的叠加而已。

第三节 空化初生及其影响因素

一、空化初生的定义及判断方法

1. 空化初生的定义

液体中出现不稳定空泡标志着液体内空化的初生。空化初生是空化现象中很重要的一个发展阶段。液体内一出现空化，就会破坏液体的连续性，使液体运动的水动力特性发生变化，在固体壁面上诱发空蚀，产生空化噪声，并可能激发振动。空化初生的定义，严格说来，是空穴在极小区内偶然初次出现的非稳定状态。因为这种情况是有空化与无空化的界限，所以十分引人注目。空化的初生常以式(5-3)的初生空化数 σ_i 来标志，虽然目前对用初生空化数是否能够较准确地判别空化初生现象还存在不少争议，但实用上一般仍以 σ_i 作为判断空化是否发生的主要依据。目前主要是通过试验来确定各种流场条件下的初生空化数。在水洞或减压箱中独立地分别改变 u_o 及 p_o，使空化开始发生，此时可根据 p_o 及 u_o 和当时的水温来计算 σ_i。

2. 研究空化现象的试验设备

研究空化初生现象以及空化的各个发展阶段，目前主要是通过原体观测及室内试验两种

手段，而理论分析目前尚处于不够成熟阶段。研究空化现象的试验设备主要有循环水洞、减压箱、文丘里管和电火花空化发生设备、超声空化设备、空化射流设备等。

1) 循环水洞和减压箱

这两种设备都是密闭的，水流为闭路循环，水流速度可以按所需工况调节，循环水洞中的压力可以有控制地增减，而减压箱中的压力只能在低于大气压力下进行调节。两种设备的目的都是通过减压或增速（循环水洞）使模型出现空化现象，或研究空化初生的条件及其影响因素，或研究空化的不同发展阶段的特性、机理以及各种因素的影响。

图 5-8 中所示为法国格勒诺布尔大学 LEGI laboratory 实验室的高速循环水洞装置，主要用于测定材料抵抗空蚀的能力，装置产生的空蚀强度随排量增加而增大。该装置的最大运行压力为 4MPa，对应最大流速为约 90m/s，采用一台功率为 80kW 的离心泵，并且有热交换装置来抑制实验过程中的温度上升。在测试室下游有一个体积 1m³ 的氮气压力腔用于调整环境围压和调节空化数。

2) 文丘里管

循环水洞可以独立地调压和调速，而开启式的文丘里管路系统只能调速，在调速的同时管路中各处的压力相应有所改变。试验时高速水流在文丘里管喉部断面形成减压，当其降到临界压力以下时，该处可以产生空穴，这种现象称为"有主流的空化"。

图 5-8 高速循环水洞

3) 电火花空化发生设备

这是利用水中两个电极间高压脉冲放电产生电火花，使电极液体迅速形成空泡的一种特殊设备，一般可用这种设备人工造成空泡来研究空泡在液体中的膨胀与压缩过程。

4) 超声空化设备

超声空化设备通过磁致伸缩的超声变幅杆的高频振动来产生空化。变幅杆的周期性振动会在液体中产生交变的低压和高压，从而在液体中引起拉应力，当拉应力超过水的抗拉强度时就会产生空化。变幅杆在液体中的运动可以表示为：

$$X(t) = A\cos(2\pi ft) \tag{5-64}$$

式中 $X(t)$ ——t 时刻变幅杆尖端的位置；

A——振幅；

f——振动频率。

变幅杆引起的声压可以表示为：

$$p = \rho_L c_L \dot{X} = -2\pi f \rho_L c_L A\sin(2\pi ft) \tag{5-65}$$

式中 ρ_L——液体密度；

c_L——液体中声速。

通常变幅杆的振动频率为 20kHz，振幅为 25μm，在水中引起的声压为：

$$p = -4.7\times 10^6 \sin(2\pi ft) \tag{5-66}$$

可见最大负压达到了 47 个大气压，远远超过了空化初生所需的负压。

图 5-9 中所示为 DYNAFLOW 公司的超声空化设备，由于变幅杆和试样之间的距离很小（1mm），空化气泡不易观察。为了保证实验的可重复性，美国试验材料学会标准 G32-09 对于测试样品的尺寸、振动频率、振幅、容器尺寸、测试温度等参数都有详细的规定。

5) 空化射流设备

空化射流设备能够十分方便地调节和控制空蚀的强度，因此被广泛用在测量材料的抗冲蚀能力中。关于空化射流装置的相关参数，美国试验材料学会设定了专门的标准（G134）。图 5-10 所示为 DYNAFLOW 公司的空化射流设备，该设备能够调节温度，最大运行围压为 2MPa，通过改变射流类型、速度、喷嘴直径、喷距和围压参数就能够调节空蚀强度。在某些情况下，射流压力可以高达 300MPa。同超声空化设备相比，空化射流产生的空泡云更加明显，能够直接观察到各种尺寸的空化气泡在靶件表面溃灭；空化射流的空蚀能力也更强。

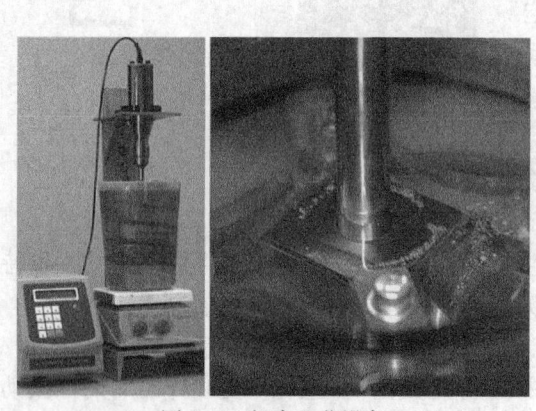

图 5-9 超声空化设备

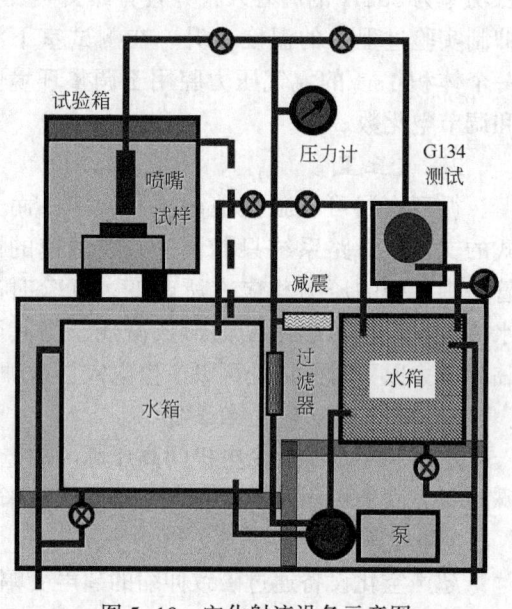

图 5-10 空化射流设备示意图

3. 判断空化初生的方法

(1) 目测法：用肉眼观察流场内部是否有空穴发生。
(2) 噪声法：探测流场内空泡初生时发生的超声波来判断。
(3) 光学法：根据光电池接收到的通过流场的光量的减弱来判断。
(4) 伽马射线法：利用水与空泡对伽马射线的吸收能力不同来测量。
(5) 全息摄影法：利用激光对水中空泡形象进行摄影来分析。
(6) 纹影法：利用水加温后，水与空泡在光源照射下纹影不同来分析。

在实际判断中，由于实验条件不同和空化现象的复杂性，上述各方法确定的空化初生状态不完全一致，目前尚没有统一的判断方法。

二、空化初生的影响因素

1. 水流中含气量及气核分布的影响

当流速固定时，流场的 σ_i 值随含气量的增加而增大；如果含气量小而不变时，σ_i 值随流速的增加而增大。如果水流中含有各种不同尺寸的气核，则会有很多不同的空泡初始半径 R_0。只有半径在 R_0 的上限和下限之间的气核才会在低压区内发育、膨胀到空化的程度。

2. 压力分布的影响

当流场中最小压力 p_{min} 等于饱和蒸气压 p_v 时将发生空化。如果流场中只有一个点上的压力等于 p_v 时，则水流流经这点时没有足够的时间使气核发育，故不发生空化。

此外，物体壁面上的压力脉动也对空化初生有影响。试验表明，只要流场中某点的总压力（时均压力与脉动压力之和）低于流体的临界压力，就会发生空化。

3. 来流紊流度的影响

大的来流紊流度可以使流场中各点的压力脉动增大，气核交替膨胀和收缩产生振荡运动，脉动负峰值可使瞬时压力降低，从而使水流中某些点上的压力低于产生空化的临界压力的概率增加，促使空化发生。

4. 水流黏性的影响

水流黏性的影响实际上是雷诺数的影响。黏性或雷诺数影响边界层的分离，因而影响壁面上最小压力点的位置，也即影响空化初生的位置。

对尾流和射流而言，空化现象首先出现在分离所引起的剪切层的表面，雷诺数大时，尾流和射流的剪切层都是紊流剪切层，故对空化初生有显著影响。淹没射流的空化首先发生在剪切区中紊流旋涡的低压核心处。

5. 高分子聚合物的影响

水中加入少量高分子聚合物溶液后可以减小水流阻力，但同时使初生空化数明显减小，使空化受到抑制，其原因可能是高分子聚合物降低了自由剪切层过渡区中的压力脉动。

6. 壁面物性的影响

壁面粗糙度对空化初生和发展有重要影响。一般来说，粗糙壁面要比光滑壁面上空化初生偏早，这是因为在粗糙凸起后面的流动易发生分离，从而使负压脉动增加。

壁面的浸润性对空化初生也有影响。试验结果表明，尼龙、聚四氟乙烯等疏水材料的初生空化数普遍比不锈钢、玻璃等亲水材料的高。这是由于疏水材料的初生空化数主要是表面气核的作用，而亲水材料的空化初生是流动气核起主要作用。

7. 含沙量的影响

试验表明，当含沙量少于 $10 kg/m^3$ 时，含沙量对空化的发生、发展稍有促进作用，原因是沙粒表面携有气核，且固液两相流因密度差而出现的相对运动有利于空化的产生；当含沙量在 $10 \sim 40 kg/m^3$ 时，含沙量对空化有明显的抑制作用，这是因为此时水的黏滞性明显加大；当含沙量大于 $40 kg/m^3$ 时，含沙量对空化的抑制作用基本稳定。

第四节 空蚀破坏机理及其影响因素

一、空蚀破坏机理

空化作用对物体表面造成的空蚀破坏的机理有机械作用理论、化学腐蚀理论、电化学理论、热作用理论等,其中较公认的是机械作用理论。

1. 机械作用理论

机械作用理论认为表面空蚀破坏是由于空泡溃灭时产生微射流和冲击波的强大冲击作用所致。

1950年以前,普遍认为表面空蚀是由于空泡溃灭时所形成的冲击波将其所产生的巨大压力作用到物体表面,对表面造成强度破坏而形成空蚀。1944年Korfeld等人提出了射流冲击造成空蚀的设想;1951年Rattray从理论上论证了射流形成的可能性;1964年Naude等人给出了轴对称条件下,吸附于固体壁面上半球形空泡溃灭时形成冲击固体壁面微射流的数学分析;Plesset等人则对微射流进行了数值计算;Hammitt等人分别用高速摄影证实了近壁处空泡溃灭时确实存在着冲击壁面的微射流,他们认为微射流冲击壁面可能是造成物体表面破坏的主要原因;Shima和Takayama等人则通过联合运用激光及高速摄影发现,只有当空泡距离表面在一定距离范围内时,微射流的破坏作用才是主要的,这个范围以外冲击波的破坏作用逐渐加强,若远离这个范围一定距离后,则壁面的破坏将以冲击波为主。

Hammitt通过计算和实测得出,游移型空泡溃灭时,近壁处微射流速度可达$70\sim180\text{m/s}$(有人认为可高达$600\sim1000\text{m/s}$),在物体表面产生的冲击压力可高达$140\sim170\text{MPa}$(有人计算高达8200MPa),微射流直径为$2\sim3\mu\text{m}$,空蚀坑直径为$2\sim20\mu\text{m}$,表面受到微射流冲击次数为$100\sim1000$次$/(\text{s}\cdot\text{cm}^2)$,冲击脉冲作用时间每次只有几微秒。当水中游移型空泡不断产生、发育、溃灭时,空泡溃灭的冲击压力不断作用到物体表面上,这样,微射流的冲击作用将像锤击一样连续打击着固体壁面,其中强的冲击作用将直接破坏物体表面而形成蚀坑,较小的冲击力反复作用则引起物体表面疲劳破坏。

水流中空泡溃灭时能否形成微射流,与水流内部的含气量及空泡溃灭时距壁面的远近有关。一些学者认为,只有占全部空泡的1/30000才能对壁面的空蚀破坏产生影响。也有人认为,对壁面空蚀破坏有影响的空泡只占全部空泡的1/100000~1/1000000。未产生微射流的空泡溃灭时所产生的冲击波也会对壁面的空蚀破坏起一定的作用。

2. 化学腐蚀理论

Ellis认为许多金属材料在腐蚀的情况下受到疲劳破坏要比不存在化学作用时快得多。因此,当力学冲击力过小,每次冲击不足以造成表面破坏,并且作用也不够频繁而不足以造成表面的疲劳破坏时,化学腐蚀作用可以加速表面的破坏。一般说来,特别是对金属而言,化学腐蚀作用常常与机械空蚀作用互相促进,造成更为严重的表面破坏。

3. 电化学理论

Petracchi提出在高温、高压作用下空泡溃灭时,金属晶粒中形成热电偶,冷热端间存在电位差,从而对金属表面可产生电解作用,形成电化学腐蚀。他证明,当金属壁面接阴极、水体接阳极时，采用所谓的阴极保护法可以充分抑制高腐蚀介质中的空蚀。而 Plesset 所做的专门试验则表明，电化学作用可能是无关紧要的，阴极保护的作用抑制空蚀和"被保护"的金属表面放出的自由氢气的气垫作用，减轻了空泡溃灭时冲击压力的猛烈程度。

4. 热作用理论

有人认为，如果溃灭的空泡中含有相当数量的永久气体，则空泡溃灭终了时气体的温度必然很高。因为溃灭过程进行得很快，以致在短时间内热交换不足以使空泡内的气体被周围的水冷却，因而在水的冲击作用下，这些热的气体（有人估算其温度可高达数百摄氏度）与金属表面接触时，将使金属表面局部加热到熔点或使其局部强度降低而产生破坏。

空蚀破坏初始，一般均使表面变粗糙，之后发展成麻点坑面，严重时壁面将成为海绵状蜂窝孔面。

二、常用的空蚀试验方法和空蚀程度表示方法

1. 常用的空蚀试验方法

（1）文丘里管空蚀。如图 5-11 所示，当水流经过文丘里管道时，喉部流速大到一定程度后，该处所产生的低压可使流经该处的水流空化形成固定型空穴，在固定型空穴表面上附着的游移型空泡将在其尾部溃灭，如在固定型空穴尾部放置材料试件，则试件表面由于游移型空泡溃灭而发生空蚀破坏。利用这种方式，可在一定时间内测得材料的抗空蚀性能，或对不同材料的抗空蚀性能进行对比。

（2）磁致伸缩振动空蚀。利用纵向共振镍管的磁致振荡或高频压电晶体产生高频微幅振荡在容器内静止的水中产生振荡型空化，对试件产生空蚀，又称"无主流空化"，如图 5-12 所示。

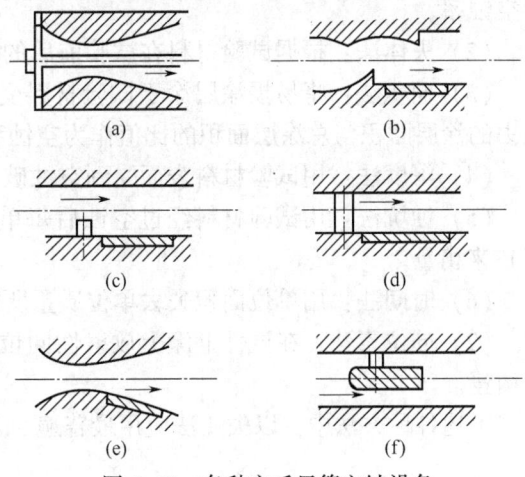

图 5-11 各种文丘里管空蚀设备

（3）超声波振动空蚀。超声波所传递的压力脉冲幅度与声音的强弱有关，当超声波较强时，其压力脉冲可引起静止水体内部有足够的压降而导致发生空化。如果这种压力脉冲以一定的频率作用在水体上，水体将发生振动，使水体内部不断发生空化过程，使置于其中的试件发生空蚀破坏，如图 5-13 所示。

（4）旋转圆盘空蚀。这种设备的原理是：在转盘上距轴心不同距离处开有贯穿转盘厚度的小孔或嵌在转盘上的突体，当转盘在置于外套中试验水体内高速旋转时，在小孔或突体后部将产生尾流空化，其中游移型空泡在尾流末端沿盘面溃灭，嵌入盘面空泡溃灭处的试件表面将产生空蚀破坏。

除上述几种常见的空蚀试验方法和设备外，还有高速射流冲击试验、水滴冲击试验、往复式活塞型空蚀试验等方法。

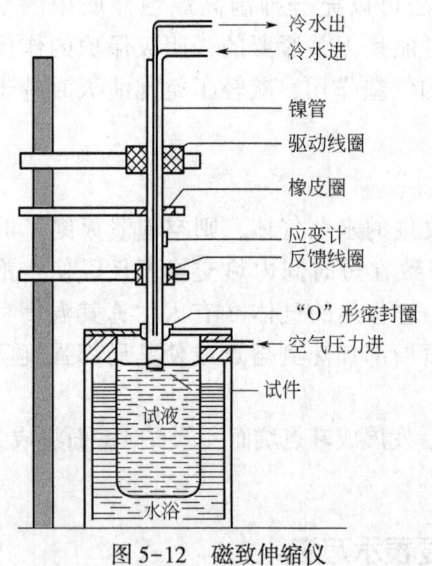

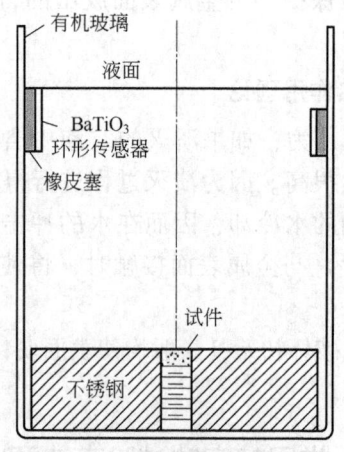

图 5-12 磁致伸缩仪　　图 5-13 超声波振动空蚀设备

2. 空蚀程度的表示方法

（1）失质法：根据试验材料在试验前后的质量损失率来衡量。单位时间的质量损失称为空蚀率。

（2）失体法：根据试验材料在试验前后的体积损失来衡量。

（3）面积法：将易损涂层涂于试验材料受空蚀部位，经过一定试验时间后，用受空蚀失去的涂层面积与总涂层面积的比值作为空蚀程度的衡量指标。

（4）深度法：用试验材料表面受到空蚀破坏的深度来衡量。

（5）蚀坑法：用试验材料经过空蚀后每单位时间、单位面积中的麻点数（即空蚀麻点率）来衡量。

（6）时间法：用单位面积失去单位质量所需的时间来表示空蚀程度。

（7）同位素法：在试件上涂上放射性同位素保护层，通过测定空蚀后水中放射性大小来衡量。

上述各种方法中，以失质法应用最普遍。

三、影响空蚀程度的因素

由于空蚀问题比较复杂，影响空蚀程度的因素较多，目前还没有一个比较成熟的理论，这里将有关研究结果总结如下。

1. 水质的影响

在非纯水情况下，由于天然水中含有大量的微粒和未溶解的微气泡，极易构成细小的水气相间的分界面，这就为空化提供了前提条件，所以汛期的水流、挟沙的水流和钻井液较清水更易于空化。

2. 液体物性的影响

（1）饱和蒸气压力的影响。在水、苯等 4 种液体中，用铝试件做的空蚀试验表明，当蒸气压力相同时，空蚀量几乎相同。

(2) 表面张力的影响。表面张力将加速空泡的压缩过程，当空泡溃灭时，液体的表面张力越大，空泡溃灭的压力也越大，相应地造成的壁面材料的空蚀破坏也越严重。

(3) 液体黏性的影响。液体黏性对空泡的溃灭速度有明显的减缓作用。黏性越大，空泡溃灭过程越缓慢，溃灭压力越小，因而试件的空蚀破坏越轻。

(4) 液体密度及压缩性的影响。当液体密度增加时，压缩性减小，试件的空蚀破坏有加重的趋势。试验得出，空蚀破坏量与液体中的音速和密度的乘积间存在指数关系。

对钻井液之类的液体而言，液体物性的影响可归纳如下：表面张力影响不大；黏滞度对空蚀过程没有实质性影响；压缩性的影响可忽略不计。

3. 试验时间的影响

在试验条件不变的情况下，随着试验时间的增加，试件的空蚀率并不是常数。空蚀失质率随时间的变化可分为四个阶段：酝酿阶段、加速阶段、减弱阶段和稳定阶段。

4. 距离的影响

物体空蚀程度与距空泡中心的距离关系极大，只有那些在物体表面附近溃灭的空泡才能对物体表面产生破坏。一般认为，距空泡中心 3 倍空泡直径距离内，空泡溃灭压力可使表面破坏，超过此距离，空蚀破坏能力大大降低。

5. 物体尺寸的影响

当绕流物体尺寸较大时，游移型空泡有充裕的时间膨胀，故溃灭时放出的能量也较大，因而空蚀破坏也更严重。理论和实验均证明，在一定条件下，空蚀程度与绕物体线性尺寸的立方成正比。

6. 物体表面粗糙度及硬度的影响

表面粗糙度对空化的发生有促进作用，表面光滑会推迟空化的发生并使空蚀减轻。材料表面硬度高时，抗空蚀能力也高。

7. 水流含气量的影响

在一定范围内，水中含气量越高，使物体空蚀破坏的能力越大；当水流中含气量大到一定程度（大于3%）后，含气将改变水流物性，使空蚀破坏减弱，甚至可以完全避免。这种现象在水工水力学上称为"掺气减蚀"。

8. 水流速度的影响

Knapp 试验结果表明，材料的空蚀程度 I 与水流流速间存在下列关系：

$$I = Au^n \tag{5-67}$$

式中　A——试验常数；

n——速度指数，依试验条件不同在一定范围内变化，在 Knapp 试验中 $n=6$。

9. 水中压力（围压）的影响

研究表明，当下游压力一定时，空蚀程度随物体位置上游压力的增加而增加；当上游压力固定时，空蚀程度随下游压力的增大而出现最大值。

对石油钻井而言，井筒围压是影响空蚀破岩的一个重要因素。围压增大，一方面抑制空化的产生，另一方面，空化一旦产生后，空泡溃灭压力更大，因而空蚀破坏能力比围压小时更强。

10. 温度的影响

Plesset 研究表明，水温低时，水中含气量增加，对于空泡溃灭的缓冲作用加大，空泡溃灭压力减小；温度上升后，由于气体含量减少，缓冲作用也减弱，空泡溃灭压力加大，空蚀破坏加剧；但当水温较高时，饱和蒸汽压力也加大了，这又使空泡的溃灭压力有所降低。

11. 水流含沙量的影响

郑大琼的试验结果表明，黄铜在含沙量较低的水中，空蚀失质较在清水中有所增加，但含沙量进一步提高后，空蚀失质又呈下降趋势；介质中含悬浮质泥沙时，泥沙颗粒将使物体表面研磨光滑，从而抑制空蚀作用；含沙水流空蚀和磨蚀作用并存，随含沙量增加，空蚀作用较磨蚀作用减弱。黄继汤对金属及混凝土脆性材料的空蚀试验表明，各种材料的平均空蚀率与含沙量无关。

对于石油钻井液来说，固体颗粒有利于提高钻井速度，这是因为液体中含有固体颗粒，增加了射流冲蚀能力，如同磨蚀射流的作用一样。从空蚀的角度来说，钻井液中含有很多几个至几百个微米的固体颗粒，当钻井液携固体进入低压区后，受到张力的作用，将首先在这些微小颗粒相交的界面上断裂而形成空穴，进一步加强了空化。这些空穴在随液体流动时将同样地生长、溃灭，其生长溃灭过程是以微小颗粒为中心的，在这样的空穴中，永久气体含量相当少，因此其破坏时的破坏力就较大；另外，当空穴破裂形成微射流时，由于颗粒的密度比液体大得多，当这些颗粒以接近微射流的速度冲击岩石表面时，其破坏力比液体的压力也大得多，这也增加了破坏力。由于以上几个方面的原因，钻井液中含有固体颗粒时比不含固体颗粒时冲蚀岩石效果好。当然，由于固体颗粒的存在，对喷嘴和加压设备的磨损也更严重，这就对喷嘴及泵体管路材料提出了更高的要求。

12. 材料抗空蚀性能的影响

对金属材料而言，表面硬度较高时，抗空蚀能力强，结晶粒度越细，抗空蚀性能越好，表面有致密而坚固的表面膜层时，可大大延缓空蚀破坏的发展过程。

对混凝土、砂岩等非均质脆性材料而言，强度越高，密实性越好，抗空蚀能力越强；减小水灰比可提高混凝土的抗空蚀能力，当水灰比大于 0.5 时，抗空蚀能力大大下降；骨料强度越大，与砂浆黏附越强，抗空蚀能力也越高；外加剂可显著提高混凝土的抗空蚀能力，而且大部分外加剂可提高水泥与骨料间的凝聚力。

第五节　空化射流

如前所述，空化和空蚀现象对物体的破坏作用是十分强大的，空泡溃灭还同时产生强烈的振动和噪声，对水力机械的工作效率和寿命也有很大的危害作用。反过来，如果设法将这种有害作用变成有利作用，比如在工业清洗、切割和钻探作业的水射流中人为地引入空化和空蚀，利用其强大的破坏作用和振动噪声冲击波来提高清洗、切割和钻探的效率，其效果也将是显著的，这就是空化射流的由来。本节将介绍空化射流的基本原理、常用空化喷嘴的结构和性能。

一、空化射流的基本原理

所谓空化射流，就是人为地在水射流流束内产生许多空泡，利用空泡破裂所产生的强大冲击力来增强射流的作用效果。空化射流的基本原理，简单地说就是在液体射流内诱使空化发生并让空泡长大，当含有这些空泡的射流冲击物体时，使空泡在物体表面及其附近破裂，由于空泡破裂时产生的能量高度集中,并局限在许多非常小的面积上,从而在物体表面许多局部区域产生极高的冲击压力和应力集中,使物体表面迅速破坏。在相同泵压和流速条件下,空化射流的这种局部压力放大作用使其清洗切割效果大大优于非空化射流。

淹没方式的液体射流(如水下切割、钻孔和清洗等)大都产生空化。在高速射流和相对静止的环境液体之间的剪切层内形成扰流涡,扰流涡内的压力较低,这种低压区也就造成了空化现场。围绕射流的空化环既能提高射流的密度,又能扩大射流切割与清洗的区域。这种形式的空化效果受围压和射流出口压力比值大小的限制。

1972 年,V. E. Johnson Jr 等人推导出了等温压缩条件下空化射流产生的冲击压力与连续射流冲击压力之间的关系:

$$p_i = \frac{p_s}{6.35} \exp\left(\frac{2}{3}\alpha\right) \tag{5-68}$$

其中

$$p_s = \frac{1}{2}\rho u^2$$

式中　p_i——空化射流冲击压力,Pa;

　　　p_s——连续射流冲击压力,Pa;

　　　α——液体内气体含量,%。

1976 年,Conn 和 Rudy 用实验得出了 α 值,他们假定当 α 在 1/6~1/12 范围内时,得到了空化射流与连续射流冲击压力之间的关系如图 5-14 所示。可以看出,当 $\alpha = 1/6$~1/12 时,它们之间的关系为:

$$p = (8.6 \sim 124)p_s \tag{5-69}$$

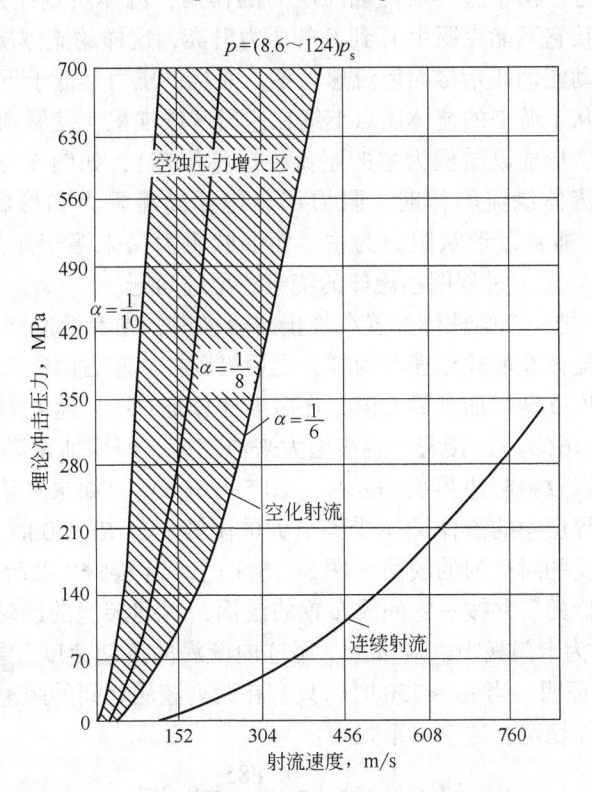

图 5-14　空化射流和连续射流冲击压力比较

式(5-69)表明,在泵压和流速相同条件下,空化射流冲击压力为连续射流冲击压力的8.6~124倍,即如果连续射流的冲击压力为10MPa,则相同条件下空化射流冲击压力高达86~1240MPa,如此高的冲击压力,足以切割和破坏岩石、金属之类的坚硬材料。

根据空化射流形成的条件和要求,下面着重介绍三种比较普遍的空化射流原理。

1. 尾流中的空化初生(绕流型)

水或其他流体绕过任何形状的固体壁面时,在流动的下游都会有尾流(Wake)。图5-15列举了三种不同形状物体的绕流现象,并说明了尾流的形成过程。下面以圆柱体的绕流来分析黏性流体的绕流过程,说明尾流的成因。

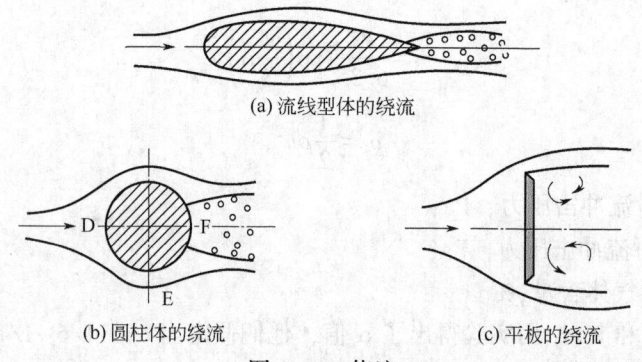

(a) 流线型体的绕流

(b) 圆柱体的绕流　　(c) 平板的绕流

图 5-15　绕流

在实际流体中,固体壁面上有边界层。当绕流开始时,边界层很薄,边界层外的压力分布与理想流体情况接近。由于边界层内黏滞阻力的作用,流体质点在由 D 到 E 的流程中损耗了大量的动能,以致它不能克服由 E 到 F 的压力升高,这样的流体质点在 EF 区段内流不了多长的距离就会因动能消耗殆尽而使流速为零。而且,压力又低于下游压力,在下游压力作用下发生了回流,从上游来的流体质点继续在这段区域堆积,发展到一定程度,边界层就会从固体壁面上脱离,形成以漩涡为主的尾流(或称尾迹),如图 5-15(b) 的所示。流体的绕流理论指出,当流体绕流固体时,阻力部分包括黏滞阻力和形状阻力(或称压差阻力)。在高速条件下,通常以形状阻力为主,而形状阻力又来源于尾迹。下面以卡门涡街(Karman Vortex Street)形成过程阐述流体的绕流和尾迹问题。

如图 5-16 所示,把一个圆柱体放置在静止的流体中,先看低速绕流。在开始与理想流体的绕流情况一样,流体在前驻点速度为零,之后沿圆柱体左右两侧流动。流体在圆柱体的前半部分是减压,速度逐渐增加到最大值。在后半部分是升压,速度则逐渐下降,到后驻点速度又等于零 [图5-16(a)]。接着,逐步增大来流速度,即增加雷诺数,使圆柱体后半部分的压力梯度增大,以致引起边界层的脱离 [图5-16(b)]。如果来流的雷诺数不断增加,由于圆柱体后半部边界层中的流体微团受到更大的阻滞,当 $Re>40$ 时,在圆柱体的后面便产生一对旋转方向相反的对称列的漩涡 [图5-16(c)]。当 $Re>60$ 以后这对漩涡破碎,形成几乎是稳定的、非对称的、并按一定间隔布置的漩涡,两列漩涡的旋转方向相反 [图5-16(d)]。这样的涡列称为卡门涡街。应该指,尾迹内漩涡的流动速度 u' 要比来流速度 u 明显的小,即 $u'<u$。卡门证明,当 $Re≈150$ 时,只有在两列漩涡之间的距离 h 与漩涡的距离 l 保持下列关系,涡街才能稳定。这个关系式为:

$$h/l = \frac{1}{\pi}\text{arsh }1 = \frac{0.885}{\pi} = 0.281 \tag{5-70}$$

(a) $Re=2\sim30$ 的绕流

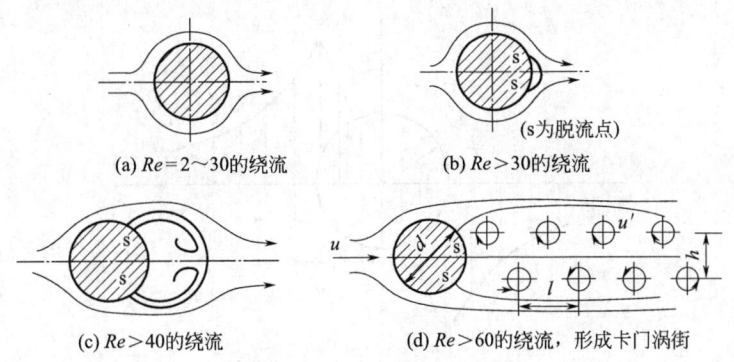

(b) $Re>30$ 的绕流 (s为脱流点)

(c) $Re>40$ 的绕流

(d) $Re>60$ 的绕流，形成卡门涡街

图 5-16 卡门涡街的形成

圆柱体后尾流状态在小雷诺数时是层流，在较大雷诺数时形成卡门涡街。随着雷诺数的增大（$150<Re<300$），在尾流中出现流体微团的横向运动，由层流状态过渡为紊流状态。但是，当 $Re \geqslant 300$ 时，整个尾流成为紊流，漩涡不再形成涡街，而是淹没在紊流之中，在圆柱体后尾流的卡门涡街中，两列旋转方向相反的漩涡周期性地均匀交替脱落，有一定的脱落频率 f，它与来流速度 u 成正比，而与圆柱直径 d 成反比，并有下述的关系：

$$f = Stu/d, \quad 或 \quad St = fd/u \tag{5-71}$$

式中　St——斯特罗哈（Vincenz Strouhal）数。

在大雷诺数，即 $Re = 10^3 \sim 1.5 \times 10^5$ 范围内，St 数基本上是个常数，$St = 0.21$。根据这个性质，可以制成卡门涡街流量计。

斯特罗哈数与雷诺数之间的关系，可用下面经验公式表示：

$$\frac{fd}{u} = St = 0.198\left(1 - \frac{19.7}{Re}\right) \tag{5-72}$$

一些实验研究指出，卡门涡街的尾流存在空化现象，并用高频闪光技术及高速摄影进行测定，得出了对称楔形体后的脱落频率和空化涡列尾流的间距。

由上可知，二维的尾流能发生空化，但并不是所有的尾流都是空化流。这主要取决于表征尾流的流态，即雷诺数和压力分布，以及表征尾流中漩涡的动力相似准则，即斯特罗哈数的数值。尾流的平均速度，如上所述，要低于来流的速度，而且，绕流物体后面的压力也比迎面的压力低，这两面的压差就是上述的形状阻力。流体力学里的库达—茹科夫斯基定理已指出绕流的形状阻力的存在，并给出了形状阻力的计算公式。

2. 高剪切流区内的空化初生（剪切型）

从流动过程的物理本质分析，由于在射流边界，不论是有伴随流的或无伴随流的淹没射流，都存在很大的速度梯度，因此，水的黏性力和反向压差的作用使射流边界充满着漩涡，如果涡心的压力降低到水的饱和蒸汽压力，空泡将初生。因此，普遍认为，淹没射流尤其是高速淹没射流大都是空化射流，这已被许多实验或实际观察到的现象所证实。同时还指出，漩涡是产生空化现象的主要原因。

英国力学家蓝金（W. J. M. Rankine，1820—1870）运用二维势流理论研究各种流型（即源、汇、平行流等）的组合流型，提出了蓝金涡的模型，如图 5-17 所示。蓝金涡是自由漩涡的组合涡，以半径 r_0 组成的中心圆柱是强迫漩涡，其外部则是自由漩涡。例如急流中的立轴漩涡或龙卷风都属于这类组合涡。

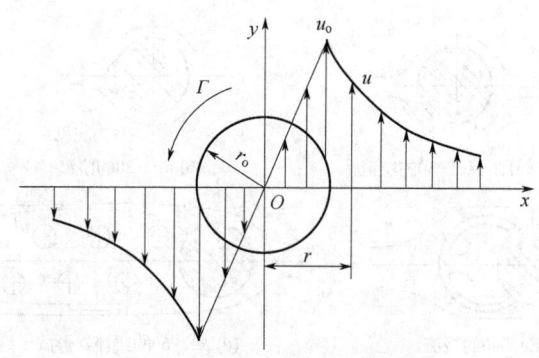

图 5-17 蓝金涡的速度分布

根据二维流理论可推导出漩涡中心以外和以内部分的压力分布分别为：

$$p_{外} = p_\infty - \frac{\rho}{2}u^2 = p_\infty - \frac{\rho \Gamma^2}{8\pi^2 r^2} \tag{5-73}$$

$$p_{内} = p_o + \frac{\rho}{2}u^2 - \frac{\rho}{2}u_o^2 = p_\infty + \frac{\rho \bar{\omega}^2}{2}r^2 - \frac{\rho \bar{\omega}^2}{2}r_o^2 \tag{5-74}$$

式中　p、u——任意半径 r 上的压力、速度；

p_o、u_o——中心半径 r_o 上的压力、速度；

Γ——速度环量；

p_∞——无限远处的压力（即环境压力）；

$\bar{\omega}$——漩涡的旋转角度速度。

由式(5-73) 可以看出，随着接近漩涡中心，流速 u 按双曲线规律增加而压力则降低，直到 $r = r_o$，即在漩涡中心部分的边界，压力下降为：

$$p_o = p_\infty - \frac{1}{2}\rho u_o^2 \tag{5-75}$$

由式(5-74) 可以看出，漩涡中心部分的压力按抛物线规律变化。

在漩涡的中心点（即涡心），$r = 0$，压力用 p_c 表示，则：

$$p_c = p_\infty - \rho \bar{\omega}^2 r^2 = p_\infty - \rho u_o^2 \tag{5-76}$$

比较式(5-75) 与式(5-76) 可得：

$$p_c = p_o - \frac{1}{2}\rho u_o^2 \tag{5-77}$$

或写成：

$$p_c - p_o = \frac{1}{2}\rho u_o^2 = p_\infty - p_o$$

这表明漩涡中心部分的压力降 ($p_o - p_c$) 恰等于漩涡中心部分以外的压力降 ($p_\infty - p_o$)。

根据观察分析，对实际流动进行简化，提出如图 5-18 所示的高速淹没式水边界，即高剪切区内漩涡的卷起过程和分布规律。图中 d 为喷嘴出口直径，u_o 为水射流的出口速度，并认为出口速度的分布是均匀的，喷嘴出口端的边界层厚度为 δ。图的上半部表示了无混合过程（即射流没有与环境介质发生掺混合卷吸作用）的理想的剪切区。因此，脱落后的边界层厚度仍保持为 δ，射流边界也没有扩张。图的下半部分为实际流体射流，环境介质已被卷吸并在射界上形成按一定规律分布的漩涡，假设漩涡的中心核是由脱落的边界层组成，漩

涡中心核的间隔为 l，则每个漩涡中心核的断面面积大致是 δl。如果漩涡的中心核是圆的，则其半径 r_o 可写成为：

$$r_o^2 = \frac{l}{\pi}\delta \tag{5-78}$$

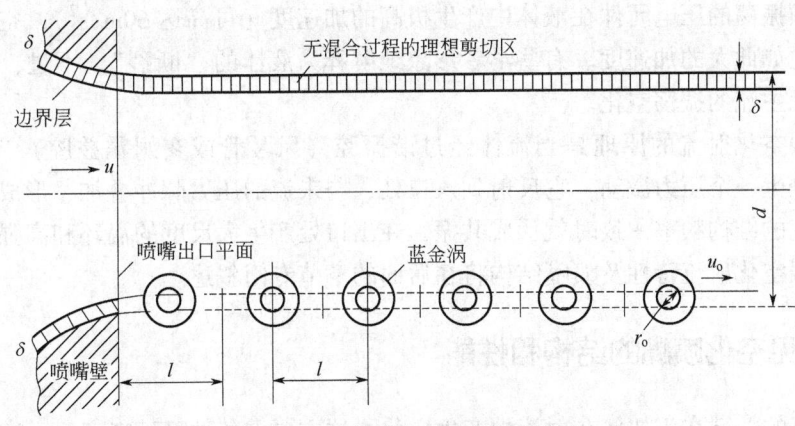

图 5-18 淹没式水射流的游涡分布

在上述假设条件下，速度环量 Γ 应该等于沿长度为 l 的一段剪切层的速度环量，即：

$$\Gamma \equiv \oint u ds = lu \tag{5-79}$$

如果漩涡是蓝金型组合漩涡，涡心的压力为 p_c，环境压力为 p_∞，则空化初生的条件，即初生空化数 σ_i 应该是涡心压力等于或低于当地饱和蒸气压力 p_v 条件下的空化数：

$$\sigma_i = \frac{p_\infty - p_v}{\frac{1}{2}\rho u_o^2} \tag{5-80}$$

其中 $p_v = p_c = p_{\min}$

由式(5-76) 可知：

$$p_\infty - p_c = p_\infty - p_v = \rho \Gamma^2 / (4\pi^2 r_o^2)$$

代入式(5-80) 得出：

$$\sigma_i = \frac{\Gamma^2}{2\pi r_o^2 u_o^2} \approx \frac{l}{2\pi \delta} \tag{5-81}$$

式(5-81) 表明了蓝金型组合涡主导的剪切层的淹没式空化射流的初生空化数 σ_i 与 δ、l 及 r_o 诸参数之间的关系，已成为轴对称的大结构涡环为特色的淹没空化射流的基本关系式。它的意义在于为开发高围压下空化射流指明了提高 σ_i 的途径。

通过对空化射流的高速摄影照片的处理和分析，得出了下述定量的结果，并绘制成图 5-19 所示的流动图形，初步验证了蓝金涡模型的正确性：

$$\begin{cases} u' \approx \frac{1}{2}u \\ l \approx d \end{cases}$$

式中 u'——涡环平移速度，m/s；
l——涡环之间的距离，m。

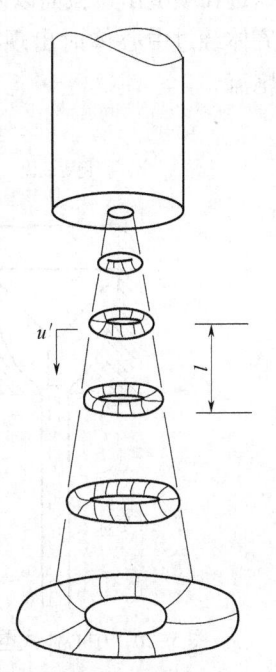

图 5-19 淹没式空化射流流动图形

3. 振荡型空化初生（振荡型）

振荡型空化可能出现在一个流动的水介质系统内，如自激共振空化，也可能出现在没有流动的液体介质内部，如各种振荡型空蚀试验机。后一种情况称为"无主流的振荡空化"，它是利用高频振荡的压电元件在液体中产生极高的加速度（可高达 $60m/s^2$），空化初生在于液体经受不住如此大的加速度。有些学者形象地解释为液体的"断裂"。不过，液体并不流动，故称为无主流的振荡空化。

自激共振空化射流的原理是当流体经过谐振腔（风琴管或亥姆霍兹腔）出口截面时，由于收缩而产生一个压力激动，它反射到入口处，与来流的压力脉冲叠加，形成驻波，当振荡频率与射流的结构频率一致时就形成共振，在出口处产生大尺度的涡环和高强度的空化射流。关于自振空化射流特性及喷嘴结构将在后面的章节专门叙述。

二、常见空化喷嘴的结构和性能

空化射流的关键在于如何在射流中产生空化，这主要靠各种喷嘴来产生，这里介绍几种常见的空化喷嘴结构和性能。

1. 中心体式空化喷嘴和旋转叶片式空化喷嘴

这是两种早期的空化喷嘴，是 1968 年由美国水航公司（Hydronautics）的 Kohl 等人提出来的，如图 5-20 和图 5-21 所示。图 5-20 所示的喷嘴结构是在喷嘴前部出口处放置一中心体，使射流在中心体周围分离而产生尾流空化，称为中心体式空化喷嘴。其中心体是一件钝头的圆柱体，用一个框架把它准确地安置在喷嘴的出口端。中心体可以与喷嘴出口截面保持齐平，也可以伸出喷嘴的出口截面或缩进一个小的间距。试验证明，中心体的最佳位置是缩进在喷嘴出口截面以内。缩进的间距应通过实验确定。中心体式空化喷嘴的工作原理在于流体绕过中心体时出现液体的分离现象，这样，喷嘴出口截面的下游出现充满了漩涡的尾流。

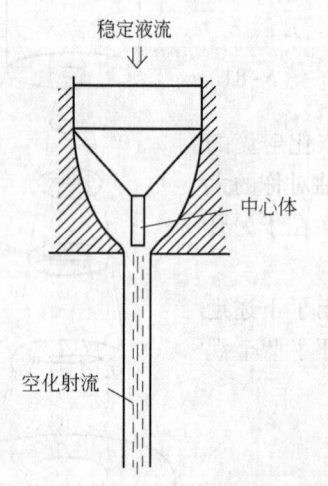

图 5-20 中心体式空化喷嘴示意图

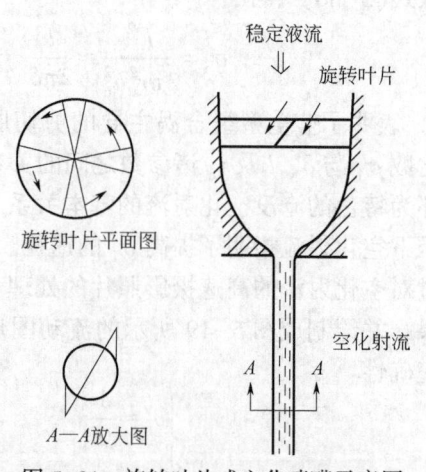

图 5-21 旋转叶片式空化喷嘴示意图

空泡在漩涡的中心孕育而初生，在一定的射程里，空泡发育长大，直至临近靶体表面时，由于滞止压力场的影响，空泡迅速收缩以至于溃灭。因此，在这样的系统内，靶距是一个关键性参数，还有中心体的位置也是至关重要的。

图 5-21 是旋转叶片式空化喷嘴示意图。它是在喷嘴下部的锥形收缩段内放置一个本身不动的旋转叶片，液体进入喷嘴内经过旋转叶片导流作用后，喷出的射流变成旋转射流，射流中心压力降低，从而产生空化。对这种喷嘴而言，叶片数量和叶片倾角对冲蚀强度有重要影响。

图 5-22 表示中心体式空化喷嘴的靶距与冲蚀深度的关系曲线。中心体和喷嘴尺寸见图右下方。每个试验点的深度是定点冲击 5min 得出的。与冲蚀深度的峰值相应的靶距就是最佳靶距。图中出现了两次峰值，但不是所有的空化喷嘴都有两个冲蚀深度峰值。此外通过实验得出中心体的位置是向喷嘴内缩 0.794mm。如果中心体的平端伸出喷嘴，则尾流内的空泡容易与大气串通，这叫通气现象。如果发生通气现象，空泡即将消失，而使射流粉碎成为液滴。

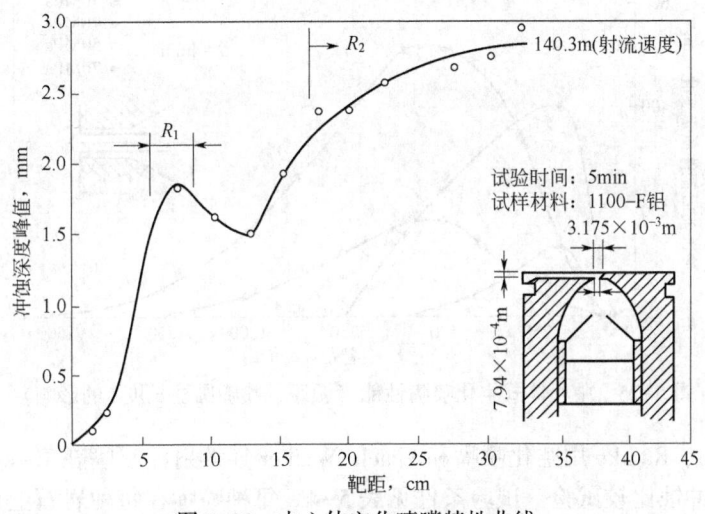

图 5-22 中心体空化喷嘴特性曲线

图 5-23 表示另一种中心体空化喷嘴实例，其实验特性曲线如图 5-22 所示，实验的中心体位置为 $x=-3\text{mm}$，即中心体的平端面处于喷嘴内部。图 5-24、图 5-25 表示靶距、喷嘴圆柱段长度对喷嘴冲蚀性能的影响。

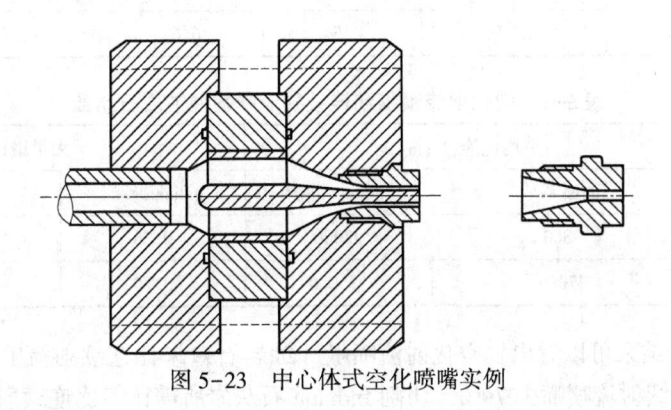

图 5-23 中心体式空化喷嘴实例

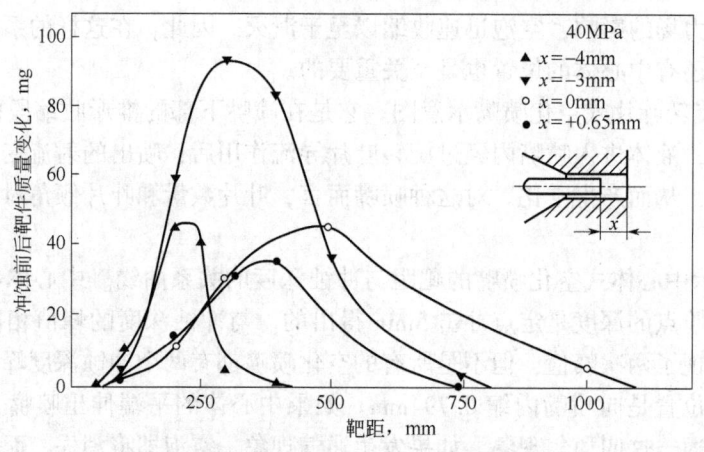

图 5-24 中心体式空化喷嘴性能（靶距、中心体位置长度 x 的影响）

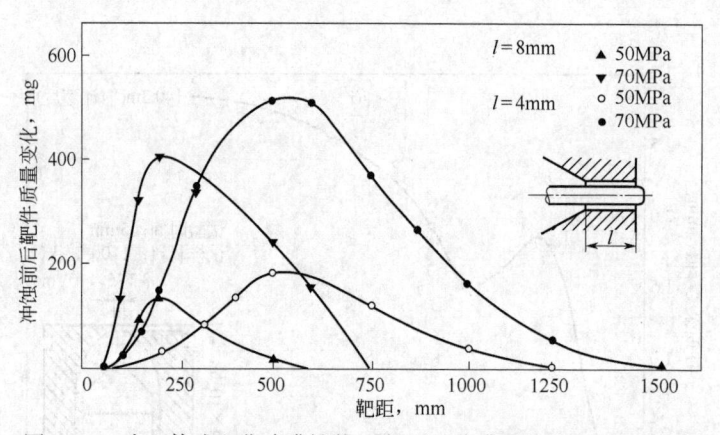

图 5-25 中心体式空化喷嘴性能（靶距、喷嘴圆柱长度 l 的影响）

1978 年 Conn、Radtke 用空化喷嘴和 Leach-Walker 连续射流喷嘴在 Berea 砂岩及 Indiana 石灰岩上进行了冲蚀比较试验，试验条件见表 5-4。每种喷嘴在每种岩石上重复切割 10 次，平均比能见表 5-5。

表 5-4　空化射流和连续射流冲蚀岩石对比试验条件

围压，MPa	压力降，MPa		流量，L/s		喷距，mm	喷嘴直径，mm
	Berea 砂岩	Indiana 砂岩	空化喷嘴	L-W 喷嘴		
20.7	6.9	15.5	4.54	6.62	12.7	6.4

表 5-5　空化射流喷嘴和连续射流喷嘴冲蚀岩石比能

喷嘴类型	平均比能，J/cm³		无量纲比能	
	Berea 砂岩	Indiana 砂岩	Indiana 砂岩	Berea 砂岩
空化喷嘴	9800	92000	0.56	0.06
连续喷嘴	47000	115000	0.70	0.29

从表 5-5 试验结果可以看出，空化射流喷嘴冲蚀岩石效果比连续射流喷嘴好，切割 Berea 砂岩所需比能比连续射流喷嘴少 79%，切割 Indiana 石灰岩所需比能比连续射流喷嘴少 20%。

2. 角形空化喷嘴

1985年日本的梁田胜矢提出了角形空化喷嘴，并对其空化特性进行了实验研究。图5-26所示的是角形空化喷嘴示意图。这是一种用于淹没条件下的结构简单的喷嘴。按四个主要参数（扩展段长度 L，扩张角 θ，圆柱段直径 D 及长度 l）对喷嘴作了编号，即 L-θ-D-l，研究了各种参数对喷嘴性能的影响，如图5-27、图5-28、图5-29所示，淹没深度为 $H=100\sim400\text{mm}$，试验材料为耐火砖。喷嘴冲蚀效果按规定时间内定点打击靶体所得的冲蚀量 V 计算（单位为 cm^3）。

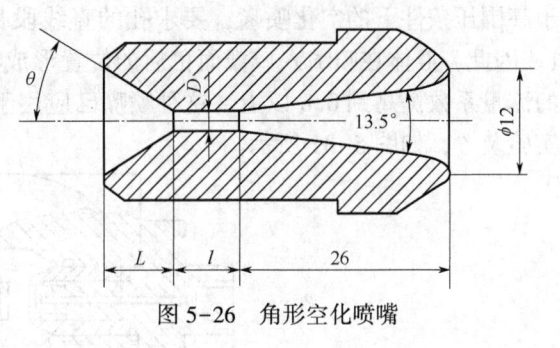

图5-26 角形空化喷嘴

通过一系列试验得出，在圆柱段出口直径 $D=1\text{mm}$ 条件下的一些最佳尺寸是 $L=12\text{mm}$，$l=8\text{mm}$，$\theta=30°$。此外，图5-30给出了同样喷嘴在淹没与非淹没条件下冲蚀效果的比较。可以看出，二者相差13倍，淹没式空化射流的冲蚀能力比非淹没自由射流提高了一个数量级。

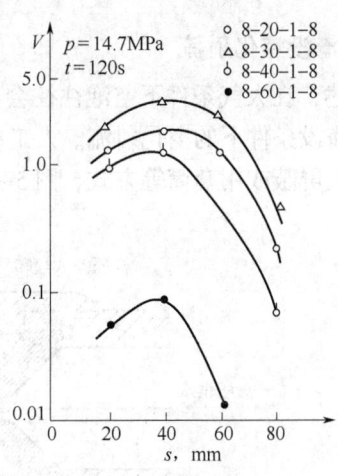

图5-27 靶距的影响

图5-28 扩展角的影响

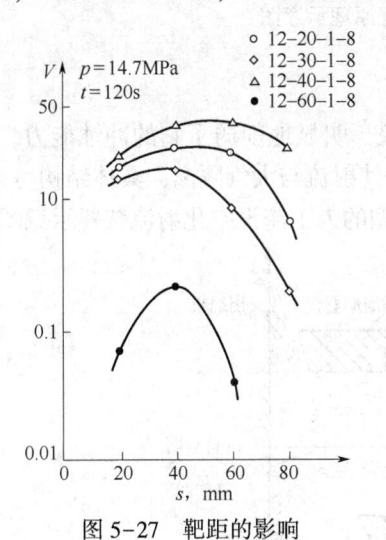

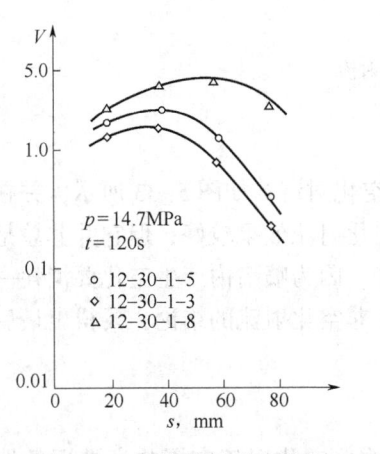

图5-29 圆柱段长度的影响

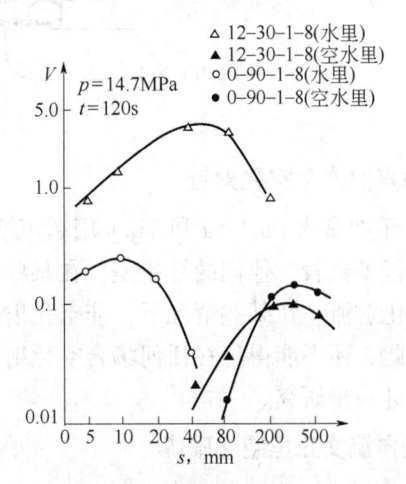

图5-30 淹没与非淹没条件下喷嘴性能的影响

3. 细长管空化喷嘴

在淹没条件下,细长管喷嘴(相当于"水力学"里的管嘴)是一种结构简单而且适用于高围压条件下的空化喷嘴,要求孔的直线段长度与孔的直径的比值(即 L/D)必须大于 1。因此,液体在喷嘴入口截面稍后的位置形成收缩,在适当的位置又与孔壁重合,使喷嘴的流量系数提高到 0.8 以上。这种喷嘴已应用于英国 A. Lichtarowicz 博士提出的高围压空化实验装置,如图 5-31 所示。

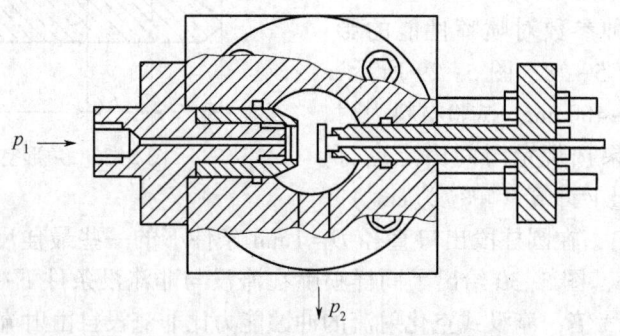

图 5-31 高围压空化实验装置原理示意图

4. 人工淹没空化射流

如前所述,在大气条件下空泡往往会出现通气现象,明显地削弱了它的冲蚀能力。因此,提出了人工淹没条件下的空化射流。人工淹没的目的是使射流与大气隔离,具体结构可采用水帘、压缩空气屏蔽或用套筒等方式,图 5-32 是一种典型的人工淹没空化射流装置示意图。

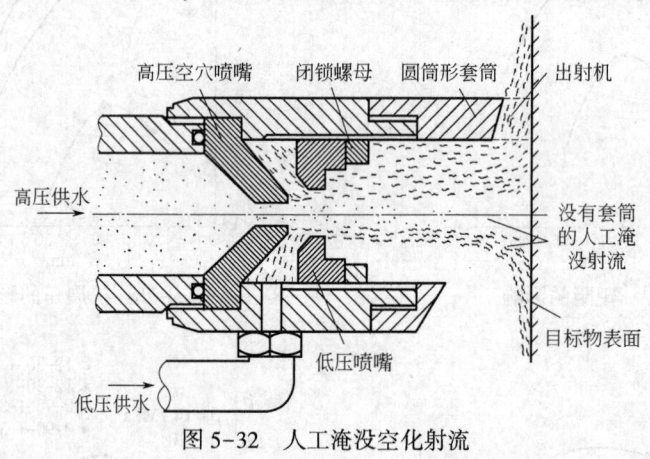

图 5-32 人工淹没空化射流

5. 超声波产生空化射流

1984 年加拿大 Puchala 和 Vijay 用超声波方法产生空化射流,如图 5-33 所示,并在相同条件下进行了比较。他们的结论是,在某些情况下,空化射流效果较好,但它并非总是大大优于非空化射流;在某些情况下,非空化射流效果更好,因为喷嘴内产生空化要消耗一部分能量。因此,还不能得出在任何场合空化射流一定优于非空化射流的结论,要得出最后结论还必须做进一步研究。

6. 径向流文丘里空化喷嘴

1986 年,法国石油研究院的 Bardin 和 Cholet 为了改善空化射流在深井高围压条件下的性能，研究了文丘里喷嘴射流在喷嘴出口端部与冲击表面缝隙间产生薄层空化时的冲蚀岩石特性，如图5-34所示。试验结果表明，用这种喷嘴在高围压高空化数下产生空蚀作用是可能的，而且高围压条件对提高空化效率比较有利，在石油钻井井深范围内温度对空化的影响很小。

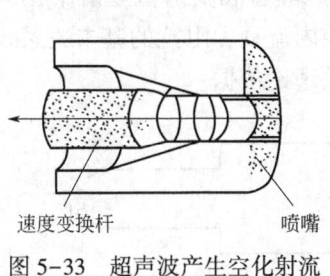

图 5-33 超声波产生空化射流

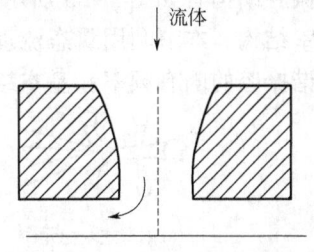

图 5-34 径向文丘里空化喷嘴

第六节 自振空化射流

  自振空化射流是一种应用空化起始与气蚀理论、水声学、瞬变流、紊流大尺度相干拟序性结构生成与发展的理论而产生的一种新型高效射流。研究其水声学特性，就意味着掌握了这种射流流场的控制技术——涡控技术，就可以有效地控制射流的形成和发展，为进一步提高其工作效率和优化钻头水力供应、分配系统奠定理论基础。

  自振空化射流是在许多射流动力学研究者就空气射流剪切层的大尺度相干拟序性结构进行大量实验研究的基础上，20年代初期由 V. E. Johnson 等人提出的一新型高效射流。1984年 V. E. Johnson 等人用空气进行实验研究，发现一些根据流体瞬变流理论设计的射流发生器可以诱发流体自持振动，调制射流剪切层，使之向大尺度相干拟序结构发展，而且其空化起始数比一般非自激射流低许多，随后国内外研究者研究和开发出几种调制射流流场结构的射流发生器。

一、自振空化射流调制机理

  无源自激振动射流的产生可分为三类：
  (1) 基于共振原理的自振射流（流体谐振激励式）。产生这种自振射流的跟踪流道由几个逐渐收缩的断面组成，当稳定流体流经这种收缩断面时，由于谐振波引起压力波动，在合适的流体结构（如风琴管）中，这种压力波动得到反馈放大，产生驻波，形成共振，从而形成振荡脉冲射流。
  (2) 基于边界层不稳定的自振射流（流体动力激励式）。产生这种自振射流有一个特殊设计的振动腔，流体流经振动腔的入口时产生附面层分离，由于附面层的不稳定性产生扰动，并使扰动扩大，然后再通过腔室的反馈作用使扰动加强，产生脉动，形成自振脉冲射流。
  (3) 基于流体弹性的自振射流（流体弹性激励式）。有一套固体机械振动系统，通过结构边界周期性变形或振动来产生流体脉动，形成自振脉冲射流。
  三类自振脉冲射流中，第一种较好，脉冲强度大，结构较简单，易于实现。自激声谐振空化射流的基本原理是当稳定流体流过喷嘴谐振腔的出口收缩断面时，产生自激压力激动，这种压力激动反馈回谐振腔形成反馈压力振荡。适当控制谐振腔尺寸和流体的马赫数及 Strouhal 数，使反馈压力振荡的频率与谐振腔的固有频率相匹配，从而在谐振腔内形成声谐共振，使喷嘴出口射流变成断续涡环流，从而加强射流的空化作用。常用的效果较好的无源自激振动谐振腔结构有如图 5-35 所示的几种，其中风琴管和亥姆霍兹谐振腔是两种典型的自激振动腔室结构。本节利用瞬态流理论建立谐振腔内流动和阻抗的基本关系式，为建立自振空化喷嘴谐振腔的固有频率和基本结构关系式提供理论依据。

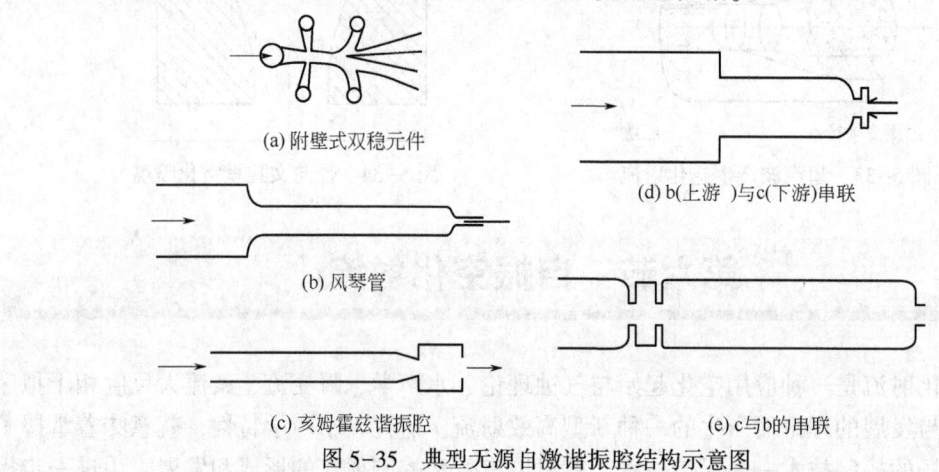

(a) 附壁式双稳元件

(b) 风琴管

(c) 亥姆霍兹谐振腔

(d) b(上游) 与 c(下游) 串联

(e) c 与 b 的串联

图 5-35 典型无源自激谐振腔结构示意图

二、自振空化射流机理与设计

1. 风琴管式自振空化射流机理与设计

1）调制机理

风琴管自振空化喷嘴工作原理如图 5-36 所示。它是用一个长度为 L、直径为 D 的风琴管式谐振腔作为振荡放大器，谐振腔入口与直径为 D_s 的来流管相连，$(D_s/D)^2$ 构成谐振腔的入口收缩截面。谐振腔的下部与直径为 d 的出口截面相连，$(D/d)^2$ 构成谐振腔的出口收缩截面。出口收缩截面既是自激励机构，又是反馈机构。当稳定流体通过时，其收缩面既能使流体产生初始压力激动，又能将压力激动反馈回谐振腔，形成反馈压力振荡。根据瞬态流理论，如果压力激动的频率与风琴管谐振腔的固有频率匹配，反馈的压力振荡就能得到放大，从而在谐振腔内产生流体共振，形成驻波，射流剪切层内涡流变成大结构分离环状涡流，这种大结构的涡流环可以增强空化作用。

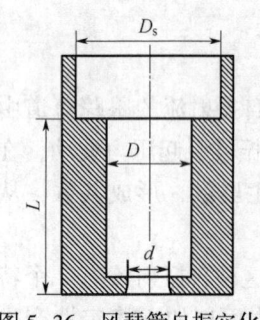

图 5-36 风琴管自振空化喷嘴结构示意图

很显然，流体共振是靠自激产生的，是无源自振。根据水声学原理，共振驻波的频率与射流临界自激结构频率相近，该频率值由喷嘴的临界斯特罗哈数确定，但是，精确的共振频率值取决于风琴管谐振腔的入口截面 $(D_s/D)^2$ 和出口截面 $(D/d)^2$ 的收缩程度。因此，风琴管谐振腔的设计，首先必须计算出谐振腔的固有频率，然后根据自激压力振荡可能发生的激励频率（射流临界自激结构频率）设计出合适的谐振腔尺寸。

2) 风琴管谐振腔结构设计

根据不同工作条件（泵压、排量），设计了一系列不同结构尺寸和出口直径的风琴管谐振腔空化喷嘴，几种典型的喷嘴设计结果列于表5-6，其中出口直径较小的（3~5mm）适合于较小排量的场合，出口直径较大的（10mm）适合于较大排量的场合（如石油钻井）。

表5-6 风琴管谐振腔结构设计结果

风琴管号	结构尺寸,mm				结构关系		
	d	D_s	D	L	$(D_s/D)^2$	$(D/d)^2$	L/d
No. 0	4.0		10.0	42.0	6.76	6.25	10.50
No. 1	4.0		8.0	42.0	10.56	4.00	10.50
No. 2	4.0		12.0	42.0	4.69	9.00	10.50
No. 3	4.0		14.0	42.0	3.45	12.25	10.50
No. 4	4.0		10.0	30.0	6.76	6.25	7.50
No. 5	4.0	26.0	10.0	33.0	6.76	6.25	8.25
No. 6	4.0		10.0	56.0	6.76	6.25	14.00
No. 7	3.0		12.0	31.5	4.69	9.00	10.50
No. 8	5.0		12.0	52.5	4.69	9.00	10.50
No. 9	4×30°		10.0	42.0	6.76	6.25	10.50
No. 10	3.4		13.0	34.0	4.00	14.62	10.00
No. 11	10.0	23.0	15.0	75.0	2.40	2.25	7.50
No. 12	10.0	28.0	15.0	55.0	3.50	2.25	5.50

2. Helmholtz振动腔式自振空化射流机理与设计

1) 固有频率关系式

图5-37为串联的Helmholtz振动腔喷嘴示意图，稳定的高压液体经过长度为L_1、直径为D_1的入口腔段后，通过第一个喷孔d_1进入Helmholtz振动腔（体积为V_2，长度L_2，直径D_2），最后由第二个喷孔d_2喷出。当斯特罗哈数为临界值时，由喷孔d_2射出的射流变成不连续涡环流。由前面流动基本关系式和阻抗关系式，可推得出Helmboltz谐振腔固有频率关系式：

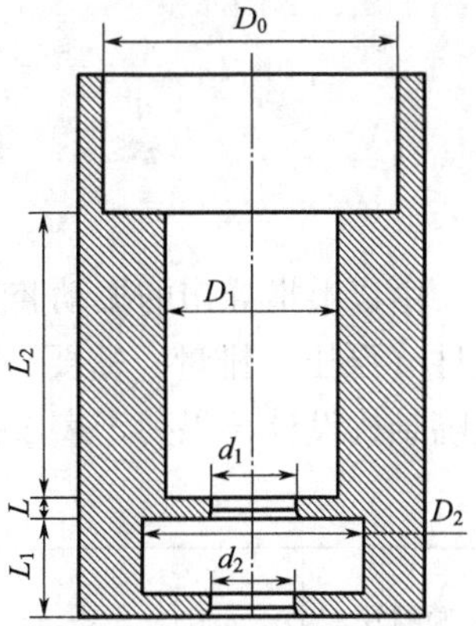

$$f = \frac{C}{2\pi}\sqrt{\frac{A}{LV_2}} \quad (5-82)$$

图5-37 Helmholt振动腔空化喷嘴

其中 $A = \frac{1}{4}\pi d_1^2 \quad V_2 = \frac{1}{4}\pi D_2^2 \cdot L_2$

式中 A——振动腔入口截面积，m^2；

L——振动腔入口圆柱段长度，与d_1具有同数量级，即$L \approx d_1$，m；

V_2——振动腔体积，m^3。

因此，式(5-82)可变换为

$$f = \frac{C}{2\pi D_2} \sqrt{\frac{d_1}{L_2}} \tag{5-83}$$

式(5-83)即 Helmboltz 谐振腔固有频率与谐振腔结构的关系式。

2) 基本结构关系式

引入斯特罗哈数 St 和马赫数 M,则式(5-83)可表示为:

$$\frac{D_2}{d_1} \approx \frac{1}{2\pi StM} \sqrt{\frac{d_1}{L_2}} \tag{5-84}$$

式(5-84)即为 Helmholtz 振动腔直径 D_2 应满足的关系式。

当由 d_1 出来的涡流抵达第二喷孔 d_2 后,压力信号经过时间 $t_L = L_2/C$ 后又返回 d_1,如果腔长 L_2 的高度使得压力信号到达 d_1 的时间恰好等于产生一个新涡流所需的时间,则谐振腔内振动得到放大,从而产生强烈谐振,则腔长 L_2 应满足下列关系:

$$L_2 = n\lambda - t_L U_c \tag{5-85}$$

其中
$$U_c = f\lambda$$

式中 n——涡流的数目;
U_c——涡流的传递速度。

引入 St 和 M 表达式,并令 $a = U_c/U_1$,U_1 为喷嘴出口的射流速度,可推导出腔长 L_2 应满足的关系式为:

$$\frac{L_2}{d_1} \approx \frac{na}{St(1+aM)} \tag{5-86}$$

式(5-85)是 Helmholtz 振动腔腔长度 L_2 应满足的关系式。

3) Helmholtz 振动腔结构设计

根据 Morel 等人的空气射流实验结果,振动腔内产生较强烈谐振的条件为:

$$\begin{cases} N = 1 \text{ 或 } 2 \\ St_1 \approx 0.6 \\ L_2/d_1 \approx 0.8N \\ d_2/d_1 \approx 1.2 \end{cases} \tag{5-87}$$

由以上推导出的振动腔直径和长度结构理论关系式,结合 Morel 等人的实验结果和工作条件(泵压、排量)需要,设计了一系列不同结构尺寸的 Helmholtz 振动腔空化喷嘴,典型喷嘴结构设计结果列于表 5-7。

表 5-7 Helmholtz 振动腔结构设计结果

喷嘴号	结构尺寸,mm				结构关系		
	d_1	d_2	L_2	D_2	d_2/d_1	L_2/d_1	D_2/d_1
No. 1	3.4	4.0	3.0	15.0	1.2	0.9	4.4
No. 2	3.4	4.0	6.5	10.5	1.2	1.9	3.1
No. 3	3.3	4.0	3.0	12.0	1.2	0.9	3.6
No. 4	3.3	4.0	5.5	8.0	1.2	1.7	2.4
No. 5	10.0	12.0	10.0	30.0	1.2	1.0	3.0
No. 6	10.0	12.0	20.0	30.0	1.2	2.0	3.0

思考题

1. 什么是空化？空化可以分为哪几类？
2. 空化数和初生空化数的定义是什么？
3. 哪些工程设备中容易发生空化？空化对工程设备有什么不良影响？
4. 实验中判断空化初生的方法有哪些？
5. 影响空化初生的因素有哪些？如何避免或减少空化的发生？
6. 空蚀破坏机理有哪些？常用的研究空蚀破坏的试验方法是什么？
7. 影响空蚀强度的因素有哪些？
8. 什么叫空化射流？其原理是什么？
9. 空化射流与水射流有什么相同和不同之处？空化射流有什么优势？
10. 空化射流喷嘴有哪些？分别是什么原理？
11. 在一次射流实验中，喷嘴上游压力为15MPa，下游压力为1MPa，流量系数为0.8，射流介质为水，测试温度300K。试分别计算忽略和考虑喷嘴流量系数条件下的喷嘴空化数，并证明此条件下忽略饱和蒸气压力对空化数的计算没有显著影响。

参 考 文 献

[1] 潘森森. 中国大百科全书：力学 [M]. 北京：中国大百科全书出版社，1985：273-274.

[2] 黄继汤. 空化与空蚀的原理及应用 [M]. 北京：清华大学出版社，1991.

[3] Knapp R T, Daity J W, Hammitt F G. Cavitation [M]. M Graw Hill Book Corporation，1970.

[4] Hammitt F G. Cavitation and multiphase flow phenomena [M]. Hong Kong：Mc Grow Hill Book Corporation, 1980.

[5] 孙家骏. 水射流切割技术 [M]. 徐州：中国矿业大学出版社，1992.

[6] Keller A P and Yang Zhiming. Comparative cavitation tests under consideration of tensile strength of water [C]//Proceedings of International Workshop on Cavitation. Wuxi, China：1989.

[7] 杨志明. 初生空化的对比试验：中德合作项目 [J]. 水动力学研究与进展，1994，9（1）：96-103.

[8] Raylegh L. On the pressure developed in a liquid during the collapse of spherical cavity [J]. Phil Mag, 1917, 34：94-98.

[9] Jarman P. Sonoluminescence：a discussion [J]. Jr Acoust Sociey of Applied Mechanics，1960. 32.

[10] Franc J P. Incubation time and cavitation erosion rate of work-hardening materials [J]. Journal of Fluids Engineering, 2009, 131（2）：021303.

[11] Kim K H, Chahine G, Franc J P, et al. Advanced experimental and numerical techniques for cavitation erosion prediction [M]. Dordrecht：Springer Netherlands，2014.

[12] Kornfeld M, Suvarov L. On the destructive action of cavitation [J]. Jr Applied Physics, 1944, 15.

[13] Rattray M. Perturbation effects in cavitation bubble dynamics [D]. Pesadena：California Institute of Technology, 1951.

[14] Naude C F, Ellis A T. On the mechanism of cavitation damage by non-hemispherical cavities collapsing in contact with a solid boundary [J]. Transaction ASME, Journal Basic Engineering, 1961, 83.

[15] Plesset M S, Chapman R B. Collapse of a vapor cavity in the neighborhood of solid wall [R]. Pasadena：California Institution of Technology Div of Engineer and Applied Science Rep, 1969：45-48.

[16] Kling C L, Hammitt F G. A photograph study of spark induced cavitation bubble collapse [J]. Transaction

ASME, Journal Basic Engineering, 1972, 94 (4).

[17] Shima A, Takayama K, Tomita Y. Mechanisms of the bubble collapse near a solid wall and the induced impact pressure generation [R]. Sendai: Institute of High Speed Mechanics, 1984.

[18] Ellis A T. Production of accelerated cavitation damage by an acoustic field in a cylindrical cavity [J]. Journal of Acoust Sociey Applied Mechnics, 1965, 27.

[19] Petracchi G. Investigations of cavitation corrosion [J]. Metallurgia Italiana, 1949, 41 (1).

[20] 郑大琼. 水中悬浮含沙对振动空蚀特性影响的探讨 [J]. 水利学报, 1988, (3): 8.

[21] Kohl R E. Rock tunneling with high-speed water jet utilizing cavitation damage [R]. ASME Paper No. 68-FE-42.

[22] Johnson V E Jr, Kohl R A, et al. Tunnelling, fracturing, drilling and mining with high speed water jets utilizing cavitation damage [C]//Proceeding of the 1st International Symposium on Jet Cutting Technology, Conventry, England: 1972, 37-55.

[23] Conn A F, Rudy S L. Cutting coal with the CAVIJET cavitating water jet method [C]// Proceedings of 3rd International Symposium on Jet Cutting Technology, Chicago, USA: 1976.

[24] 梁田胜矢. 淹没角形喷嘴的空化特性 [C]. 第三届美国水射流技术会议论文集, 1985.

[25] Puchala R T, Vijay M M. Study of An Ultrasonically Generate Cavitating Or Interrupted Jet: Aspect Of Design [C]//Proceeding of the 7th International Symposium on Jet Cutting Technology, Bedford, England: 1984.

[26] Bardin C, Cholet H. Assisted for Deep Drilling By Cavitation Damage [C]//Proceeding of the 7th International Symposium on Jet Cutting Technology, Bedford, England: 1984.

[27] Johnson V E Jr, Lindenmuth W T, Conn A F, et al. Feasibility study of tuned-resonator, pulsating cavitating water jet for deep hole drilling [R]. SAND 81-7126, 1981: 1-127.

[28] 李根生, 沈晓明. 空化和空蚀机理及其影响因素 [J]. 石油大学学报, 1997, 21 (1): 97-102.

[29] 李根生, 沈忠厚. 空化射流及其在钻井工程中的应用前景 [J]. 石油钻探技术, 1996, 24 (4): 51-54.

[30] 李根生, 沈忠厚. 充分利用水力能量提高深井钻井速度 [J]. 石油钻探技术, 2002, 30 (6): 1-3.

[31] 李根生, 沈忠厚. 常压下淹没自振空化射流冲蚀岩石效果的实验研究 [J]. 华东石油学院学报, 1987, 11 (3): 12-22.

[32] Morel T. Experimental study of a jet driven Helmholtz oscillator [J]. Trans ASME Journal of Fluids Engineering, 1979, 101: 383-390.

第六章　脉冲射流

由高压水射流破碎煤岩的规律来看，比较理想的高压水射流应具备下列几项条件：
(1) 射流的打击压力应尽可能大，最好能达到岩石抗压强度的十倍以上；
(2) 喷嘴出口直径应尽量增大，以增大射流对靶体的打击区域，得到较好的破岩效果；
(3) 应能排除废水的干扰，避免水垫现象，从而使射流的能量得到充分利用。

但是由于连续射流受到压力发生装置的功率和操作机构的移动速度这两方面的限制，上述三项要求难以得到满足。因此，国内外都在进行各种的改进研究，一是脉冲射流，二是间断射流。其中间断射流又分为截断式和调制式两大类。

脉冲射流工作方式是先储能后瞬间释放能量，脉冲射流主要利用水锤作用所产生的瞬态高能量来提高清岩和破岩效率。脉冲射流是随着柱塞泵和增压器的出现而逐渐发展起来的，最典型的有纯挤压式、冲击挤压式和冲击聚能式三种。

第一节　脉冲射流的发生原理和装置

脉冲射流是非连续不稳定射流，这种间断射流的形象很类似于子弹射出，并且其射流各参数及射流对物体的打击力是随时间不断变化的。脉冲水射流利用水力冲击—水锤作用产生的巨大瞬态能量，来达到切割或破碎材料等目的。如图 6-1 所示，在水流管路中，当水受到压缩时由于惯性和可压缩性，速度的降低导致压力的升高，从而在冲击面上射流冲击压力产生水锤压力，此压力以声速传播进而冲击靶面。水锤压力计算公式为：

$$p_H = \frac{\rho a u}{1 + (\rho a / \rho_s a_s)} \tag{6-1}$$

式中　p_H——水锤压力，Pa；
　　　u——射流速度，m/s；
　　　a、a_s——水中和靶中声音传播速度，m/s；
　　　ρ、ρ_s——水和靶材的密度，kg/m³。

如图 6-2 所示，脉冲射流随时间增加迅速增大至水锤压力 p_H，然后随着时间增加迅速减小，在 $t_2 = R/a$ 时间（其中 R 为射流半径，m）降低至滞止压力 p_z，然后基本趋于稳定，水锤压力约在毫秒级时间内出现。

通常的连续射流由于受到压力发生装置的功率和操作机构的移动速度这两方面限制，在钻井射流破岩过程中的能量损失太大。而脉冲射流技术可以优化射流能量在时间和空间上的分布，使射流能量得到充分利用，其射流速度和冲击压力大幅度提高，射流打击压力能达到岩石抗压强度的十倍以上，水功率成倍增加，并且能够改善破岩后的净化条件，得到较好的破岩效果。

脉冲射流发生的基本原理是通过一定的装置将动力源提供的能量储存起来，间断地传递给水，使水获得巨大的能量经过喷嘴射出，形成类似于炮弹的脉冲射流。由于是间断发射的，因此脉冲射流发生装置又被称作水炮。水炮有三种主要类型：纯挤压式、冲击挤压式和冲击聚能式。

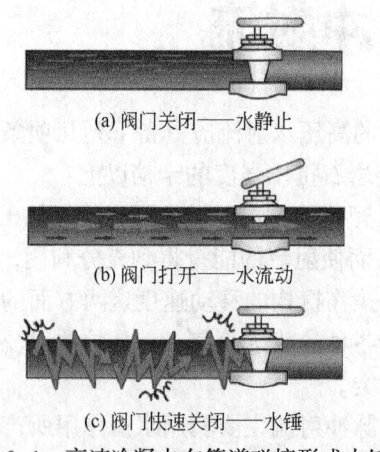

图 6-1 高速冷凝水在管道碰撞形成水锤

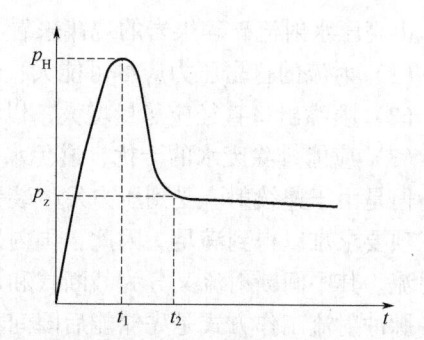

图 6-2 脉冲射流冲击压力与时间变化关系

一、纯挤压式水炮

图 6-3 是纯挤压式水炮的工作原理图。它实际上就是一个以液压油或乳化液驱动的单级单作用的增压器。液压驱动活塞作往复运动，使活塞的小端挤压高压缸中的水，从喷嘴中喷出形成射流。根据要求也可以采用两级单作用或双作用增压器。例如英国矿山安全研究院（SMRE）设计制造的两级增压器式水炮，经过两级 10.2MPa 和 42.8MPa 的增压，使最终产生的射流压力达 1400MPa，喷嘴直径 1mm，喷射时间 0.2s，水量为 0.26L。

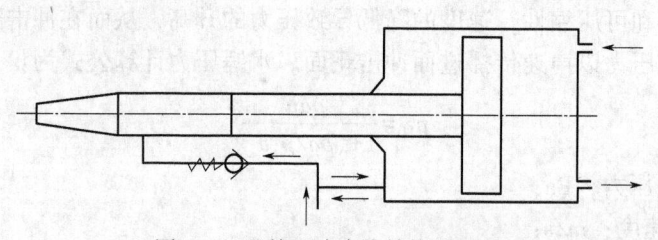

图 6-3 纯挤压式水炮结构原理图

纯挤压式产生脉冲水射流的几何结构细而长，其动力结构则与普通的连续水射流相同，实质上是一种间断发射的连续射流。

二、冲击挤压式水炮

图 6-4 是冲击挤压式水炮的结构原理图。图中大活塞的右侧腔室内储存有气体，通常是氮气；活塞左侧周期性地以正常流速供给压力水，压缩右侧气体。当气体达到规定的压力后，左侧快速地排水，降低其压力。与此同时，右侧压缩气体膨胀，推动活塞组件高速运动，冲击炮筒即小活塞缸体里处于静止状态的水受到活塞的初始冲击之后，仍在炮筒里受到活塞的继续挤压作用，最后经喷嘴射出形成脉冲射流。

与纯挤压式水炮相比，两者对射流介质的增压方式不同。纯挤压式水炮准静态加载；而冲击挤压式水炮则是动态加载，小活塞以极高的速度对水进行冲击加载，并且射流的压力并

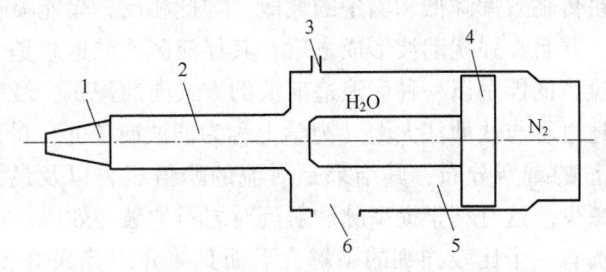

图 6-4 冲击挤压式水炮结构原理图
1—喷嘴；2—炮筒；3—进水口；4—活塞组件；5—缸体及贮气室；6—排水口

不取决于大小活塞的面积比，而是由气体储存的能及其膨胀过程确定。如果不考虑摩擦损失和容积损失，活塞获得的动能应等于气体的膨胀功 W。

实际上大活塞左腔的背压大小对活塞冲击力的大小影响极大。为了尽可能快地降低背压，必须尽可能快地排放左侧腔室中的水。采取的方法是设置大口径的快速排液滑阀，这是吸取了高速锤的快速排液阀的经验。根据计算和测定，在膨胀功相同时，与常速排液阀相比，采用快速排液阀时，活塞对水的冲击力可提高 1 倍以上。这是动态加载最显著的特点。从设计角度来看，可以控制气体的释放过程，并根据靶材的力学特性来调节脉冲射流的压力波型。

目前，我国已研制出更先进的冲击式水炮，其峰值压力可达 800~1000MPa，单发水量 0.55L，喷嘴出口直径为 13mm，驱动功率 75kW。这样的冲击脉冲射流在峰值压力 800MPa 时，打击力为 280kN，可在 3m 的靶距内洞穿 10mm 厚钢板。应该强调指出，如此强大的破坏能力是在一些关键技术取得突破的情况下实现的。这里整个装置的功率并不很大，但通过间断发射使脉冲射流直径增大、长度缩短，从而增大了对靶体的打击区域，减小了水垫效应。

三、冲击聚能式水炮

图 6-5 是冲击聚能式水炮的结构原理图。与纯挤压式水炮相比，水炮的发射机构基本相同，只是利用聚能喷嘴取代了普通的收敛型喷嘴。因此有必要阐述聚能喷嘴的工作原理。将聚能喷嘴的前端初始条件和边界条件作为已知流动参量，定性地分析水团在喷嘴内部的瞬态非定常流动过程。如图 6-5 所示，当活塞组件高速地冲击静止的水团时，必将在流体内部产生一个高强度的压缩波，沿着喷嘴内部的流体向前传播。如果是普通的收敛型喷嘴，压缩波在向前传播过程中将发生反射。这些附加的反射波将使初始的压缩波变形，波形前沿将

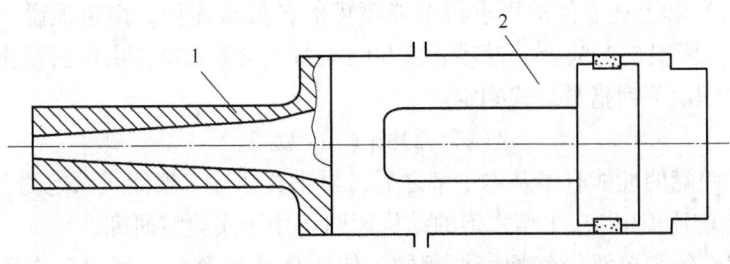

图 6-5 冲击聚能式水炮结构原理图
1—聚能喷嘴；2—发射机构

变得不陡峭，导致能量传输效率降低和能量的耗散。与此相反，聚能喷嘴的内部几何结构则可降低上述能量耗散，并且在强扰动波形成之后，其伴流区的波速总是大于本身的波速，因此在聚能喷嘴内部，流体的能量以一种后浪追前浪的方式向前聚积，最后形成一个压力的强间断面，即激波。上述过程与钱塘江大潮（力学上称为涌波或势涌）的形成完全相似。"聚能"的含义是流体能量的重新分布，其结果是射流的峰值压力以及最大打击力显著提高，而有效冲击时间大大减少。这有利于提高脉冲射流对岩石的破碎效果。

为了能对聚能喷嘴有一个比较详细的了解，下面具体介绍苏联 B. V. Voitsekhovsky 设计的一种结构。该结构的喷嘴在美国取得了专利，并被美国 W. C. Cooly 采用，研制出世界上第一套冲击聚能式水炮，型号是 TS-1。

图 6-6 就是聚能喷嘴的造型和各个断面尺寸。喷嘴截面沿轴向按指数规律收缩，即：

$$A(x) = A_0 \exp(-x/k) \tag{6-2}$$

式中 $A(x)$ ——沿轴向的喷嘴截面积；

A_0 ——喷嘴入口的截面积；

x ——轴向长度；

k ——衰减系数，或称为形状因子。

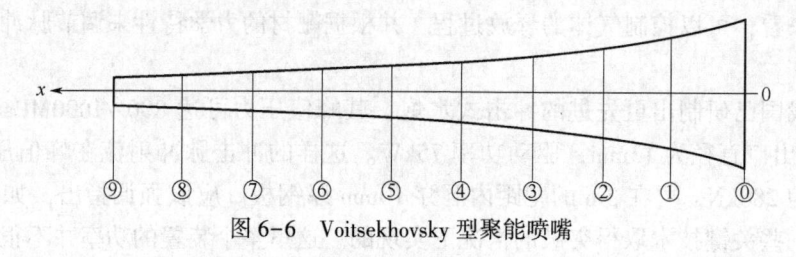

图 6-6 Voitsekhovsky 型聚能喷嘴

根据上述专利推荐，k 的计算公式如下：

$$k = \frac{A_0 M}{\rho A_p^2} \tag{6-3}$$

式中 M ——活塞质量；

A_p ——活塞面积；

ρ ——水的密度。

如图 6-6 所示，左端的第一部分是炮筒的终端，经过必要的过渡之后就是聚能喷嘴的入口。为了表达方便，对各个 x 点处的截面以①~⑨加以编号。设计的原始参数是：活塞质量 $M = 2870$g；活塞面积 $A_p = 54$cm；喷嘴入口截面积 $A_0 = 23$cm^2。由此可求得衰减系数 $k = 22.5$cm。

根据式（6-2）和上述 k 值即可求得聚能喷嘴的各处截面积。简单地说，就是喷嘴入口面积 23cm^2，出口面积 0.385cm^2，喷嘴长度 90.34cm，喷嘴入口与出口面积比约为 60。喷嘴内各个截面的面积由下列指数公式确定：

$$A(x) = 23\exp(-x/22.5)$$

在对聚能式喷嘴的性能有了基本了解之后，再来介绍冲击聚能式水炮的总体结构和工作过程。图 6-7 是前述美国 TS-1 型水炮的结构简图，用于实验室研究。

水炮的发射系统与单级轻气炮完全相同。传压介质是氮气，气室工作压力为 565MPa，钢制活塞采用"O"形密封圈。水弹容积约为 0.89L，其前后都用塑料盖封住。活塞发射

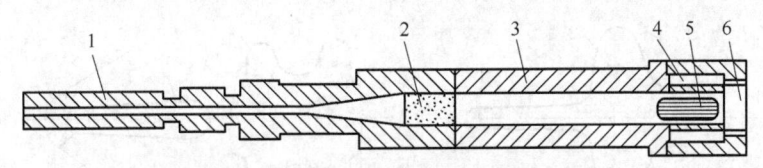

图 6-7　美国 TS-1 型水炮结构简图
1—聚能喷嘴；2—水弹；3—炮筒；4—扳机；5—活塞；6—高压气室

后，水在炮筒内飞行 5000mm，作为其加速阶段。炮筒内的状态可以是大气压；也可以抽成真空（绝对压力可达 20mm 汞柱），并且左端要用塑料板加以密封。扳机是触发机构，采用"破膜式"快速释放机构。

当气室的压力达到规定值 565MPa 时，利用扳机使压缩的氮气膨胀，驱动活塞在直径 8.25cm 的炮筒内飞行 5m，穿越炮筒左端的塑料板，再自由飞行 20mm。活塞达到的终速为 210m/s（当活塞质量为 287kg 时）或 135m/s（当活塞质量为 62kg 时），冲击水炮体积为 0.89L，从聚能喷嘴射出。实测喷嘴出口的最大速度为 1450m/s，这与在喷嘴入口前测得的稳态峰值压力 1050MPa 相符，表明聚能喷嘴的效率很高。从上述发射过程来看，每发射一次必须进行更换炮筒的密封塑料板、注水以及扳机复位等操作步骤，不能连续发射。

综上所述，国内外针对脉冲射流均开展了大量的开拓性工作，并研制了脉冲射流发生装置，见表 6-1。

表 6-1　几种典型的脉冲射流发生装置

研制国家	英国	苏联	中国	美国
型式	纯挤压式	冲击挤压式	冲击挤压式	冲击聚能式
型号	SMRE	NBD	水炮-Ⅰ	TS-1
喷嘴直径,mm	1	10~16	13~15	6~8
喷射压力,MPa	1000~1400	800~1000	800~850	5000~5600

第二节　脉冲射流的几何结构与动力特性

一、脉冲射流的几何结构

大气中的脉冲射流是一种间断发射的非淹没射流，它的几何特征不仅随位置变化，而且也随时间变化。由于射流速度极高，只能使用高速摄影机来观察。脉冲射流在结构上可分为先驱段（或称先锋段）、晕轮两部分，如图 6-8 所示，具体结构与发射装置水炮的类型有关。

（1）如果高速脉冲射流从喷嘴中喷出之前已有低速水射流在喷射，那么高速脉冲射流在空气中行进时必定穿过低速射流，使其做径向运动形成晕轮，而本身则成为先驱段，速度得到增加。

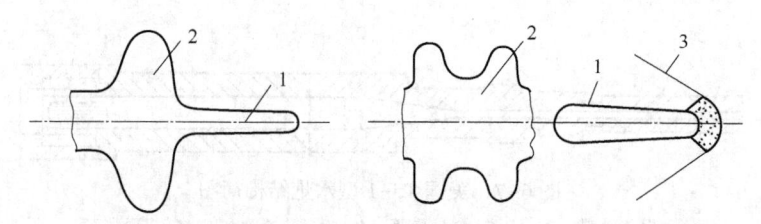

(a) 刚离开喷嘴瞬态射流结构(一个晕轮)　(b) 在到达靶面前瞬态射流结构(两个晕轮)

图 6-8　脉冲射流的瞬态几何结构

1—先驱段；2—主体段（晕轮）；3—激波段

（2）如果在发生装置的注入系统中掺杂空气的话，就会在射流的第一个晕轮后产生第二个晕轮。

（3）先驱部分的介质是水，密度是 1000kg/m³，占整个射流水量的 10% 左右；晕轮部分则是水滴和空气的混合体。

（4）当先驱段在空气中的运动速度超过音速时，其前方就会形成一个弓形激波。

二、脉冲射流的动力特性

目前的研究大多局限于测量喷嘴的出口压力和射流对靶体的打击力。它们具有较大的实用价值，也比较容易测量。

水射流以脉冲的方式发射，力求压力能在很短的时间内就上升到最高的数值。这就要求水射流喷射压力波形应具有陡峭的前沿，避免压力缓慢上升。这样可以使先驱部分减少前面低压水射流产生的阻力，即降低晕轮现象。图 6-9 是冲击挤压式和纯挤压式的射流出口压力波形图，其区别是非常明显的。对冲击挤压式射流，最高压力维持的时间仅在 5ms 左右。

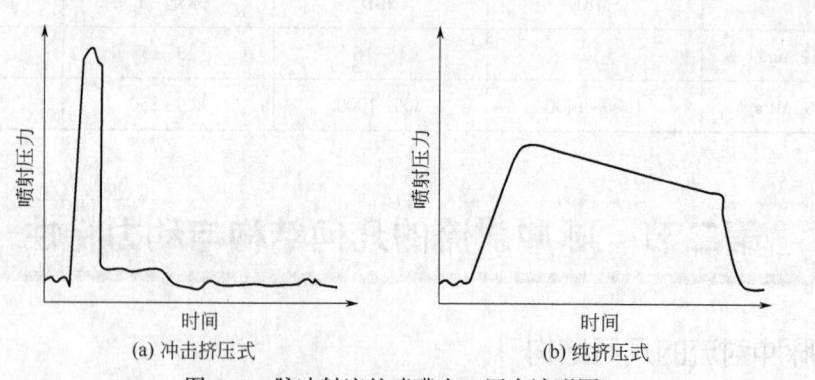

(a) 冲击挤压式　(b) 纯挤压式

图 6-9　脉冲射流的喷嘴出口压力波形图

在脉冲射流的几何结构中存在先驱部分。由于压力波向前传递的原因，先驱部分的速度在离开喷嘴的一段距离内速度是增加的。因此，脉冲射流对靶体的打击力也与距离有关。图 6-10 的三支曲线就是不同距离处射流打击力随时间的变化关系，打击力是用电阻应变计和光线示波器测量记录的。脉冲射流是冲击式水炮-Ⅱ发射的，水炮活塞直径 80mm，喷嘴直径 13mm，喷嘴出口射流压力的峰值是 8960kg/cm²。从图 6-10 可以看出，随着距离的增大，打击力与时间曲线将越高越尖，在靶距 1.5~2m 之间打击力达到最大值。

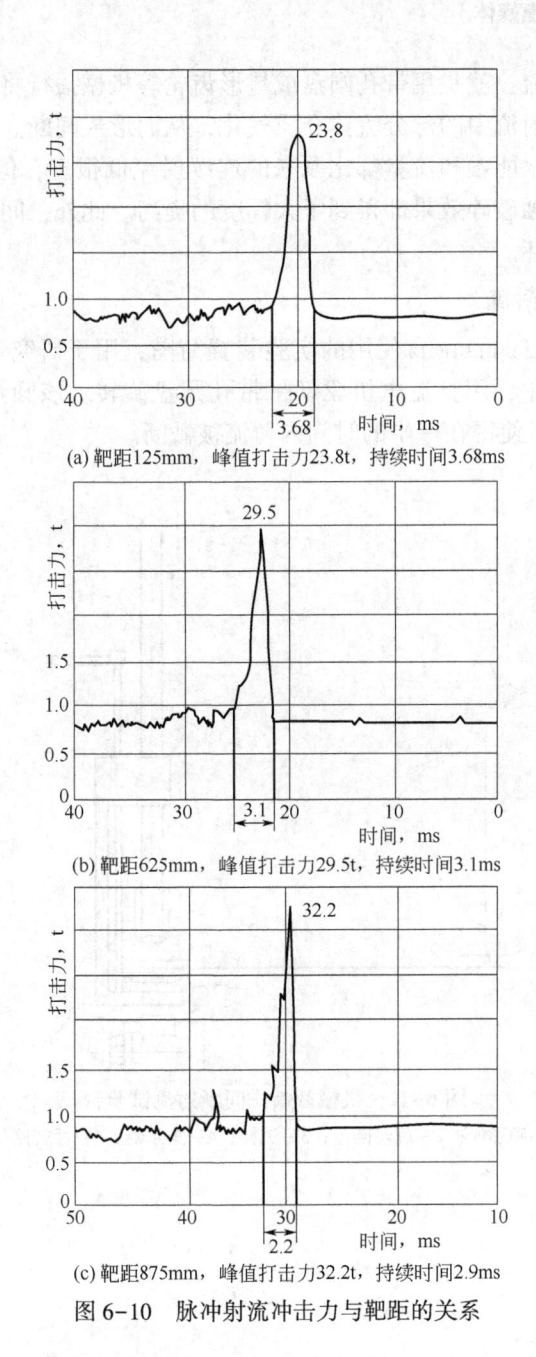

(a) 靶距125mm，峰值打击力23.8t，持续时间3.68ms

(b) 靶距625mm，峰值打击力29.5t，持续时间3.1ms

(c) 靶距875mm，峰值打击力32.2t，持续时间2.9ms

图 6-10　脉冲射流冲击力与靶距的关系

第三节　几种特殊的脉冲射流

一、截断式间断射流

液滴对物体的冲击力是水锤压力，远大于连续水射流冲击时的滞止压力，并且间断的冲击能够有效地避免水垫现象，提高射流能量的利用率。但是脉冲射流的发生机构——水炮结构过于复杂，实际应用范围受到限制。因此提出另一种将普通连续水射流进行间断的方法，即间断射流。

所谓截断式间断射流，就是用带孔圆盘或星形齿轮等机械强行将连续水射流截断，或者利用间断发射的激光将射流中的部分流体介质气化，从而形成间断。这样产生的间断射流在冲击靶体时，其实际的水能量和流量都比原来的连续射流低很多，但由于利用了水锤压力，避免了水垫现象，其冲蚀破碎效果却得到了大幅度的提高。此外，间断射流的周期性冲击还容易造成物体的疲劳破坏。

1. 机械截断式间断射流

图 6-11 是英国 A. Lichitatuwitz 使用的实验装置简图，用于研究连续射流和间断射流的性能差异。在试验装置中，用直流电机驱动一带孔圆盘旋转。该圆盘上开有 120 个均布的 $\phi 0.5mm$ 小孔，孔的布置使得在一半的时间内射流被截断。

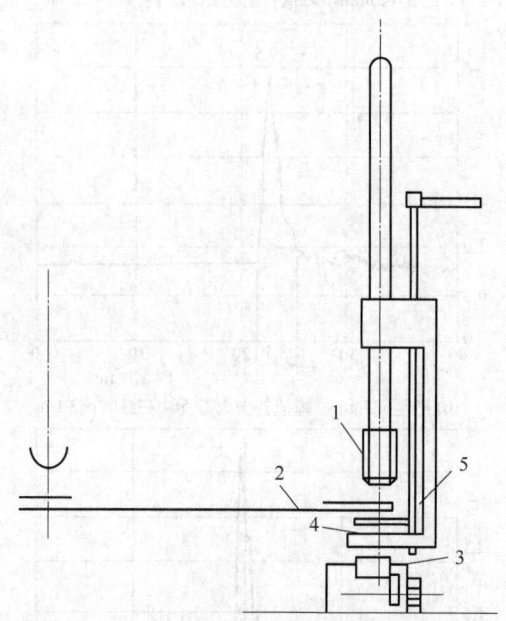

图 6-11 机械截断式间断射流试验台

1—喷嘴座；2—旋转圆盘；3—试样；4—集水器；5—回转闸门

射流段长度：

$$l_s = c_s \frac{v_0}{f} \frac{\tau_p}{\tau_{0p}} \tag{6-4}$$

式中　v_0——水射流速度；

　　　f——间断频率；

　　　τ_p——射流通过时间；

　　　τ_{0p}——射流的工作时间；

　　　c_s——圆盘厚度、孔口直径等对射流段长度的影响系数。

射流通过时间 τ_p 及截断时间 τ_r 由截断圆盘的几何尺寸确定。而实际上射流开始被截断时，立即有部分水在盘面上逆着转动方向偏转，其带走的动量必须用未受阻断的部分射流的动量来平衡，这就使射流向盘的运动方向偏斜。射流开通时则相反。图 6-12 是射流通过圆孔时发生偏斜的示意图。也就是说圆盘截断并不能使射流产生随通断时间相应的间断。这些综合影响用射流段长度系数 C_s 来表示。

这样，射流的实际通过时间为：

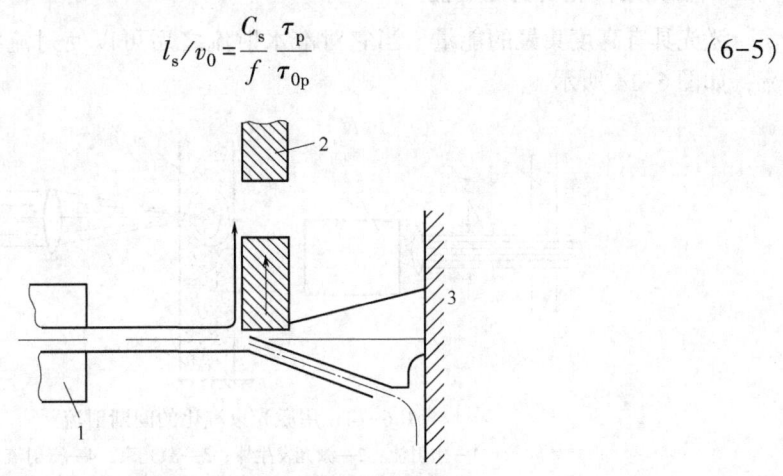

$$l_s/v_0 = \frac{C_s}{f} \frac{\tau_p}{\tau_{0p}} \tag{6-5}$$

图 6-12　射流通过截断孔口时发生的偏斜
1—喷嘴；2—带孔圆盘；3—试件

显然在用旋转圆盘截断连续水射流时，由于流体的飞溅以及上面所述的偏斜等各种原因，许多水未能到达被冲击的靶体。实际测量结果表明，在圆盘旋转速度一定时，水射流的速度越大，垂直冲击到靶体上的水量越多；当水射流速度达到圆盘旋转速度的 5 倍之后，垂直冲击到靶体的水量达到最大，不再增加。对上述通过和截断时间相等的圆盘，直接冲击到靶体的水量大约在 35%。

尽管有近 2/3 的能量被白白浪费了，但由于施载形式的改变，破碎效果却明显增强。图 6-13 是这种间断射流冲蚀铅块的结果，其射流压力 20MPa，靶距 22.5mm。从图中可以看出，连续射流即截断频率为 0kHz 的冲蚀效果最差。截断频率越高也就是射流段长度越短，射流的冲蚀能力越强。但是，即使在 8kHz 的高频截断下，射流段长度仍有十几毫米。若射流速度提高，射流段将更长。这种间断射流还远没有到达所说的液滴程度。

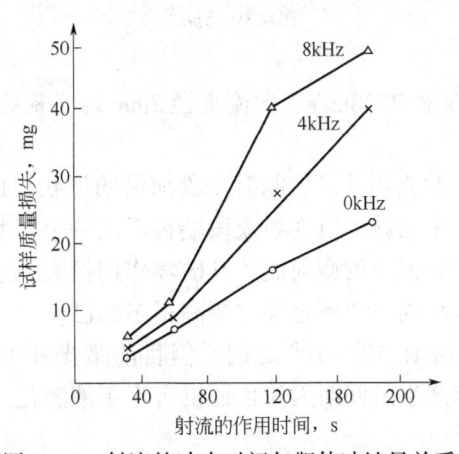

图 6-13　射流的冲击时间与靶体冲蚀量关系

机械式截断方法的主要缺点是间断器的磨损和截断时产生的高频噪声。间断器本身要承受水射流的高频冲击，这就限制了它的使用范围。显而易见，产生一种能切割钢筋混凝土的机械截断式间断射流几乎是不可能的。

2. 激光束汽化的间断射流

激光具有高度集聚的能量,当它对准水射流之后可以使射流中部分水汽化形成间断射流,如图6-14所示。

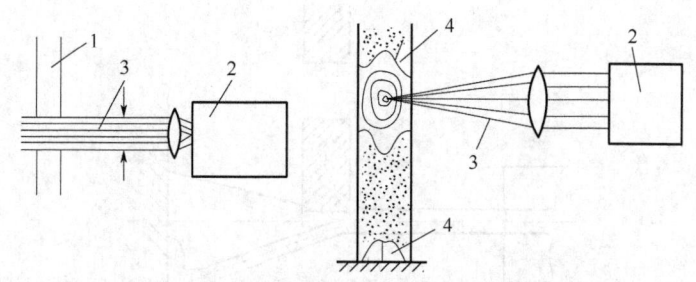

图6-14 用激光束汽化的间断射流
1—水射流；2—激光发生器；3—激光束；4—微射流

汽化直径 d、汽化长度 L 的射流段需要的能量是：

$$E=\frac{\pi d^2}{4}L\rho(C_p+\Delta TC_W)X/A \tag{6-6}$$

式中 ρ——水的密度,取 10^3kg/m^3；
C_p——水的汽化热,取 $5.4\times10^5 \text{cal/kg}$；
C_W——水的比热,取 1000cal/(kg·℃)；
X——热扩散比,取2；
A——热功当量,取 0.24cal/J；
ΔT——沸点温度与水射流实际温度之差。

功率消耗 N 为：

$$N=E/t$$

假设取汽化长度 L 等于汽化直径 d,则有

$$N=3925vd^2 \tag{6-7}$$

式中 v——射流速度。

在射流速度 v 为250m/s和2500m/s、射流直径2mm时,根据式(6-7)计算得到的汽化功率分别为3.9W和39W。

使用激光束来产生间断射流还可以控制射流段前沿的形状。例如利用图6-14右图所示的方法,将激光在射流中心聚焦就可以在射流段端再形成一个凹形的球面。这样的形状在冲击物料时能产生一个能量十分密集的微射流,其破坏作用极大。这与气蚀射流中气穴在物体表面溃灭时的破碎机理完全相同,只不过强度要高得多而已。

通常情况下,频率 $f=v/d$ 在 $10^5\sim10^6$ 之间,但目前激光开关器的频率还不能达到这么高。因此,利用激光束汽化产生的间断射流也还没有真正液滴化。

二、调制式间断射流

截断式间断射流可以显著提高射流的切割破碎效率,但它浪费了相当一部分的高压水,也就是浪费了能量；并且截断实际上也难以做到使射流液滴化。为了充分利用水射流能量,世界各国研制出多种调制式间断射流。

所谓调制，是指在高压水从喷嘴喷出之前，使其压力或流量产生较小的波动，这样形成的射流尽管是连续的，但流体质点的速度却存在差异；所谓间断，是指射流在喷射过程中，速度快的流体质点会赶上前面速度慢的质点，从而使射流形成间断，变成一个个彼此分开的水团。这种射流对物体的施载具有周期性的冲击特性，因此又被称为冲击射流，或调制冲击射流。

调制式间断射流有两个基本设想：一是将高压水射流的能量转化为一系列的高频冲击，从而比稳定施载更能提高射流的冲蚀能力；二是对连续射流的喷出量只进行少量的调制，即只需周期性地稍许增加和减少喷出量，就可以方便地产生间断射流。这样只要能方便地实现调制，间断射流就可以利用现有的泵站和操作机构用于现场的实际作业。

1. 调制式间断射流的发生原理

速度波动的连续射流在离开喷嘴一定距离之后会发生断裂，成珠粒状液滴。下面仅给出一个简单的说明。

假设喷嘴出口的射流速度：

$$v = v_0 + A\cos(2\pi f t) \tag{6-8}$$

式中　v_0——平均射流速度；
　　　A——调制幅度；
　　　f——调制频率。

在某一时刻，喷嘴出口处速度为 v_0+A，那么在时间 $\dfrac{1}{2f}$ 之前，射流的出口速度就是 v_0-A；两者的速度差为 $2A$，距离 $\dfrac{v_0-A}{2f}$。

那么再经过时间 t_s 后，后面的快速质点将赶上前面的慢速质点，即：

$$t_s = \frac{v_0-A}{4fA} \tag{6-9}$$

距离喷嘴的位置为：

$$x_s = t_s(v_0+A) = \frac{v_0^2-A^2}{4Af} \tag{6-10}$$

实际上，快速质点向前运动时，将推动前面的流体作径向运动，射流的直径将变粗；而快速质点的后面射流将发生颈缩。也就是说，射流的直径将发生周期性的变化。随着射流喷射距离的增加，这种现象越来越明显。最后射流在空气和表面张力等的作用下形成断裂。

这种调制式间断射流中的液珠横截面积比原来的射流截面积大得多，从而增加了施载面积和载荷，这是它最主要的冲击特性。与截断式射流相比，相当于在压力和流量保持不变的情况下，喷嘴的直径却增加了许多。因此调制式间断射流具有更好的冲蚀性能。

2. 调制射流出口速度的方法

1）超声波法

超声波调制射流系统如图 6-15 所示，其目的是在断面 A 和 B 之间的区域产生大密度的声场。通过选择合适的超声波发生器来集中超声波能量，在喷嘴内部得到高密度的声场作用于流体，使其在喷出之前产生压力的周期性变化。这样射流的出口速度也就有周期性的变化。

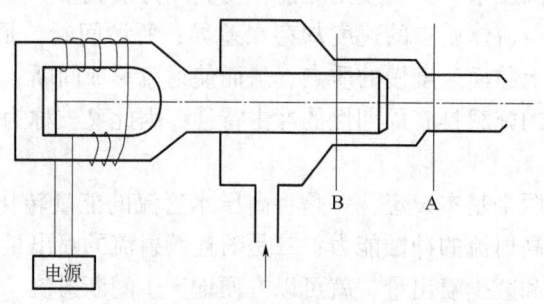

图 6-15 超声波调制射流系统

目前已能产生密度为 18~1200W/mm² 的超声波,相应的声压为 7~60MPa。

2) 管系共振法

流体管路是一个弹性系统,具有确定的自然共振频率。当外界周期性激励的频率与管路的自然频率相等时,那么外界激励在沿管路传播时放大。这在通常情况下总是要力求避免,但调制射流却要利用这一点产生所谓的管系共振射流。

图 6-16 是美国 E. B. Wylie 提出的一个管系共振射流系统。泵站将高压水输进腔室,而后经三段串联的异径管导向喷嘴。在流体腔室上有一附加的振荡装置,周期性改变流入管路的流体体积。如果振荡器的频率正好等于管系的自然频率 114.5Hz,管系将发生共振。在喷嘴出口处压力波动的最大值可达到定常值的两倍。

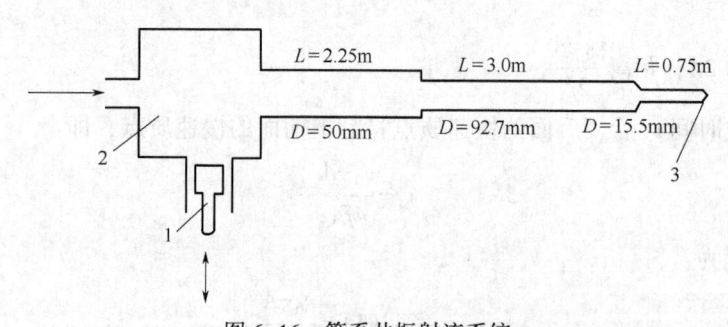

图 6-16 管系共振射流系统
1—凸轮振荡器;2—腔室(体积 0.0015m³);3—喷嘴(直径 4mm)

但是这种管系共振法有两个基本的缺点:一是管路过长,实际应用有困难;二是需要一个外激励装置,而且这个外激励又是作往复运动的,这就使得提高共振频率和射流喷射压力变得非常困难。

3) 自激振荡法

自激振荡法是一种比较先进的调制方法。其基本原理是利用流体的瞬变流动特性,设计合理的流动系统,使得流体中产生某频率的稳态振荡。这与电学中电感电容振荡回路相似。图 6-17 就是一种最简单的自激振荡射流发生装置。

高压水通过喷嘴 1 产生一股稳定高压水射流,射入谐振腔室,而后再经喷嘴 2 射入大气,形成速度波动的调制间断射流。产生这种现象的原因就在于系统中的谐振腔室,通常

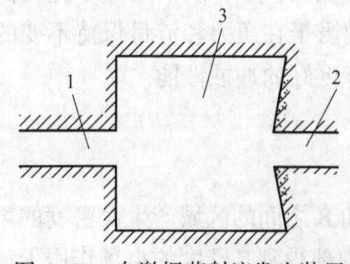

图 6-17 自激振荡射流发生装置
1—喷嘴1;2—喷嘴2;3—谐振腔室

称为 Hemholtz 谐振腔。

高压水经喷嘴产生射流射入谐振腔之后，由于真实流体的黏性作用，将与周围的流体发生动量交换。虽然交界面处的速度是连续的，但在附近存在一个速度梯度极高的区域。在此区域内，流体因剪切流动而产生旋涡。由于流场轴对称的缘故，涡流以涡环的形式产生并向下游运动。

射流剪切层内的有序轴对称扰动（如上述涡环）与下游喷嘴 2 的内边缘碰撞时会产生一定频率的压力波动向上游方向反射传播。如果系统的结构参数选取适当，那么压力波动幅度就会在剪切流场中放大，再经腔室上游边界反射后继续向下游传播，如此循环不止。

碰撞产生的压力脉冲的逆向传播实际上就是一种信号的反馈现象。因此上述过程构成了一个信号的发生、反馈、放大的封闭回路。从而压力脉动的幅度越来越大，使得射流的喷射速度呈现宏观上的变动。

4) 流体回路反馈式调制

在液压元件中有许多反馈式装置。图 6-18 所示的流体回路就可以将一股稳定的高压水分解成两股脉动的水流，它们经过喷嘴后产生两支速度波动不同的高压水射流。

流量恒定的高压水从 A 流至 B 后分成两路，分别从 C 和 D 两个出口流向喷嘴。在该系统中，存在两个通径较小的支路 bd 和 ac。这两条支路对流量的影响就像电路中的电感一样，当压力升高时，通过它的流量并不立即升高，而需要滞后一段时间，使主回路具有电容的性质。因此整个系统就像两个并联的 LC 振荡回路，使流动产生共振。由于这种并联

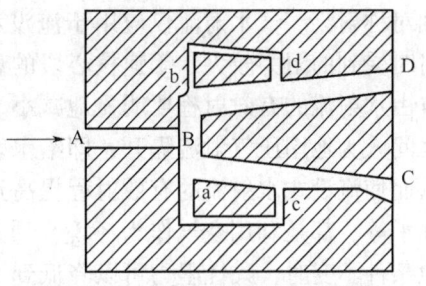

图 6-18 反馈回路式流量调节器

关系，其振动相位差为 π，互为激振装置，因此这种反馈回路式调节装置比单个的自激振动装置的效果更为明显，能够产生更大的射流速度波动。由于该装置的结构参数要求严格，加工较为困难，影响了其推广使用。

5) 机械滑阀式流量调节

利用各种机械装置可以将稳定的流动转变成振荡流动。图 6-19 所示的滑阀装置就是其中的一种。

当凸轮转动时，推动阀芯作往复运动，周期性地改变高压水的两个出口 B、C 的过流面积，从而使进口 A 流入的高压水流分成脉动的两股水流，这样所产生的高压水射流速度也是周期性脉动的。研究表明，只要系统的结构参数合适，就可以保证阀的迅速开启和关闭，因而过流面积的变化基本上呈梯形，有利于产生的射流形成间断。

6) 喷嘴振动法

前面所介绍的各种方法都是通过高压水的压力或流量产生脉动来调制射流的出口速度，还有另一种完全不同的方法，就是使喷嘴作高频振动。在压力、流量恒定时，射流喷出的速度相对于喷嘴应该是不变的；根据速度迭加原理，喷嘴作高频振动时，射流的绝对速度也就以同样规律脉动。

图 6-20 是美国密苏里大学设计的振荡喷嘴装置，其振动频率 f 为 50kHz，振幅 A 为 0.15mm，其产生的速度振幅为 $2\pi f A$，约为 47m/s，取得了相当好的调制效果。

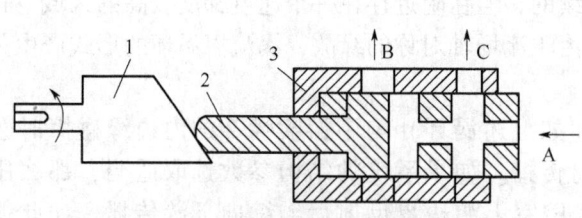

图 6-19　机械滑阀式流量调节器

1—凸轮；2—阀芯；3—阀体

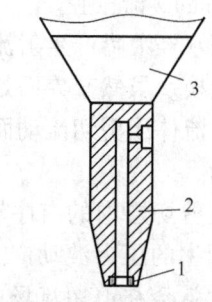

图 6-20　振荡喷嘴装置

1—喷嘴；2—喷嘴座；3—振荡器

三、气水射流

气水射流的工作原理可以用图 6-21 表示，图中的内喷嘴为水射流发生元件，在其外部设置一个同心的圆环形喷嘴，介质为压缩空气。在运行时两个喷嘴同时喷射，形成气包水的轴对称射流。气水射流仅应用于淹没水射流环境。由于水射流在同类介质（即水体）内喷射时受到的阻力较大，等速核心段的衰减较快。因此，与非淹没自由水射流相比较，淹没式自由水射流的有效射程要明显地减小。为了提高淹没式水射流的射程，在水射流与环境水体之间人为地用压气射流隔开，即给水射流提供一个非淹没的环境，使水射流的密集性增强，从而使淹没式水射流的有效射程提高到非淹没水射流能达到的有效射程。例如气垫船及空气轴承等，都是利用空气作为环境介质来降低流动（或运动）阻力的。以空气取代水，在其他条件不变时，黏性阻力可以降低到下述的极限值：

$$\frac{D_w}{D_a} = \frac{M_w}{M_a} = 56, \text{ 或 } D_a = \frac{D_w}{56} \tag{6-11}$$

式中　M_w——水的运动黏性系数；

　　　M_a——空气的运动黏性系数；

　　　D_w——水的黏性阻力；

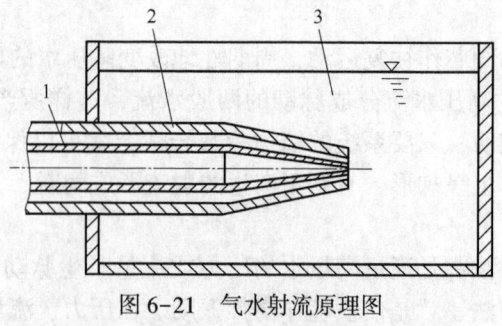

　　　D_a——空气的黏性阻力。

图 6-21　气水射流原理图

1—水喷嘴；2—压气喷嘴；3—水槽

根据日本学者八寻晖夫等的反复实验研究和测定，得出供气量（或气流速度 u_a）与水射流初始段长度 x_a 的关系曲线，如图 6-22 所示。由图可以看出，气流速度增加到常温下的空气声速（即20℃时的空气声速340m/s）的一半时（即170m/s左右），水射流初始段长度 x_a 达最大值。继续提高 u_a，对增加 x_a 已无明显效果。因此，公认的合理气流速度 u_a 为 160~170m/s。同时，从气水射流的实际效果来分析：供气量控制在水射流达到尽可能大的初始段长度即可，这表明外围的空气射流已使水射流边界与原有的淹没环境介质相互分离，减小了水射流的流动阻力，因而提高了水射流的密集性，导致其初始段长度的显著增加。八寻晖夫等学者做过大量的测定，在其他条件相同时，设置压气射流与没有压气射流相比其水射流初始段长度增加量为80%~100%。在压气射流的保护下，水射流的轴向压力分布及速度分布与非淹式水射流的情况完全相同。这些测定结果已经充分肯定气包水的实用价值，使三重管喷灌灰浆工艺取得日益广泛的应用。

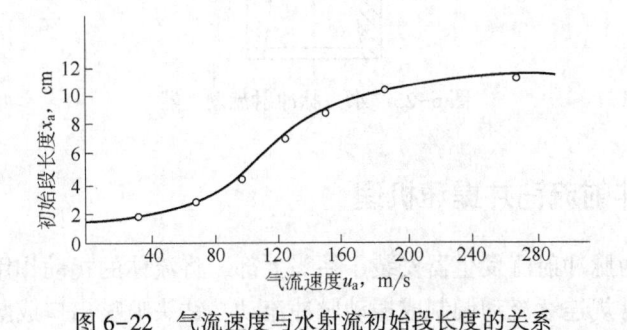

图6-22　气流速度与水射流初始段长度的关系

第四节　水力脉冲射流钻井现场应用

水力脉冲射流钻井是在钻井过程中将水力脉冲射流发生器安装于钻头上部的一种钻井新技术。在分析水力脉冲射流调制机理的基础上，设计出水力脉冲射流发生器，该工具通过流体脉冲扰动和自振空化效应耦合，使进入钻头的常规连续流动调制成振动脉冲流动，在钻头喷嘴出口形成脉冲射流，产生水力脉冲、空化冲蚀和瞬时压负效应，从而提高井底净化和辅助破岩效果。

一、水力脉冲射流发生器结构与工作原理

水力脉冲射流发生器主要由本体、弹性挡圈、导流体、叶轮座、叶轮轴、叶轮及轴套组件、自激振荡腔等组成，如图6-23所示。

导流体置于本体内腔顶部，它改变钻井液的流动方向和速度，对叶轮叶片产生切向力促使叶轮连续不断地高速旋转。叶轮总成主要包括叶轮座、叶轮、叶轮轴和轴套等部件组成。叶轮安装在轴上，并通过轴套连接坐在叶轮座上，在钻井液对叶片冲击力的作用下，叶轮高速旋转连续改变流道面积，产生脉冲扰动。

叶轮总成产生的水力脉冲相对于自激振荡腔入口为有源脉冲，位于工具最底部的自激振荡腔对水力脉冲信号放大并产生流体谐振，当其通过自激振荡腔的出口收缩截面进入谐振喷嘴时，产生压力波动，这种压力波动又反射回自激振荡腔形成反馈压力振荡，从而在自激振荡腔内产生流体声谐共振，在流体出口段产生强烈脉动脉冲空化涡环流，以波动压力的方式冲击井底。

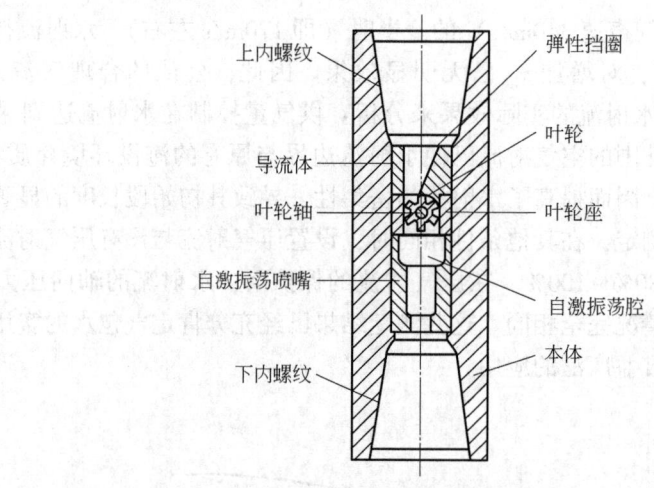

图 6-23 水力脉冲射流发生器

二、水力脉冲射流钻井提速机理

钻井过程中水力脉冲射流发生器安装于钻头上部，将流体的扰动作用和自振空化效应耦合，使进入钻头的常规连续流动调制成振动脉冲流动，钻头喷嘴出口成脉冲射流，产生三种效应：

（1）水力脉冲：改善井底流场，提高井底净化和清岩效率，减少压持和重复破碎；

（2）空化冲蚀：利用空化冲击能量辅助破岩，提高破岩效率；

（3）瞬时负压：井底瞬时负压脉冲，局部瞬时欠平衡，改变岩石受力状态使岩石易破。

水力脉冲射流钻井技术在钻头喷嘴出口形成脉冲射流，提高射流清岩破岩的作用能力，同时水力脉冲装置产生压力脉动，在钻头附近形成低压区，能够减少环空液柱压力对井底岩石的压持效应，提高钻井速度。

三、水力脉冲射流钻井技术的特点

（1）水力脉冲射流钻井技术是在现有的地面装备条件下通过在井下动力钻具和钻头之间或钻铤和钻头之间安装水力脉冲射流发生器来实现的，不需要增加任何地面装备。

（2）水力脉冲射流钻井技术是在现有的施工参数条件下进行的，工具本身有 0.5～1.0MPa 的压耗，在地面装备允许的情况下可以适当提高水力参数。

（3）水力脉冲射流钻井技术只在井底钻头附近形成脉冲射流、瞬时负压，整体循环为平衡或过平衡钻井，有利于钻进过程安全。

（4）水力脉冲射流钻井技术试验期间各参数正常、稳定。

思 考 题

1. 简述脉冲射流的发生原理。
2. 简述脉冲射流的动力特性。
3. 简述机械截断式间断射流的优缺点。
4. 简述调制式间断射流的冲击特性。

5. 调制射流出口速度的方法有几种？简述其特点。
6. 简述气水射流工作原理。
7. 简述纯挤压式水炮、冲击挤压式水炮和冲击聚能式水炮的基本概念。
8. 简述有围压和无围压时周期脉冲射流的冲击压力特性。

参 考 文 献

[1] 薛胜雄. 高压水射流技术工程 [M]. 合肥：合肥工业大学出版社，2006.
[2] 崔谟慎，孙家俊. 高压水射流技术 [M]. 北京：煤矿工业出版社，1993.
[3] 袁恩熙. 工程流体力学 [M]. 北京：石油工业出版社，1985.
[4] 沈忠厚. 高压水射流技术在钻井中的应用 [J]. 石油钻采工艺，1981，3（1）：8-15.
[5] 沈忠厚. 水射流理论与技术 [M]. 东营：石油大学出版社，1998.
[6] 雷玉勇，陶显中. 水射流技术及工程应用 [M]. 北京：化学工业出版社，2017.

第七章 旋转水射流

第一节 概述

　　旋转射流一般分为两种，一种是指在射流喷嘴不旋转的条件下产生的具有三维速度的、射流质点沿螺旋线轨迹运动而形成的扩散式射流，也称为旋动射流。这种射流与普通圆射流的主要不同点在于其外形呈明显扩张的喇叭状，具有较强的扩散能力和卷吸周围介质参与流动的能力，并能够形成较大的冲击面积，产生良好的雾化效果。另一种旋转射流是指喷嘴围绕某一轴线作旋转运动，或者喷嘴喷射方向与射流空间轴线呈一定夹角，从而在射流空间内产生具有三维速度的、围绕射流空间轴线作旋转运动的射流。这种射流具有较强的扩散性和掺混性，能最大限度地使射流空间内的各种流体及固相颗粒均匀地分散在旋动流体中，携带性能较强，因此也常用于清洗行业。

　　旋转射流作为一种特殊射流，早已被用于工农业生产中。喷洒农药的雾化器就是一个典型实例，液体农药通过管道被压到一个装有旋流片的雾化器中，产生高速旋转，并喷出雾化器，达到雾化农药的目的。工程技术中常常利用旋风原理来组织燃烧炉中的燃烧过程，如旋风燃烧室、旋风预燃室等。因为燃料的燃烧过程可分为三个基本阶段：燃料与助燃空气的混合、燃料与空气的混合物升温到着火温度，以及燃烧反应过程。燃烧反应过程也就是燃料和空气中氧气之间进行的氧化过程，这个阶段实际上是瞬间完成的。而前两个阶段则需要较长的时间。因此，组织混合的过程决定着整个燃烧过程和火焰的特性，从而决定着炉膛内的温度分布和对工艺要求的适应程度。在旋风燃烧室或预燃室中，由于旋转射流能使流体质点以较高的速度旋转前进，形成扩散，产生一定程度的雾化，并且在强旋射流的内部形成一个回流区，旋转射流不但从射流外侧卷吸周围介质，而且还从回流区中卷吸介质，故它有较好的"抽气"能力，使大量的高温烟气回流到火炬根部，使燃料与空气充分掺混，提高温度和浓度的均匀分布程度，保证燃料顺利着火和火炬稳定燃烧，提高燃烧效率。另外，在石油钻井工程中使用的固控设备（如除砂器、除泥器、离心机等），也是利用旋转流体的离心力原理将流体中的固相颗粒进行分离清除，以保持洗井液的性能，满足钻井过程中安全快速钻进的需要。旋转射流的流动示意图如图7-1所示。

　　通常用圆柱坐标来描述旋转射流的运动，将射流各质点的流速划为三个分量：轴向流速u，径向流速v和切向流速ω。这三个流速分量的时均流场和脉动流场就可表示旋转射流的运动状态。

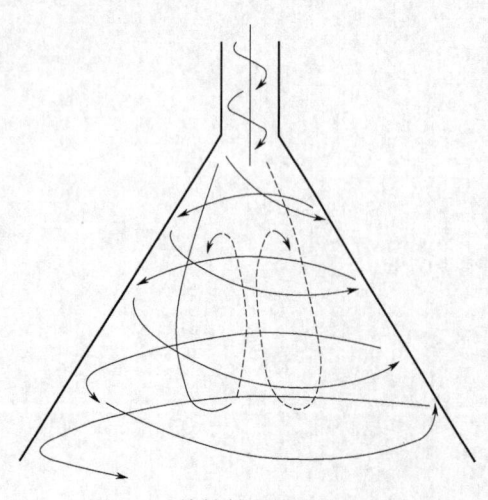

图7-1　旋转射流的流动示意图

旋转射流的旋动程度，简称旋度（或称旋流数），是区别于一般射流的一个重要运动参数。在早期的研究中曾采用射流出口最大切向速度即旋转速度 ω_{mo} 与最大轴向速度 u_{mo} 之比来表征旋流的程度：

$$G = \omega_{mo} / u_{mo} \tag{7-1}$$

但 G 值在某种程度上受加旋方式的影响，不能完全代表旋动的总体特征。后来多用旋转射流切向动量矩 M 与轴向动量 K 之比来表示，并为了便于应用，将旋流强度处理成无量纲值，用 S 表示。目前所见到的旋流强度表达式有三种：

$$S = 4M/\pi RK \tag{7-2}$$

$$S = 2M/RK \tag{7-3}$$

$$S = M/RK \tag{7-4}$$

其中

$$M = \int_0^R r^2 \rho u \omega \, dr \tag{7-5}$$

$$K = \int_0^R (p + pu^2) r \, dr \tag{7-6}$$

式中　R——喷嘴出口半径；

　　　p——射流出口处的压力；

　　　ρ——射流流体的密度。

式(7-2)为苏联和我国所采用，式(7-3)和式(7-4)为西欧各国所采用，目前式(7-4)比较通用。

旋转射流的产生有多种方式，但一般都需要在圆柱形喷嘴的上游采用一定的加旋措施。不同的加旋方式所得到的射流出口轴向速度和旋转速度（切向速度）的分布各不相同，紊动特性也有差异。常见的加旋方式可归纳为以下三种：

（1）切向注入法。通过改变切向注入与轴向注入喷嘴内流体的比例来调节旋转射流的强度。此法使喷嘴内流体迅速掺混，出口紊动度较高，容易形成较强的雾化和扩散。常见的旋流燃烧室和旋流分离器大都采用此方式。

（2）固定导叶加旋法。该方式使用导向元件引导流体改变流动方向，使流入时的纯轴向流动变为具有一定切向速度的三维流动。在这种方式中，因叶片表面附近的流动较慢，导叶对流动的干扰作用较小，出口紊动度较小，扩散程度中等，基本属于势流涡。

（3）机械旋转法。这种方法一般专用于实验，用机械的方法旋转长管可以产生弱旋流动，使用内旋转盘则可产生强旋流动，但转盘产生的次流使形成的流场更加复杂。

旋度的大小不同，旋转射流的特性也有差异，因此人们常将旋转射流按旋度大小分为弱旋、中旋和强旋三种。但划分的界限尚不一致，Beer 和 Chigier 分析运动方程的性质，认为边界层假定在 $S<0.2$ 时近似适用，在 $0.2<S<0.5$ 时偏差较大但仍可使用，在 $S>0.6$ 时出现很强的轴向和径向压力梯度而不能适用。因此分类定为：$S<0.2$ 为弱旋，$0.2<S<0.5$ 为中旋，$S>0.6$ 为强旋。Lilley 按断面上轴向速度分布的自相似情况，将弱旋与中旋的界限定在 $S=0.4$。在 $S<0.4$ 的弱旋流动中，轴向速度的分布为高斯型，在 $S>0.4$ 的中旋流动中，轴向速度的分布偏离自相似状态，$S>0.6$ 时，出口轴线附近出现回流。目前较流行的还是按流体力学的流速分布特点分类，将旋转射流分为两大类：弱旋射流，旋流强度不大，不出现轴向逆流，即轴向速度到处都为正值；强旋射流，旋流强度足够大，以致轴向逆流出现。

第二节　旋转射流的运动特性

一、速度分布

以图 7-2 所示的切向引入式旋转射流为例，流体绕圆柱形设备的 z 轴旋转，边旋转边向出口推进，其流动轨迹近似为一螺旋线，每一流体质点的速度矢量是一空间矢量。按其三个分速度来研究其性质，即与 z 轴平行的轴向速度，与圆柱半径方向一致的径向速度，以及在与 x 轴垂直的面上并与圆柱半径相垂直的切向速度，下面分别叙述。

1. 切向速度分布

在主速度矢量的三个分速度中，一般来说，除了在 z 轴中心附近以外，数值最大的是切向速度，其大小将表征流体承载固体质点运动的能力，以及对所承载的质点形成离心效应的能力。其值将取决于进口流体的初速度 ω_1 值及离旋转轴心的距离 r 的大小。

根据实际观察及试验发现，沿旋转半径方向上，切向速度数值的变化是非常显著的。按照其不同变化规律，可以将流体分成为两个旋转区域：势流旋转区及似固体旋转区。

在圆柱形旋流设备的边周，切向速度随半径的减少而不断增加的区域称为势流旋转区。在旋流设备边周截面上，如图 7-3 所示，取一微元流体，$d\varphi$ 为其对应的旋转角度，单位质量微元的离心力为 $\rho\omega^2/r$，应与压力梯度相平衡：

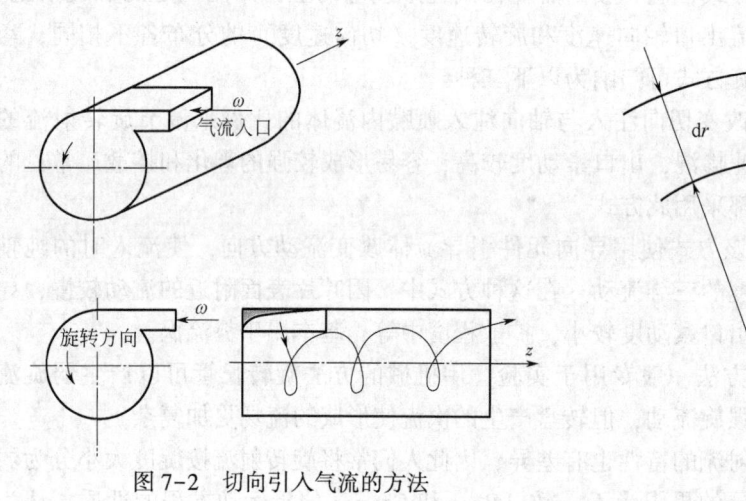

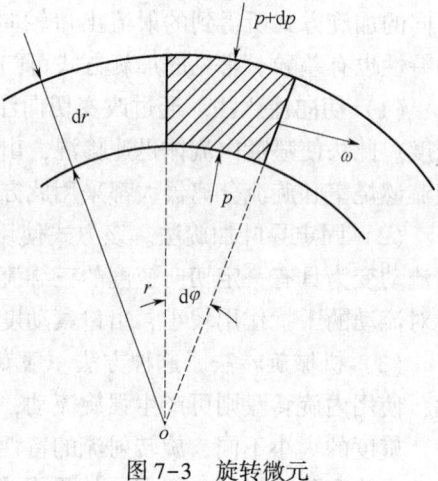

图 7-2　切向引入气流的方法　　　　图 7-3　旋转微元

$$\frac{\partial p}{\partial r} = \rho\omega^2/r \tag{7-7}$$

若假设各流线上伯努利常数均相同，则：

$$p + \rho\omega^2/2 = 常数$$

把上式对 r 进行微分得：

$$\frac{\partial p}{\partial r} = -\rho\omega\frac{\partial \omega}{\partial r} \tag{7-8}$$

由式(7-7) 和式(7-8) 得：

$$\frac{\partial \omega}{\partial r}+\frac{\omega}{r}=0 \qquad (7-9)$$

绕图 7-3 中微元面积一周的速度环量为：

$$\Gamma=\omega r\mathrm{d}\varphi-\left(\omega+\frac{\partial \omega}{\partial r}\mathrm{d}r\right)(r+\mathrm{d}r)\mathrm{d}\varphi \Gamma=\omega r\mathrm{d}\varphi-\left(\omega+\frac{\partial \omega}{\partial r}\mathrm{d}r\right)(r+\mathrm{d}r)\mathrm{d}\varphi \qquad (7-10)$$

展开上式，并略去高阶无穷小项，考虑式(7-9) 得：

$$\Gamma=-r\mathrm{d}r\mathrm{d}\varphi\left(\frac{\partial \omega}{\partial r}+\frac{\omega}{r}\right)=0 \qquad (7-11)$$

所以在旋转流体边界，沿任何小的微元体其速度环量均等于零。因此旋转流体在这一区域的流动为无旋流动，就是势流。流体微团只沿曲线移动，而不会沿本身的轴旋转。由此可见，前面作的假定是合适的。由式(7-9) 积分得：

$$\omega r=C_1 \qquad (7-12)$$

式(7-12) 表明在这一区域内，切向速度 ω 与半径 r 成反比，越靠近旋转轴心，切向速度 ω 越大。旋转流体这一区域称为势流旋转区，相当于纯环流运动。

若按势流旋转区式(7-12)，当接近旋转中心 $r\to 0$ 时，$\omega \to \infty$。根据伯努利方程能量转换原则，此处压力必然是 $p\to -\infty$，实际上是不可能的。当压力降低到与旋流设备出口外的压力相等（或略低）时，势流旋转区即宣告结束。这时流体的黏性将起很大作用，形成似固体旋转区。此时，整个流体好比一块固体一样在旋转，其切向速度 ω 分布规律为：

$$\omega/r=\omega=C_2 \qquad (7-13)$$

式中 C_1、C_2——常数。

沿半径的切向速度变化规律可用下式来归纳：

$$\omega r^n=C \qquad (7-14)$$

对于势流旋转区 $n=1$，似固体旋转区 $n=-1$，常数值 C 在没有各种流动损失的理想情况下，应等于入口速度 ω_1 与旋转轴心距离 r 的乘积，即等于单位流体质量的进口动量矩 $\omega_1 r$。因此，势流旋转区的切向速度变化规律在理想流动情况下是符合动量矩守恒原则的。

图 7-4 给出了切向速度沿半径的变化规律，由图上实线可知，存在一个半径为 r_0 的圆柱面，在其上 ω 最大，而且将流动场区分为两个旋转区域，小于 r_0 的区域称为涡核，大于 r_0 的区域称为势涡，r_0 为涡核半径。

实际上流体的流动存在黏性摩擦，与器壁间也有摩擦。因此实际切向速度变化规律并不符合式(7-12) 和式(7-13)，也不符合动量矩守恒原则。而且两个旋转区的分界处也不是一个圆柱面，而是图 7-4 中虚线所示的一个区段。这一区段的位置及大小视具体情况而定，一般需通过实验来测定。因此，势流旋转区只能称为准势流旋转区。

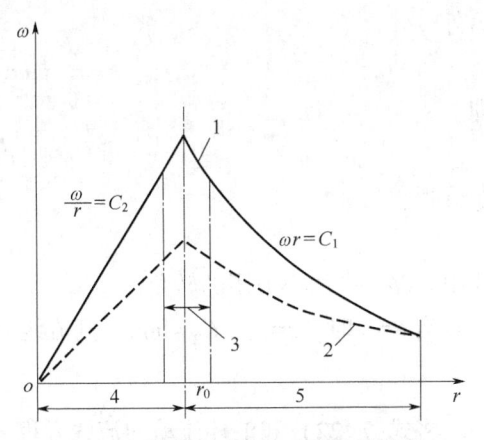

图 7-4 旋转射流切向速度变化规律
1—理想分布；2—实际分布；3—过渡区；
4—似固体旋转区；5—势流旋转区

很多实验表明，切向速度按式(7-14) 的分布中，对实际流体流动，在准势流旋转区中，其指数 n 为 $0.8 \sim 0.9$，也有些实验得出为 $0.5 \sim 0.7$；在似固体旋转区中，其指数 n 为 $-2.0 \sim -1.5$。

2. 径向速度分布

在理想情况下，旋转流体可以看成是由平面环形流（势涡）与平面点汇所组成的，如汇环流动一样，因而径向速度 v 的方向是向中心的，其值为：

$$v = Q/2\pi r \tag{7-15}$$

式中 Q——通过单位长度、半径为 r 的圆柱面的流量。

由式(7-15) 可知，v 随 r 的减小而增大。

由式(7-12) 及式(7-15) 可得：

$$\omega r = \omega_0 r_0 \tag{7-16}$$

$$vr = v_0 r_0 \tag{7-17}$$

由图 7-5 可见，合速度与圆周切线夹角的正切为：

$$\tan\alpha = v/\omega = v_0/\omega_0 = C_1 \tag{7-18}$$

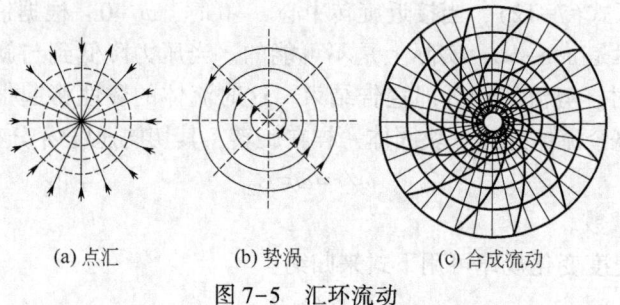

(a) 点汇　　(b) 势涡　　(c) 合成流动

图 7-5　汇环流动

另外

$$\tan\alpha = \mathrm{d}r/r\mathrm{d}\theta = C_1 \tag{7-19}$$

即：

$$\mathrm{d}r/r = C_1 \mathrm{d}\theta \tag{7-20}$$

积分得：

$$\ln r = C_1 \theta + \theta_2 \tag{7-21}$$

式中 $\mathrm{d}\theta$——微小液团的转角。

当 $\theta = 0$ 时，$r = r_0$，$C_2 = \ln r_0$，则流线方程为：

$$r = r_0 e^{c_1 \theta} \tag{7-22}$$

将式(7-22) 和汇环流动的流线方程 $r = e^{-(C+Q\theta)/\Gamma}$ 比较，可得：

$$r_0 = e^{-c/\Gamma} \text{ 或 } C/\Gamma = -Q\theta/\Gamma - \ln r$$

即：

$$-Q\theta/\Gamma - \ln r = C - Q\theta/\Gamma - \ln r = C \tag{7-23}$$

此即汇环流动的流线方程，其中 Γ 为速度环量。

$$C_1 = -Q/\Gamma = 2\pi rv/2\pi r\omega = v/\omega \tag{7-24}$$

由此可见流线是对数螺旋线。上述分析只适用于理想情况，对于实际情况，径向速度分布规律应是：

$$vr^n = C_3 \qquad (7-25)$$

式中 C_3——常数。

其中指数 n 应通过实验得到，而且对于准势流旋转区与似固体旋转区指数 n 有不同值。

3. 轴向速度分布

沿轴心线运动的分速度为轴向速度 u。u 沿径向及轴向的分布规律要比 ω 及 v 复杂得多，不能进行简单的理论分析。主要原因是实际工程设备结构的多样化，而轴向速度主要决定于设备的结构形式，要具体了解轴向速度场，目前主要靠实验测定。

图 7-6 表示出了最简单的切向引进流体，A 端封死、B 端开口的圆柱形设备中的轴向流动示意图。图中四周是一股边旋转边向外流的流体，中心区域则存在一股逆向流动，由设备外部流入的流体。这是由于旋转流体中心压力降低，抽吸外部流体进入内部。在圆柱形设备内四周的流体，当其脱离圆柱形壁面后即向外扩张流动，这是由于存在切向速度 ω。图 7-7 给出了某一立式旋风分离器的轴向流动图，由此可以看出沿设备上下及不同半径处轴向流动是很复杂的。

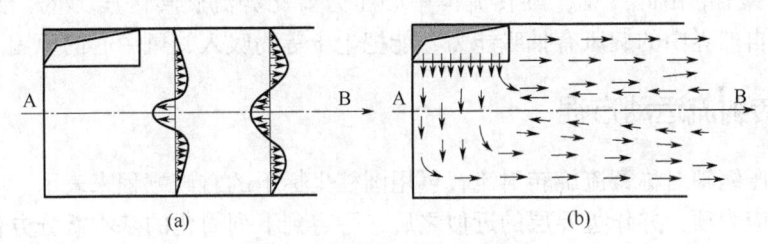

图 7-6 简单的切向引进流体

二、压力分布

由于径向速度 v 及轴向速度 u 比切向速度 ω 要小得多，因此有可能利用切向速度沿半径分布规律来近似分析沿半径方向的压力分布规律。实验证明这种简化是允许的，不会引起很大误差。

理想情况下，势流旋转区是无旋流动，可以利用伯努利方程来进行压力分布的计算。设在圆柱形设备的壁面 $r=R$ 处（圆柱半径 R）的压力 $p=p_0$、$\omega=0$，任意半径 r 处的压力为 p、速度为 ω，$r=r_0$ 处的速度为 ω_0，则得：

$$p_0 = \rho\omega^2/2 + p \qquad (7-26)$$

由于 $\omega r = \omega_0 r_0 = C_1$，以 $\omega = \omega_0 r_0/r$ 代入式(7-26) 得：

$$p = p_0 - \rho\omega_0^2(r_0/r)^2/2 \qquad (7-27)$$

由式(7-27) 知，当 $r=r_0$ 时，$p=p_0-\rho\omega_0^2/2$，表明沿圆柱半径越往旋转流体中心压力越低。在涡核半径 r_0 处，压力要比圆柱体壁面处压力低一个相当于当地切向速度值的动压头。

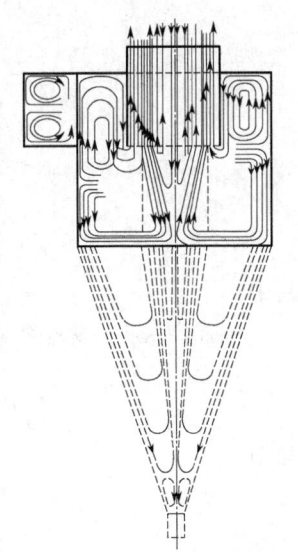

图 7-7 立式旋风分离器轴向流动图

现在再来分析似固体旋转区（涡核）的压力分布。由于涡核区是有旋流动，应当利用欧拉方程式来处理这一问题。考虑到 u、v 相对 ω 要小得多，流动是轴对称的，且各分速度沿 z 轴变化不大，则得柱坐标下的欧拉方程式：

$$dp/dr = \rho\omega^2/r \tag{7-28}$$

由于 $\omega = r\omega$，式(7-28) 可改写成：

$$dp = \rho\omega^2 r dr \tag{7-29}$$

积分式(7-29) 得：

$$p = \rho\omega^2 r^2/2 + C = \rho\omega^2/2 + C \tag{7-30}$$

考虑到当 $r = r_0$ 时 $\omega = \omega_0$，以及 $p = p_0 - \rho\omega^2/2$ 的积分条件，积分常数 $C = p_0 - \rho\omega_0^2$ 再代入式(7-30) 得：

$$p = \rho\omega^2/2 + p_0 - \rho\omega_0^2 \tag{7-31}$$

由式(7-31) 可计算涡核区沿半径的压力分布。在涡核中心，即旋转轴心处其压力值为：

$$p = p_0 - \rho\omega_0^2 \tag{7-32}$$

这表明在旋转流体中心处，压力要比旋转流体边界上的压力低 1/2 动压头值 ($\rho\omega^2/2$)。这个动压头数值是按势流旋转区与似固体旋转区交界处的切向速度 ω（即是涡核半径处的切向速度）来计算的。由此可见，旋转流体中心压力要比势流旋转区压力低，比周边压力更低。这解释了自然界中的旋风有抽吸能力，能把尘土等物吸入旋风中心的原因。

三、旋转射流运动方程

对于不可压缩轴对称紊流旋转射流，可用圆柱坐标下的雷诺方程来表示。在忽略黏性应力及紊动的正应力项，并作边界层的近似之后，可得到下列简化的基本微分方程组：

$$u\frac{\partial u}{\partial x} + v\frac{\partial u}{\partial r} = -\frac{1}{\rho}\frac{\partial p}{\partial x} + \frac{1}{\rho r}\frac{\partial r\tau_x}{\partial r} \tag{7-33}$$

$$\frac{\omega^2}{r} = \frac{1}{\rho}\frac{\partial p}{\partial r} \tag{7-34}$$

$$u\frac{\partial \omega}{\partial x} + v\frac{\partial \omega}{\partial r} + \frac{vw}{r} = \frac{1}{\rho}\frac{\partial \tau_\phi}{\partial r} + \frac{2}{\rho}\frac{\tau_\phi}{r} \tag{7-35}$$

$$\frac{\partial ru}{\partial x} + \frac{\partial rv}{\partial r} = 0 \tag{7-36}$$

其中

$$\tau_x = -\rho\overline{u'v'}, \tau_\phi = -\rho\overline{v'\omega'}$$

将式(7-33) 两端各乘 ρr，并积分得：

$$\int_0^\infty \rho u \frac{\partial u}{\partial x} r dr + \int_0^\infty \rho v r \frac{\partial u}{\partial r} dr = -\int_0^\infty \frac{\partial p}{\partial x} r dr + \int_0^\infty \frac{\partial r\tau_x}{\partial r} dr \tag{7-37}$$

其中

$$\int_0^\infty \rho u \frac{\partial u}{\partial x} r dr = \frac{1}{2}\frac{d}{dx}\int_0^\infty \rho u^2 r dr$$

$$\int_0^\infty \rho v r \frac{\partial u}{\partial r} dr = |\rho uvr|_0^\infty - \int_0^\infty \rho u \frac{\partial(ru)}{\partial r} dr = 0 + \int_0^\infty \rho u \frac{\partial(ru)}{\partial r} dr = \frac{1}{2}\frac{d}{dx}\int_0^\infty \rho u^2 r dr$$

$$\int_0^\infty \frac{\partial p}{\partial x} r dr = \frac{d}{dx}\int_0^\infty p r dr$$

$$\int_0^\infty \frac{\partial r\tau_x}{\partial r} dr = |r\tau_x|_0^\infty = 0$$

故式(7-37) 成为：

$$\frac{\mathrm{d}}{\mathrm{d}x}\int_0^\infty (p+\rho u^2)r\mathrm{d}r = 0 \tag{7-38}$$

式(7-38) 表示压力与轴向动量通量之和沿 x 方向守恒。将压力项改写为：

$$\int_0^\infty \frac{\partial p}{\partial x} r\mathrm{d}r = \left|\frac{r^2}{2}\frac{\partial p}{\partial x}\right| - \int_0^\infty \frac{r^2}{2}\frac{\partial}{\partial r}\left(\frac{\partial p}{\partial x}\right)\mathrm{d}r = 0 - \int_0^\infty \frac{r^2}{2}\frac{\partial}{\partial r}\frac{\partial p}{\partial r}\mathrm{d}r$$

由式(7-34) 有：

$$\int_0^\infty \frac{\partial p}{\partial x} r\mathrm{d}r = -\int_0^\infty \frac{r^2}{2}\frac{\partial}{\partial x}\left(\frac{\rho\omega^2}{r}\right)\mathrm{d}r = -\frac{1}{2}\frac{\mathrm{d}}{\mathrm{d}x}\int_0^\infty \rho\omega^2 r\mathrm{d}r$$

则积分方程（7-38）成为：

$$\frac{\mathrm{d}}{\mathrm{d}x}\int_0^\infty \rho\left(u^2 - \frac{\omega^2}{2}\right)r\mathrm{d}r = 0 \tag{7-39}$$

式(7-39) 没有压力项只包括速度，有时应用更方便。

将式(7-35) 乘以 ρr^2 并对 r 积分得：

$$\int_0^\infty r^2\rho u \frac{\partial\omega}{\partial x}\mathrm{d}r + \int_0^\infty r^2\rho v\frac{\partial\omega}{\partial r}\mathrm{d}r + \int_0^\infty rv\omega\rho\mathrm{d}r = \int_0^\infty r^2\frac{\partial\tau_\phi}{\partial r}\mathrm{d}r + \int_0^\infty 2r\tau_\phi \mathrm{d}r \tag{7-40}$$

其中

$$\int_0^\infty r^2\rho u\frac{\partial\omega}{\partial x}\mathrm{d}r = \int_0^\infty r\rho u \frac{\partial}{\partial x}(r\omega)\mathrm{d}r = \int_0^\infty r\rho\left[\frac{\partial(ur\omega)}{\partial x} - \tau\frac{\partial u}{\partial x}\right]\mathrm{d}r$$

$$\int_0^\infty r^2\rho v\frac{\partial\omega}{\partial r}\mathrm{d}r = |r^2\rho v\omega|_0^\infty - \int_0^\infty \omega\frac{\partial(\rho ur)^2}{\partial r}\mathrm{d}r = \frac{\mathrm{d}}{\mathrm{d}x}\int_0^\infty r^2\rho u\omega\mathrm{d}r + \int_0^\infty \rho\omega r\frac{\partial(rv)}{\partial r}\mathrm{d}r$$

$$= 0 - \int_0^\infty \omega\frac{\partial(\rho r^2 v)}{\partial r}\mathrm{d}r = -\int_0^\infty \rho\omega r\frac{\partial(rv)}{\partial r}\mathrm{d}r + \int_0^\infty \rho\omega rv\mathrm{d}r$$

$$\int_0^\infty r^2\frac{\partial\tau_\phi}{\partial r}\mathrm{d}r + \int_0^\infty 2r\tau_\phi\mathrm{d}r = \int_0^\infty \frac{\partial}{\partial r}(r^2\tau_\phi)\mathrm{d}r = |r\tau_\phi|_0^\infty = 0$$

故积分方程（7-40）成为：

$$\frac{\mathrm{d}}{\mathrm{d}x}\int_0^\infty \rho u\omega r^2\mathrm{d}r = 0 \tag{7-41}$$

此式表示切向动量矩通量或角动量沿轴向守恒。式(7-38)、式(7-39) 及式(7-41) 就是旋动射流的积分方程组。

根据实验资料对旋转射流的轴向速度和旋动速度在断面上分布作自相似的假定，即令

$$\frac{u}{u_m} = f\left(\frac{r}{b}\right) = f(\eta) \tag{7-42}$$

$$\frac{\omega}{\omega_m} = g(\eta) \tag{7-43}$$

式中 u_m、ω_m——断面上速度的最大值；

b——$u=u_m/2$ 处的 r 值。

估计 u_m 及 ω_m 沿轴向的变化，设指数关系：

$$u_m \propto x^p, b \propto xq, \omega_m \propto x^s \tag{7-44}$$

可用上述积分方程推求 p、q、s 等指数值。

对于 $u_m \gg \omega_m$ 的情况，再作卷吸假定：

$$\frac{d}{dx}\int_0^\infty u2\pi r dr = 2\pi \bar{b} v_c \tag{7-45}$$

$\bar{b}$ 为速度 u 基本上为零处的 r 值，v_c 为卷吸速度，可设 $v_c = \alpha u_m$，最后可求得 $q=1$，$p=-1$，$s=-2$，即：

$$b \propto x, u_m \propto \frac{1}{x}, \omega_m \propto \frac{1}{x^2} \tag{7-46}$$

对于 u_m、ω_m 的情况，对 τ_x 作自相似假定：

$$\frac{\tau_x}{\rho u_m^2} = h(\eta) \frac{\tau_x}{\rho u_m^2} = h(\eta) \tag{7-47}$$

最后求得 $q=1$，$p=-2/3$，$s=-3/2$，即：

$$b \propto x, u_m \propto \frac{1}{x^{3/2}}, \omega_m \propto \frac{1}{x^{3/2}} \tag{7-48}$$

表明截面最大轴向速度和最大切向速度与离开喷嘴的距离的 3/2 次方成反比。

四、旋转射流结构特性

射流的结构特性通常是指射流的速度和压力分布特性。理论分析已表明旋转射流由于流体质点具有三维速度，因此当射流脱离喷嘴后，必然在前进中形成一定的扩散，射流质点的运动轨迹基本为一空间螺旋线，形成了其独特的喇叭状外形和特殊的速度和压力分布。

综合利用五孔皮托管、二维和三维激光测速仪（LDV）对空气和水在淹没和非淹没状态下进行了速度和压力的测量，对应于实际旋流数分别为 0.470、0.357 和 0.296 三种情况，得出了与理论分析相吻合的结果。

图 7-8 给出了实际旋流数为 0.470 条件下的气体旋转射流的轴向速度分布、切向速度分布和径向速度分布的基本情况及随射流的发展而变化的规律。在接近喷嘴出口的截面上，轴向速度剖面上明显存在着中心低速区，随着射流的发展、前进，中心低速区在一定的范围内变得更低，而后又逐渐增大。射流的高速区则一直在向外发展。由于射流的强烈卷吸作用带动了周围气体的流动，同时将自身的动量传递给周围气体，使射流本身的速度逐渐降低，直到较远的截面处，发展成与普通圆射流的分布相似的较平缓的速度剖面。整个射流主体段的轴向速度分布呈现出"M"形的分布特点，即在射流中心区域内，速度值较小。离开射流中心线一定半径处存在着最大速度，而后随着径向距离的增大，速度逐渐降低。图 7-8（a）所示的切向速度的变化趋势和规律基本上与轴向速度一致。随着射流的前进，其切向速度的衰减速度更快，射流产生的离心作用也在迅速减弱，从而使中心低速区变小，切向速度的分布呈沿射流中心对称分布特点，即在射流中心线两侧的切向速度方向相反，使其具有"N"形分布。速度绝对值较小的径向速度的变化则呈现出更复杂的趋势，由图 7-8（c）可以看出，基本上呈现"W"形分布特点。在离开喷嘴较小距离的范围内，射流中心附近的径向速度为正值，表现了在旋转速度作用下射流质点向外扩散运动的趋势。而在射流外围，径向速度则出现负值，说明射流的抽吸有使射流流量增大的作用。

(a)

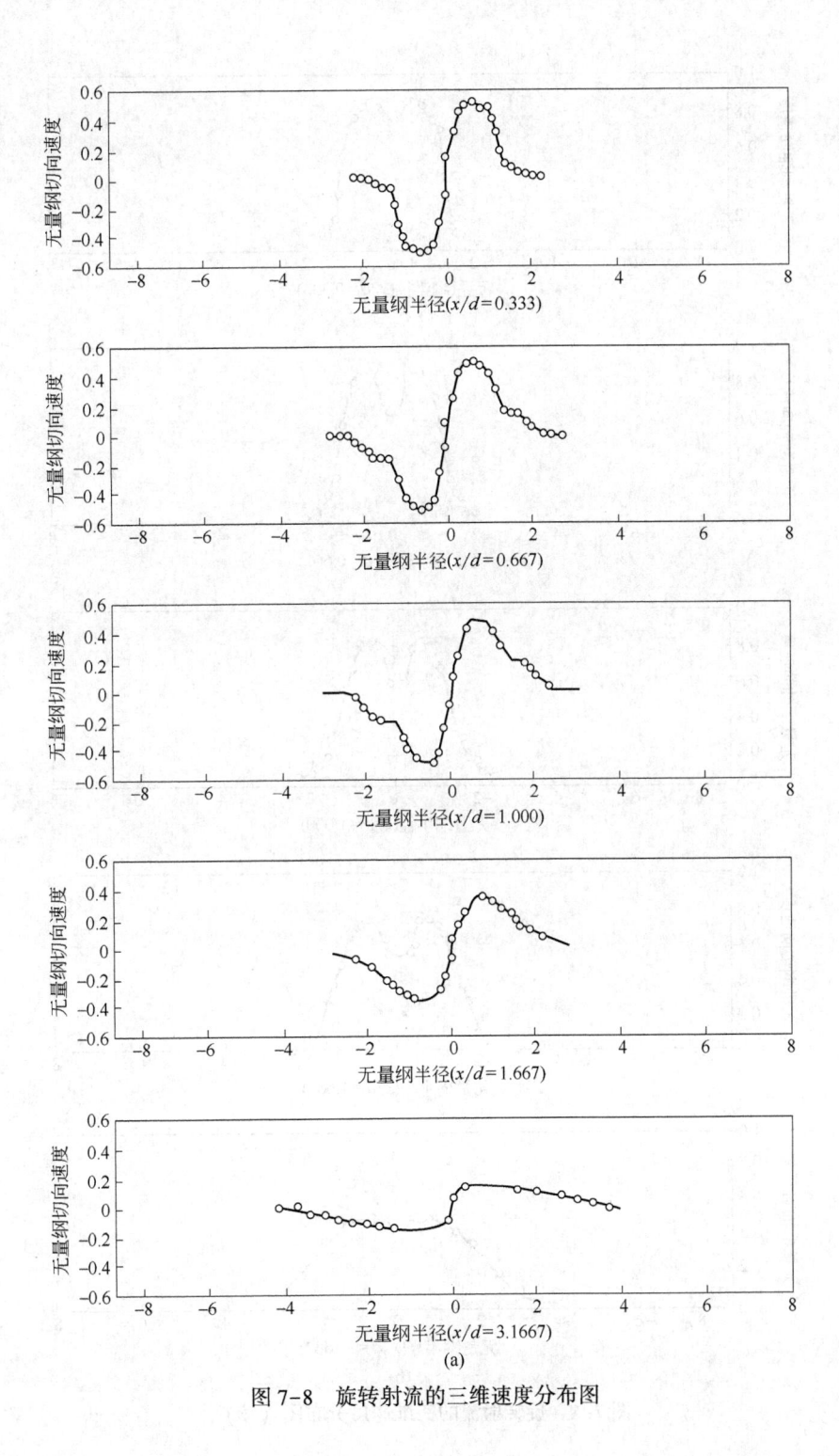

图 7-8 旋转射流的三维速度分布图

(b)

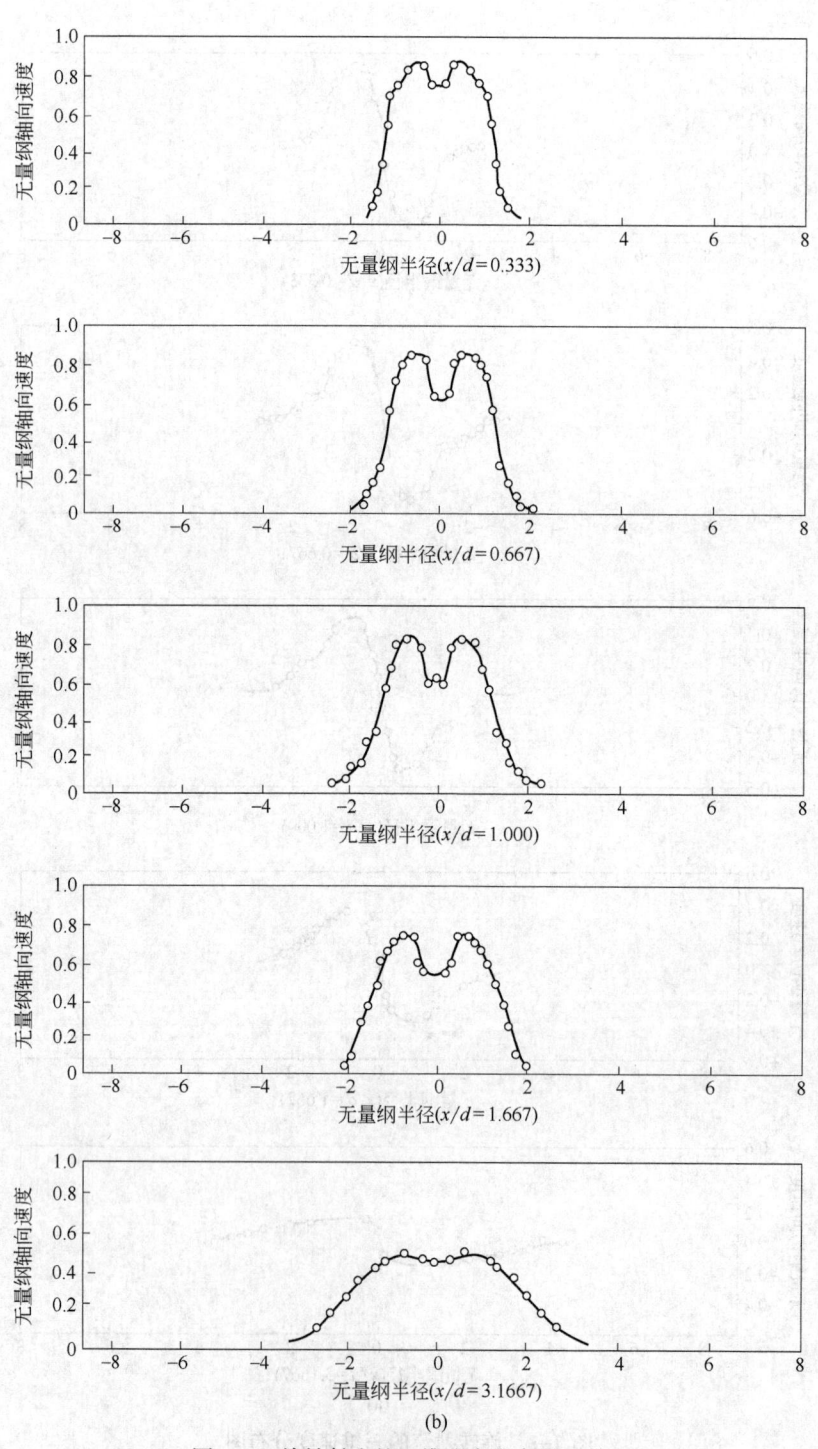

图 7-8 旋转射流的三维速度分布图（续）

(c)

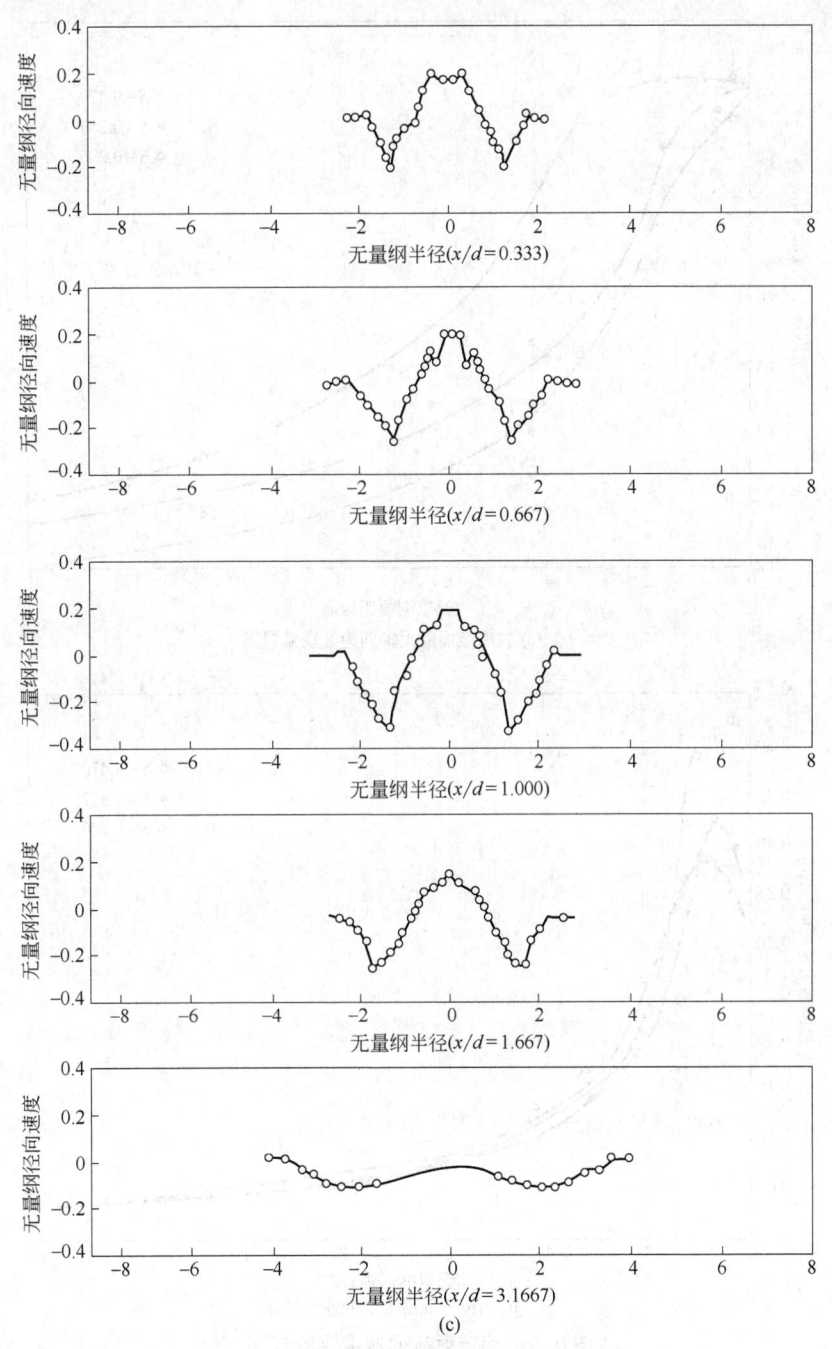

图 7-8　旋转射流的三维速度分布图（续）

实测的旋转射流流场的压力分布和变化趋势完全同于轴向速度，也具有"M"形分布特点。图 7-9 给出了旋转射流的速度衰减规律，随着射流的发展，截面最大轴向速度与无量纲喷距呈一负指数的关系衰减，并且随着旋流数的增大，衰减得更快。截面最大切向速度也随喷距增加呈更大的负指数关系衰减，但基本与旋流强度无关。其射流基本段的速度衰减规律可用下面两式表示：

$$u_m \propto (x/d)^{0.5 \sim 0.73}, \omega_m \propto (x/d)^{-1}, 0.3 < S < 0.5 \tag{7-49}$$

(a) 射流截面最大轴向速度衰减规律

(b) 射流截面最大切向速度规律

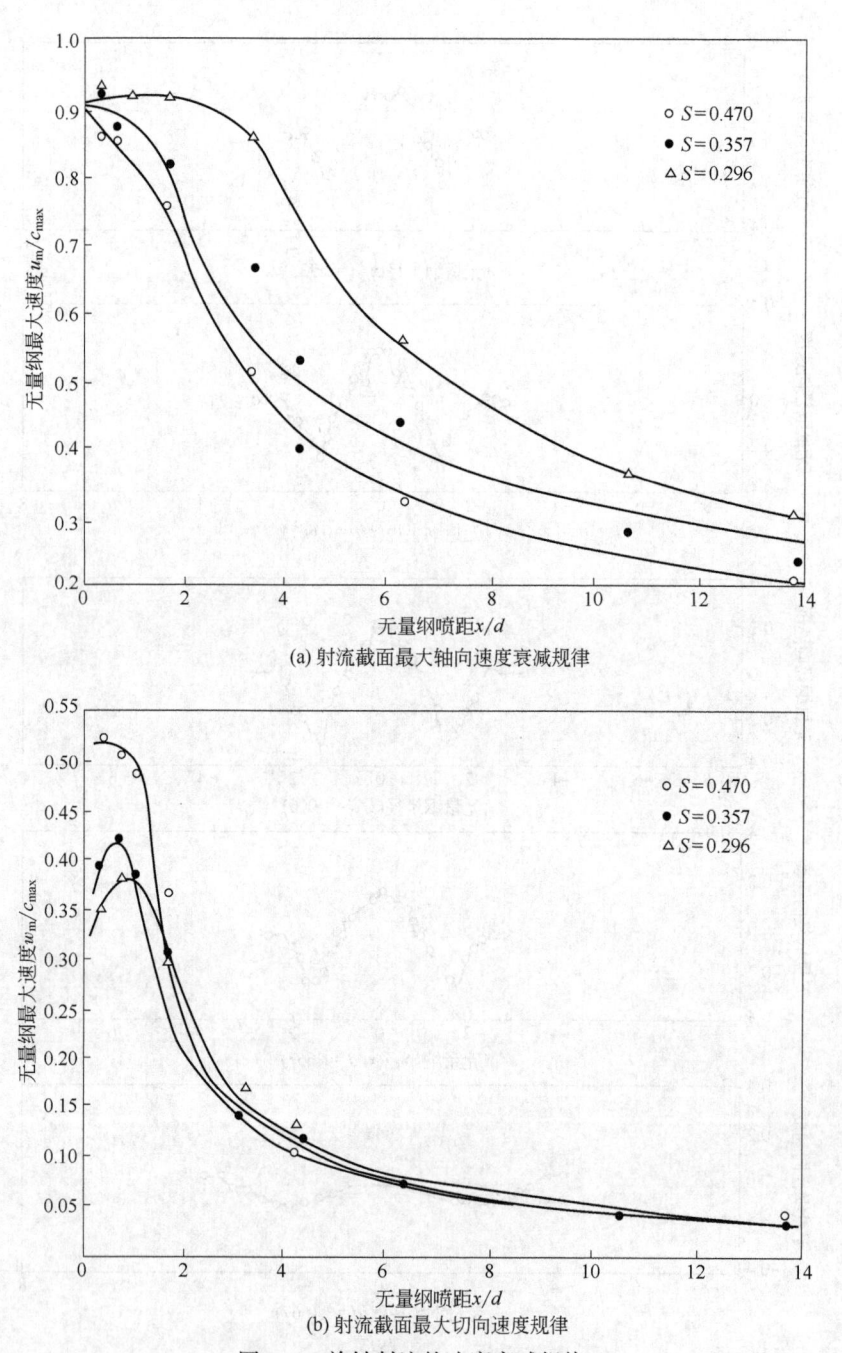

图 7-9 旋转射流的速度衰减规律

针对利用旋转射流破岩钻孔的目的和需要，对十分复杂的旋转射流井底流场的 LDV 进行了实测研究，建立了图 7-10 所示的实际旋转射流井底流场的物理模型。

如图 7-10 所示，整个旋转射流井底流场可分为以下 5 个区域：

Ⅰ区为射流的主流区。离喷嘴不太远，为射流相对集中的一个初始区域，在此区段具有自由旋转射流的性质，基本上没有体现出井底存在的影响。

Ⅱ区为冲击区。能量集中的那部分射流冲击到井底岩石上对岩石进行破碎的区域。

Ⅲ区为中心低速低压区。在这一区域内，由于旋转射流的结构特性造成了中心部分的低速低压区，甚至出现回流涡旋口。

Ⅳ区为涡旋区。主要包括涡旋区 A 和涡旋区 B。涡旋区 A 是由于高速旋转射流卷吸而造成的，为一较大的涡旋区，主要为射流的发展补充流量，射流速度越高，流场越大，形成的涡旋区也就越大。涡旋区 B 是由返回流沿井壁返回的过程中，开始在靠近井底的壁面上形成很薄的边界层，在流动的发展中，由于井壁的阻滞作用，流体质点在流动中损耗了大量的动能，以至于不能克服继续向下流动时逆向压力的升高，而产生回流，使边界层从固体壁面上分离，形成涡旋区。此涡旋区随着射流流量的增大，而向上移动。

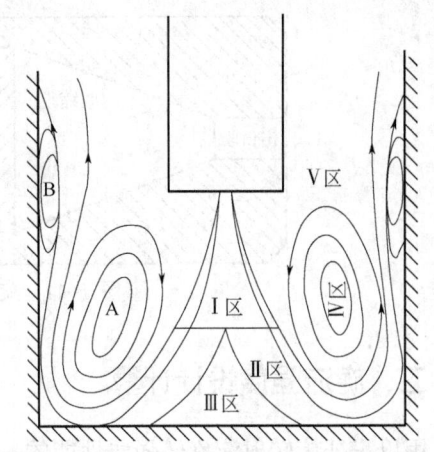

图 7-10 实际旋转射流井底流场的物理模型
Ⅰ—自由射流区；Ⅱ—冲击区；Ⅲ—中心低速低压区；
Ⅳ—涡旋区；Ⅴ—返回流区

Ⅴ区为返回流区，也包括了整个环形空间，是射流来流冲击到井底后携带部分破碎的岩屑向回返的区域。在此区域内，流动基本呈单向化，旋转流动速度越来越小，整个区域的回流流量与射流流量守恒。

综合上面的实验结果可以发现，无论是气体还是液体，淹没还是非淹没旋转射流，都具有不同于普通圆射流的结构特性。截面中心部分出现低速区，甚至回流区，表明中心部分的压力较低，有利于涡旋的产生和发展。这种分布特性主要取决于喷嘴的结构。由于叶轮体的存在，液体流经喷嘴腔体时，受叶轮中心实体部分的阻挡，只能沿外围叶轮流道旋转流出，经喷嘴加速段和出口段形成旋转射流后，在射流的中心部分及外沿就会形成一系列的由绕流和液体质点旋转而导致的涡旋。这种喷嘴结构实际上体现了中心体式空化喷嘴和旋叶式空化喷嘴的综合思想与原理，使这种旋转射流形成了典型的蓝金涡，即自由涡旋与强迫涡旋的组合涡，导致了空化的形成和空化射流的产生，从射流的性能上又大大提高了其破岩能力。

第三节 旋转射流喷嘴设计

一、喷嘴结构设计

以导向元件旋转射流喷嘴为例进行设计。

喷嘴选择易于成型、效率较高，且在工程中常用的锥形喷嘴，其整个流道由柱形内腔、收缩段和出口段三部分组成。由导向叶轮固定在喷嘴内腔而组成的旋转射流喷嘴整体结构如图 7-11 所示。

锥形喷嘴各段尺寸的确定是在参考 Leach 和 Walker 研究成果的基础上，根据实际条件及实用性而进行的。设计出口直径为 $d=6.4$mm 和 $d=4.0$mm 两种，设计锥角范围为 30°~120°，出口直径段为 $L/d=0.5\sim 5$ 的多种不同组合，以便通过实验进行优选。

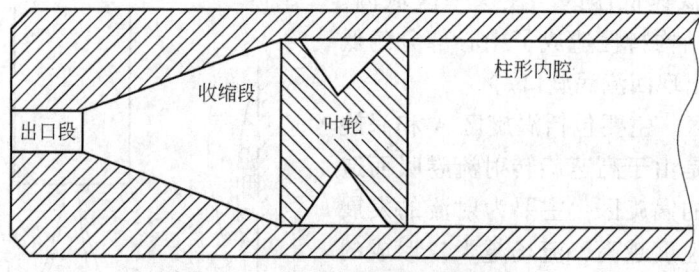

图 7-11 旋转射流喷嘴整体结构图

二、旋流强度设计计算

用以表征旋转射流旋转强弱性能的一个重要参数是旋流数,具体表示为:

$$S = \frac{M}{KR} \tag{7-50}$$

本设计在采用锥形喷嘴加导向叶轮的前提下,根据光滑导向原则,取导向叶轮叶片的入口角 $\alpha_1 = 0$,即与喷嘴轴线平行,以减少流体冲击造成的能量损失,最终导向角即叶片出口角为 α_2。叶片为不变截面的等厚度叶片,厚度为 t。并假定在喷嘴内腔的流动为:

(1) 理想流体,不可压缩,稳定流动;
(2) 来流均匀,进入叶轮流道后均沿叶轮叶片壁面平行流动。

下面按图 7-12 所示的喷嘴内叶轮的流道几何形状,推导出叶轮几何参数与旋流数 S 之间的关系。

流体流经导向角为 α_2 的叶轮出口处时,流速为 v_2,沿与轴线夹角为 α_2 的方向前进,此时可分解为轴向速度 v_z 和周向速度 v_θ。由简单的几何关系即可得出:

$$v_z = v_2 \cos\alpha_2 \tag{7-51}$$

$$v_\theta = v_2 \sin\alpha_2 \tag{7-52}$$

则:

$$\frac{v_\theta}{v_z} = \tan\alpha \tag{7-53}$$

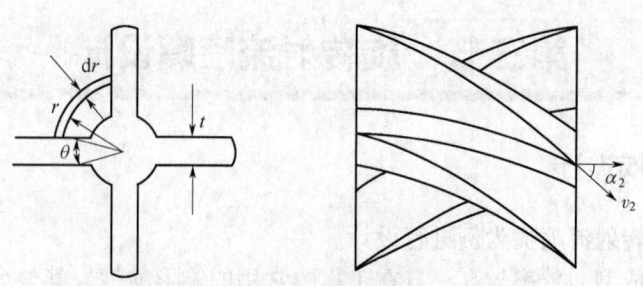

图 7-12 喷嘴内叶轮的流道几何形状

设在由 n 个叶片均匀分布组成的叶轮任一流道的任一半径 r 处,取一流体微元进行分析,此微元体的面积可由其几何关系确定:

$$\sin\frac{\theta}{2} = \frac{t}{2r}$$

则：
$$\theta = 2\arcsin\frac{t}{2r} \tag{7-54}$$

微元体面积为：
$$S = r\left(\frac{2\pi}{n} - 2\arcsin\frac{t}{2r}\right)dr$$

叶轮出口处，此流体微元的轴向动量为：
$$dK = \rho v_z^2\left(\frac{2\pi}{n} - 2\arcsin\frac{t}{2r}\right)rdr \tag{7-55}$$

流体微元动量矩为：
$$dM = \rho v_z v_\theta\left(\frac{2\pi}{n} - 2\arcsin\frac{t}{2r}\right)r^2 dr \tag{7-56}$$

若叶轮半径为 R_0，轮毂半径为 r_i，则出口处流体总的动量和旋转动量矩分别为：
$$K = n\int_{r_i}^{R_0} \rho v_z^2\left(\frac{2\pi}{n} - 2\arcsin\frac{t}{2r}\right)rdr = n\rho v_z^2\cos^2\alpha_2\int_{r_i}^{R_0}\left(\frac{2\pi}{n} - 2\arcsin\frac{t}{2r}\right)rdr \tag{7-57}$$

$$M = n\rho v_z^2\sin\alpha_2\cos\alpha_2\int_{r_i}^{R_0}\left(\frac{2\pi}{n} - 2\arcsin\frac{t}{2r}\right)r^2 dr \tag{7-58}$$

积分后便可得出该旋转射流喷嘴的旋流数：
$$S = \frac{M}{RK} = A\tan\alpha_2 \tag{7-59}$$

其中
$$A = \frac{\dfrac{2(\pi-n)}{3n}(R_0^3 - r_i^3) - \dfrac{t}{6}(R_0^2 - r_i^2) - \dfrac{t}{24}\ln\dfrac{R_0}{r_i}}{R_0\left[\dfrac{\pi-n}{n}(R_0^2 - r_i^2) - \dfrac{t}{2}(R_0 - r_i)\right]} \tag{7-60}$$

A 为一系数，它取决于叶片数、叶片厚度、叶轮外径和轮毂直径。式(7-59)表明了在导向叶轮式旋转射流喷嘴的设计中，几何参数对旋流数的影响关系。当系数 A 确定之后，旋流数与叶轮导向角的正切成正比。因此在喷嘴和叶轮的几何参数确定之后，便可计算出具体的旋流数。当然，这种理论计算的旋流数与实际的旋流数有较大的差别，这主要是由于叶轮流道短而宽，对流体的导向效率不高，以及流体黏性和惯性的存在，使流过加工粗糙的叶片表面时产生摩擦损失，使实际的导流效果远比理论上的差。另外，用式(7-4)计算旋流强度时，轴向速度用的是平均值，这与实际旋转射流出口的轴向分布不一致。由于中心出现低速区甚至回流区，使实际的喷嘴出口截面积小于理论面积，实际的轴向速度大于理论的计算速度，因此也导致了实际旋流强度的明显减小，这在后面的实验研究中可明显地看到。

实际旋转射流的旋流强度应按下式计算：
$$S = \frac{\int_0^R u\omega r^2 dr}{R\int_0^R u^2 r dr} \tag{7-61}$$

式中 u——实际的轴向速度分布；
　　　ω——实际的切向速度分布；
　　　R——喷嘴半径。

三、叶轮结构设计

导向叶轮式锥形喷嘴之所以产生旋转射流，主要取决于导向叶轮的结构特性。

1. 叶片数

从导向叶轮的作用机理分析不难看出，要保证叶片对全部流体均匀导向作用，叶片数越多越好；要使流体流过叶轮流道时的流动阻力损失较小，要求叶片数越少越好。为了使产生的旋转射流满足设计要求，必须在考虑喷嘴空间尺寸大小、加工成形可行性的前提下，选择确定合适的叶片数。因此本设计采用了两片、三片和四片叶轮三种作为实验用叶轮。

2. 叶片导向角

由式(7-58)可知，在其他条件一定的情况下，对于理想流体而言导向叶轮对旋流强度的影响只取决于叶轮出口角，而与进口及向出口过渡的其他角度均无关，或者说与叶片的叶面形状无关，其原理是显而易见的。因此，从满足一定旋流强度要求的观点出发，只需设计叶片出口角（即最大导向角）α_2。本设计采用了20°~70°等多种不同出口角的叶片进行实验。

3. 叶片几何形状设计

对于理想流体，叶片的叶面形状对旋流强度没有影响，但在实际流体的流动中，由于叶片固壁对黏性流体的作用，叶面的形状对导流效果必然产生影响。另外，叶面形状的不同，必然会对流体流动造成不同的阻力损失。因此，从减小导流叶片的阻力、提高旋流喷嘴效率的角度出发，必须对叶片形状进行合理设计。但由于三维变厚度叶片设计和制造过于复杂，因此在能满足实验要求的前提下对叶片形状进行适当简化，采用等厚度叶片，即叶片形状沿径向保持不变。

为了使流动的能量损失最小，叶片沿轴向的形状应满足于对流体的流动阻力最小，这就要求叶片形状与流体的流线相一致。因此可以从流体流线的微分方程来导出叶片的形状。如图7-13所示，一微小液团沿导向叶片由 a 点自由流到 b 点，dt 时间后又流到 c 点，b 点曲率半径为 r，b 点、c 点的转角为 dθ，半径差为 dr，b 点处的切向速度为 v_n，轴向速度为 v_m，合速度为 v，由速度三角形可知：

$$\frac{v_m}{v_n} = \tan\alpha \tag{7-62}$$

在微小三角形 bcd 中

$$\frac{dr}{rd\theta} = \tan\alpha \tag{7-63}$$

则有 $\dfrac{dr}{r} = \dfrac{v_m}{v_n} d\theta$，积分可得 $\ln r = \int \dfrac{v_m}{v_n} d\theta + C$，即：

$$r = C_1 e^{\int \frac{v_m}{v_n} d\theta} \tag{7-64}$$

对于 v_m/v_n 有两种可能的情况，一种是 v_m/v_n 与 θ 无关，是常数；另一种则是 v_m/v_n 是 θ 的函数。在此取第一种简单的关系，即设 $v_m/v_n = m$ 不随极角变化，则可得出简单关系的叶片形状曲线方程：

$$r = Ae^{m\theta} \tag{7-65}$$

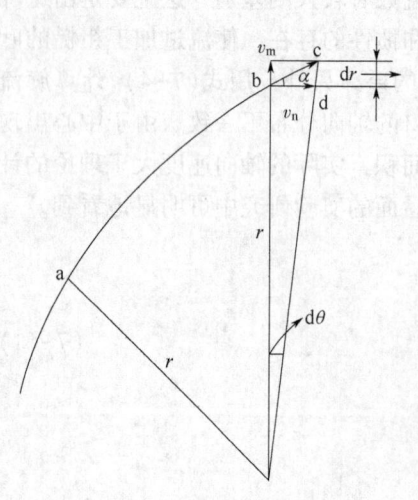

图 7-13 微小液团运动分析

4. 叶片长度

虽然叶片长度对旋流强度在理想状况下是没有影响的，但在实际流体的流动中，叶片越长对远离叶片面的流体的导向效果越好、越稳定。但叶片长度大，导流流道长，则必然会引起流动损失的增加，因此叶片长度也需经过实验确定。本设计中取叶片长度$L_0 = (2 \sim 4.2)d$。

5. 叶轮的设计、制造

在确定了叶轮外径D_0之后，取轮毂直径$d_i = D_0/3$，在确定了叶轮长度L_0、叶片数n和导向角α_2之后，即可根据叶片形状曲线方程$r = Ae^{m\theta}$，用计算程序进行线段优选，并给出加工数据。

由于本设计的叶轮属轴向叶轮，流面均呈圆柱面，故在进行保角变换时相对简单，只需将圆柱面沿母线切开，展成平面，在平面展开图上绘制出相应的叶片曲线，并根据其展开的几何关系，确定出在圆柱面上加工叶片形成流道的坐标点即可，变换关系如图 7-14 所示（图中$\Delta\theta$为微转角，Δs为对应的叶片曲线长度）。

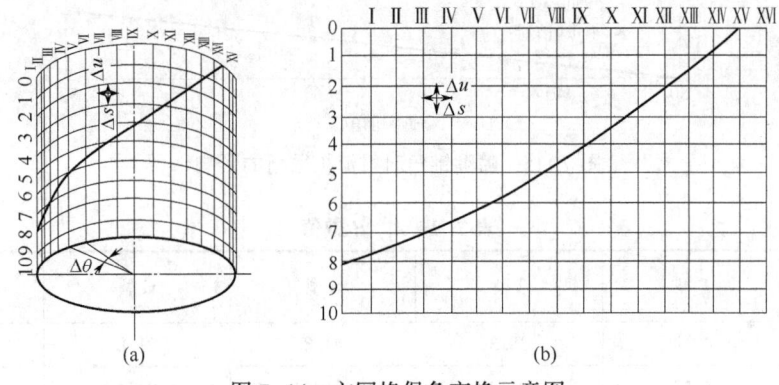

图 7-14　方网格保角变换示意图

展开的平面图中，轴向尺寸与原尺寸相同，周向尺寸的关系为：$\Delta u = \dfrac{\Delta\theta}{360}2\pi r$，具体叶轮加工设计过程不再赘述。

四、旋转射流结构特性的变化规律

旋转射流结构特性中最显著和最直观的是其扩散性。因此，在研究其变化规律时，重点研究扩散角的变化规律。射流扩散角定义为射流在平面上的投影两外边线的夹角，即射流体的锥角，记为D_a。

1. 喷嘴结构对射流扩散角的影响

由于叶轮加工的困难，因此在实验中基本保持叶轮直径不变，即喷嘴内腔尺寸不变。故喷嘴结构参数上的变化主要是喷嘴锥角和直柱出口段长度的变化。

图 7-15 给出了在压力为 2.5MPa 条件下，用四种不同出口角叶轮和不带叶轮的情况下做出的喷嘴锥角C_a对射流扩散角的影响规律。结果表明随着喷嘴锥角的增大，射流扩散角增大，即使普通的锥形射流，射流扩散角也随锥角的增大而增大。只是旋转射流的扩散角比

普通锥形射流的扩散角大得多。由于在喷嘴尺寸确定的条件下，锥角的增大必定缩短了收缩段的距离，减小了沿程的损失，尤其减小了旋转流动的流程，因此使得射流扩散角增大，其通用的关系式可写为：

$$D_a = A + BC_a \tag{7-66}$$

式中，常数 A 和 B 与具体的叶轮结构有关，本实验条件下的 A、B 值见表 7-1。

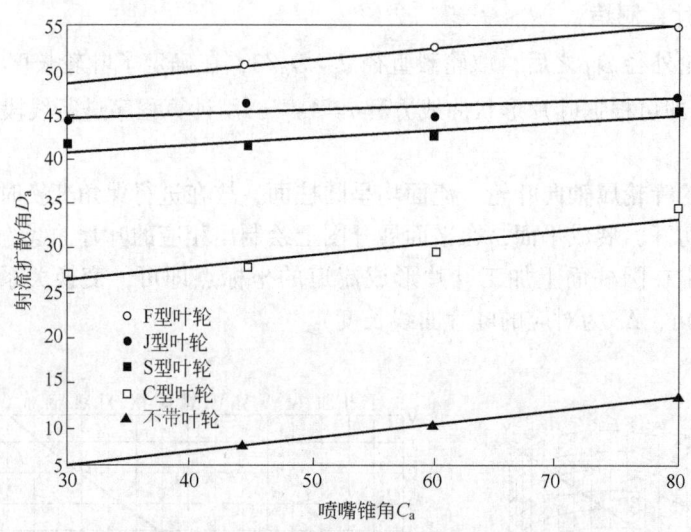

图 7-15 喷嘴锥角对射流扩散角的影响

表 7-1 A、B 数值

叶轮 系数	F 型	J 型	S 型	C 型	不带叶轮
A	44.8	38.3	41.8	21.8	0.8
B	0.12	0.08	0.06	0.14	0.15

实验还表明旋转射流扩散角受喷嘴出口直柱段长度 L 的影响，基本趋势是随着喷嘴出口段长度的增大，扩散角减小，这种关系和理论上的分析是一致的。因此喷嘴出口段的长度，应在能够满足射流稳定和均匀要求的前提下，越短越好。

2. 叶轮结构对射流扩散角的影响

在叶轮的结构参数中，最重要的是叶轮出口角。这在式(7-58)的旋流强度中已表明，此外，叶轮叶片数、叶轮长度等也会对射流扩散角产生一定的影响。

图 7-16 给出了两种喷嘴和两种叶轮（三片式和四片式）的实验结果，表明了叶轮出口角与射流扩散角基本呈线性关系，即在其他条件已确定时，射流扩散角随叶轮出口角的增大而增大，或者表述为射流扩散角随旋流强度的增大而线性增大，如图 7-17 所示。这种现象的实质即是叶轮导向能力的强弱决定了旋转射流的结构特性，决定了其扩散能力。

对于 M 型喷嘴：

$$D_a = 4 + 31S \tag{7-67}$$

对于 B 型喷嘴：

$$D_a = 3.2 + 30S \tag{7-68}$$

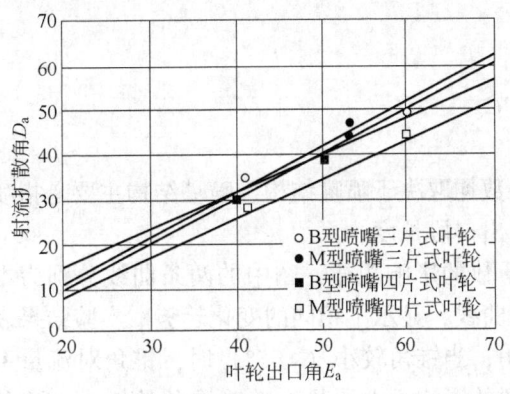

图 7-16　射流扩散角随叶轮出口角的变化规律

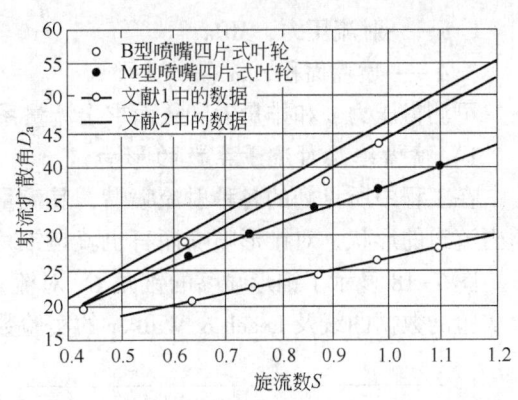

图 7-17　射流扩散角随旋流强度的变化规律

图 7-17 中同时给出了相关学者的实验结果，二者都显示了旋转射流扩散角与旋流强度的线性关系，表明了旋流强度的增大使射流的卷吸作用加强。

无论理论分析还是实验观察都肯定了叶轮流道的大小对导流效果有影响，因此在其他条件确定之后，叶片数 n 肯定会对旋转射流扩散角有影响。由于加工手段的制约，实验中只使用了两片式、三片式和四片式三种叶轮。在本实验条件下，实验结果表明叶轮叶片数越多，射流扩散角就越大，即四片式叶轮在同样条件下所产生的旋转射流扩散角比用三片式叶轮的大，表明了四片式叶轮的导流效果比三片式叶轮的好。传统的叶轮叶片设计中，假定液流的任一质点的相对速度均沿叶片骨线的切线方向，即认为流体运动的流线形状与叶片骨线形状完全一致，并使流动具有对称性。在实际的叶片设计中，叶片数不可能无限多，从使流动均匀和导流效果好的角度讲应尽可能多，但要综合考虑能量的损失及加工等实际情况。

在射流压力超过稳定压力的条件下（$p=2\text{MPa}$），研究叶轮长度对射流扩散角的影响，基本趋势表明，叶轮长度在一定范围内对射流扩散角的影响不大，但当太小时，则会使射流扩散角变小。这主要是由于实际流体的惯性力存在，需要有一定长度的固壁约束段才能使流体稳定地改变流动方向，限定流道内液体流动的轨迹，尤其是流道有一定的宽度时，叶轮的导向作用只能直接施加到沿叶轮壁面流动的那一层流体上，而后通过流体之间的作用再传递到中间的流体上，使流体改变运动方向，产生动量改变。如果导向段太短，就不利于这种导向效果；如果太长则会增加流动阻力。

3. 流量系数的变化规律

流量系数是衡量一种射流喷嘴性能优劣的一个重要指标，它表示喷嘴效率的高低，其物理意义是实际流体的流量与理想流体流量之比。由于实际流体存在黏性，流体在流动中要受到固体壁面和液体间的阻滞，使流量减小。喷嘴的结构不同，对流动产生的阻力大小也不相同，另外加工的精度和光洁度对流量系数的影响也很明显。对于旋转射流喷嘴而言，除喷嘴本身结构外，叶轮的结构也对其流量系数有明显的影响，因此在实际设计和使用喷嘴时，应综合考虑其性能，尽可能提高其效率。

喷嘴流量系数的定义为：

$$C=\frac{\sqrt{\rho Q^2/(2pA^2)}}{1000} \tag{7-69}$$

式中　ρ——流体密度，kg/m^3；

Q——射流排量，m^3/s；

p——射流压力，MPa；

A——喷嘴面积，m²。

可测得压力 p 和排量 Q，从而求出流量系数 C。

1) 喷嘴结构对流量系数的影响

在工程中所见到的各种射流喷嘴，其流量系数均取决于喷嘴结构。喷嘴结构主要是指喷嘴内流道的形状，对锥形喷嘴而言也就是锥角和出口段长度。

图 7-18 显示了锥形喷嘴的锥角 C_a 对流量系数的影响规律，图中的两条曲线分别为本次实验的数据曲线及 Leach & Walker 的实验数据曲线，显示了相同的变化趋势。实验结果表明，当锥角较小（<45°）时，锥角对流量系数的影响不太明显，随着锥角的增大，这种影响越来越大，当锥角达 120°时，此时的流量系数只有 0.6，说明此时喷嘴流道对流体的阻滞作用已使其流量减少了 40%。由于导向叶轮的中心为实心体，所有的流体都被引导在叶轮的外围流道中流动，因此，收缩角的增大使流体受到的轴向阻力和碰撞损失明显增大。当锥角为 180°时，由于叶轮轮毂尺寸可能会大于喷嘴的尺寸，则将会导致流量系数为 0，即造成憋泵的情况。这也解释了实验中流量系数 C 随着锥角 C_a 的下降趋势比 Leach 和 Walker 的曲线要大的原因。

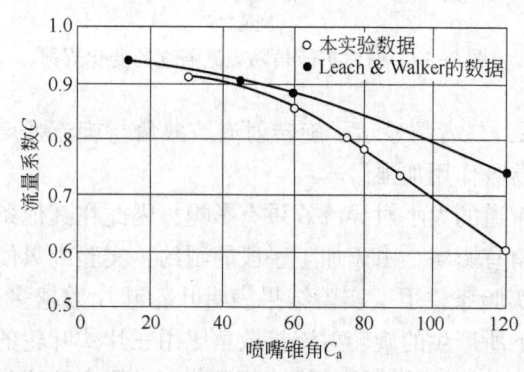

图 7-18 锥形喷嘴的锥角对流量系数的影响

由于流动阻力随流道的延长而线性增大，喷嘴流量系数 C 也随直柱段长度的增加呈线性缓慢下降趋势。

2) 叶轮出口角 E_a 对流量系数 C 的影响

图 7-19 给出了旋流数与流量系数间的关系，并间接表示出了叶轮出口角对流量系数的影响。由图中曲线可以看出：加装叶轮的旋转射流喷嘴的流量系数比不装叶轮的普通锥形喷嘴（$E_a=0$）小。在叶轮出口角不太大的范围内（如小于 60°），流量系数的减小并不剧烈，但随着出口角的继续增大流量系数迅速减小。从理论上讲，这是因为当叶轮出口角为 90°时，流动将变成纯环流动，使流量系数成为 0。也就是说当叶轮的导向结果使得旋转流动强度达到一定的程度后，喷嘴的流量系数将会明显下降。

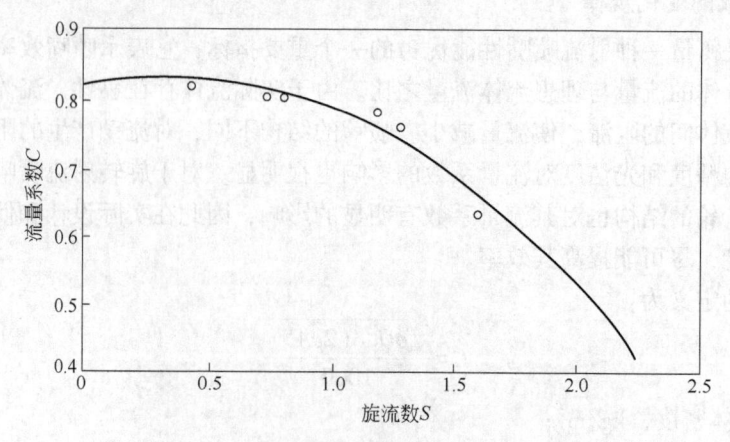

图 7-19 旋流数对喷嘴流量系数的影响

3）压力对流量系数的影响

理论分析认为当喷嘴的结构确定后，压力对流量系数不产生影响，这也可由式(7-69)的流量系数关系式分析出来。因为流量与流速成正比关系，压力与流速的平方成正比关系，故压力与流量的平方也成正比关系。在忽略了喷嘴内各固体表面对流体的阻力损失之后，可认为流量系数与压力无关。但在实际中，由于旋转射流喷嘴结构的复杂和加工光洁度的影响，实际的流量系数随压力的变化有明显的变化。其变化规律如图7-20所示。

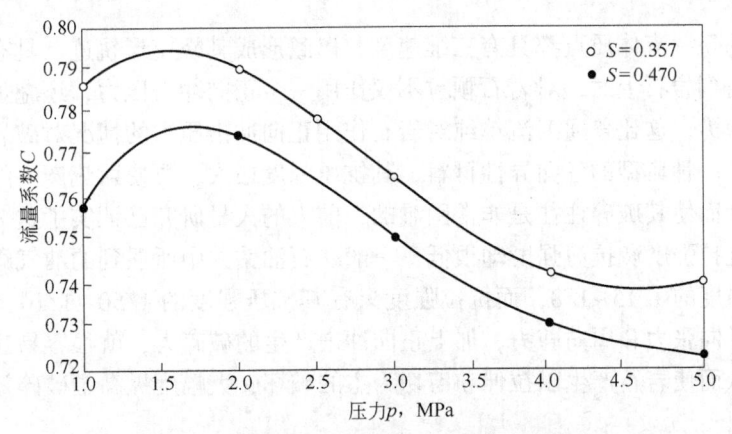

图7-20　实际的流量系数随压力的变化规律

流量系数随压力增大而变小的主要原因归结为叶轮和喷嘴的内表面粗糙度高。在叶轮和喷嘴内表面粗糙度过高的情况下，当射流的排量和压力增加、流速增大时，固壁附近的黏性底层变薄，当固壁的粗糙度较大、凸出物冲出层流底层时，就会以不同于层流的方式对阻力产生影响，使阻力增大。随着流速的增大，雷诺数 Re 增大，黏性底层继续变薄，使凸出物大部分暴露出来，周围的流体呈紊流状态，流线绕过凸出物时发生脱离现象，于是在凸出物的后面形成涡流区，并产生较大的压差，使流动的阻力损失更大，导致流量系数减小。这一现象再次指出了喷嘴内表面粗糙度的重要性，尤其是在高压和超高压射流中，喷嘴的流量系数（或效率）受内表面粗糙度的影响甚至会比受其结构的影响大。另外在高压射流的工程设计中，必须要考虑高压下流量系数（或水力参数）的变化。

第四节　旋转射流破岩机理分析

旋转射流的结构特性不同于普通射流的结构特性，这就导致了其破岩机理和过程不同于普通射流，也就决定了在一定的条件下其破岩面积大、效率高的优势，这已被前面的实验结果所证实。

在大量的破岩实验中可以观察到，旋转射流破岩所形成的破碎坑均呈规则的内凸锥状，如图7-21所示。当破碎坑较浅、尚不能形成完整的孔眼状时，只有周围一个圆环受到冲蚀，而中心部分无冲蚀痕迹。这充分说明了旋转射流的破岩过程是自冲击截面的中间环形区域开始分别向内外方向发展的，即首先破碎一定半径范围内的一个圆环面积，然后逐渐破碎中心部分和外围区域，最终形成凸锥形孔眼。首先破碎的圆环面积上的破碎深度最大，中心部分的破碎深度最小，完全不同于普通射流所形成的近似于半球状的孔底形状。这种现象是由第二节中所揭示的旋转射流的速度和压力分布特性所决定的。由于旋转射流在离开轴心线一定的半径范围内存在速度和压力高峰区，即能量密集区，而在中心区域出现能量相对薄弱区，因此在破岩的过程中，必然是射流能量高的地方的岩石首先被破碎，然后破碎区逐步向能量稍低的冲击区域发展。同样由于普通射流的能量相对集中在中心，自然它在中心形成的破碎深度就要大些，其由中心向外的压力梯度的大小和分布情况就决定了孔底的具体形状。

旋转射流的每一流体质点都具有三维速度，以致形成其螺旋形轨迹。具有三维速度的高速流体质点冲击到岩石上时，对岩石颗粒不仅作用一个正向冲击压力，还施加了一个径向张力和一个周向剪力。这比普通射流单纯对岩石作用正向冲击压力的情况对破岩有利得多。众所周知，岩石是一种典型的各向异性材料，其抗压强度最大，要使射流产生的正向冲击应力超过其抗压强度而使其破碎往往是非常困难的，前人的大量研究已证实了这一点。但是相对而言，岩石的抗拉强度和抗剪强度却很低，一般在石油钻井中所遇到的油气藏砂岩的抗剪强度仅为其抗压强度的 $1/15 \sim 1/8$，而抗拉强度只有其抗压强度的 $1/50 \sim 1/10$，因此旋转射流对岩石施加的径向张力和周向剪力，加上正向冲击产生的破碎力，就很容易达到或超过岩石的相应强度，从而使岩石产生以拉伸和剪切为主的破坏，大幅度提高了破碎效率，降低了破岩的门限压力。

旋转射流破岩形成内凸锥状破碎坑的同时形成了内锥表面和井壁壁面两个很大的自由表面，由于自由表面上的岩石破碎比能要下降 $50\% \sim 75\%$，所以使后续的破岩更容易。旋转射流的旋流和扩散特性不仅使射流沿形成的凸锥体旋切而下，而且会使冲击到孔底的射流沿一定的外倾方向旋转返回，避开了与后继射流的掺混，基本上不会形成对射流的阻挡，这一方面节省了射流能量，提高了射流能量的有效利用率；另一方面，向外旋转返回的返回流，尤其是携带有岩屑颗粒的返回流，对已形成的破碎孔孔底和孔壁进行旋削、冲蚀，整个孔底内的流动就像一个圆形盘刀沿孔底滚动碾磨一样发挥破岩作用，这里定义其为"水碾"作用。这种"水碾"作用一方面使井底得以加深，另一方面使内锥体表面和孔眼壁面的自由表面上的岩石颗粒很容易被冲蚀掉，进而扩大了孔眼尺寸，增加了孔眼深度。尤其是随着射流压力的升高，射流的流速、流量及水力功率的大幅度提高，不仅直接增加了射流本身对岩石的冲击、冲蚀、拉伸和剪切破坏能力，而且增大了射流的卷吸能力，使参与射流和返回流的能量大大增加，更进一步强化了"水碾"作用的效果，这也正是旋转射流随压力的升高，其破岩效率更高的本质原因。

旋转射流在中心和边沿上形成的蓝金涡将会导致空化气泡的产生。这种液体质点的旋转运动而导致压力降低所形成的以涡旋型为主的空化，其强度较高，生命周期较长，空泡的爆破压力较高。当这些气泡冲击到岩石上爆炸时，产生瞬时高压，可高于射流压力 $1 \sim 2$ 个数量级，对岩石进行破坏，从而又强化了破岩效果。

综合对旋转射流结构特性研究和破岩实验的结果分析，可以认为旋转射流破岩的机理和过程，是多因素有机配合的复杂过程，既有射流冲击引起的弹性拉伸破坏的成分，又有对岩石颗粒冲蚀的作用、"水楔"作用对岩石中裂纹的扩展等一般水射流破岩的特点，更有其独特的以剪切破坏为主的强度破坏特点，以及先产生外围环状破碎带，形成内、外两个较大的自由表面，继而使自由面上的岩石颗粒受到剪切和冲蚀而很容易脱离岩石母体，并加上有空化射流破岩等特点。另外旋转射流的旋转前进和旋转外向返回的流动特性，不仅减少了返回流对射流的阻力损失,还强化了对自由表面上岩石颗粒的剪切和冲蚀作用。这也是其独特之处。

按其在破岩成孔过程中的主要破岩方式、难易程度及先后顺序,可将旋转射流形成的整个破碎区域分为三个区,如图 7-21 所示。

(1) 环形先导区,即Ⅰ区。这是射流冲击到岩石时首先破碎的那部分离开中心位置一定半径处的环形区域。这一区域位于井底半径的中间靠外些,底部基本上呈平面状,其面积的大小受射流结构特性、水力功率及岩石性能的影响。由于这一区域是整个破碎坑形成的先导区域,即它比其他区域先被破碎,因此在射流破碎这一区域时,此区域的岩石仍与周围岩石处于一体,处于三维应力状态下,岩石强度大,同时由于平底的岩石,没有拉伸和剪切作用的作用面,而只能依靠射流冲压进岩石孔隙中对岩石颗粒施以拉伸和剪切,旋流冲蚀也发挥一定作用,所以此时的破岩相对困难,耗能也较高,故只有对应着射流能量较高的环形区域才能成为先导区。

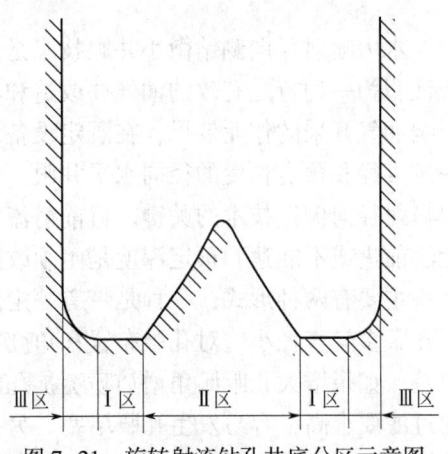

图 7-21 旋转射流钻孔井底分区示意图

(2) 锥形中心区,即Ⅱ区。随着先导区的形成,冲击破碎时间的加长和喷距的缩短(喷嘴的推进),便形成了一定形状的中心锥形区,只要工作条件不变,此中心锥形区的形状也基本不变,即随着先导区的前进,锥形体也在被一层层地破碎掉。由于射流流动的方向基本与锥面一致,射流沿锥面旋切而下,便较容易地产生与锥面平行的剪切破碎,使这部分岩石的破碎相对容易,主要是由射流能量密集区以内的相对弱些的那部分射流来完成。靠近密集区的相对强些的射流,以破碎锥底的岩石为主,中心附近最弱的那部分射流最后在喷距较小时破碎掉锥顶的那部分岩石,由喷距和能量相调节配合,形成整个锥体和先导区在破碎速度及面积上的动态平衡,使孔眼形状基本不变。

(3) 弧形近壁区,即Ⅲ区。基本呈弧状。旋转射流的能量密集区并非在射流体的最外层,因此在先导区形成以后,外层的射流也在慢慢地冲蚀扩大孔眼。另外,向外旋转返回的返回流携带着岩屑由孔底旋转沿孔壁返回,产生"水碾"作用,使孔眼不断得到扩大。同时由于返回流动在井壁附近还会形成涡旋(图 7-10 中的 B 区),加剧了对井壁的冲蚀,从而又增大了破岩面积和效率,并随着冲蚀时间的增加井眼继续扩大,这也是钻进速度慢、形成的孔眼大的一个基本原因。

以上三个区的大小及形状的具体变化都受射流结构、水力参数及工作参数的影响。在射流结构或喷嘴、叶轮参数确定之后,水力能量越高,形成的孔眼越大,钻进速度越快;在相同的条件下,送进速度越慢,钻出的孔眼越大,送进速度越快,则钻出的孔眼越小。从另一角度讲,喷距越大,钻进速度越慢,这主要由旋转射流能量衰减特性决定。因此在实际工程应用中,合理地选择水力参数和控制送进速度,对保证钻孔的尺寸和钻进速度是十分重要的。

第五节　直旋混合射流

水力喷射径向侧钻微小井眼技术是近年发展起来的具有鲜明技术特点的新技术,已被实践证明为一种行之有效的油气井改造和非常规油气增产技术。径向侧钻微小井眼的长度直接影响油气开采的作业效果,在既定设备水平与工艺技术条件下,如何在原有井眼内钻出具有一定直径和预定长度的径向水平井眼,保证软管的钻进能力,使井眼钻达预定深度,成为水力喷射径向侧钻技术的关键。目前射流钻头的破岩能力不足或孔径不规则导致水力喷射软管无法前进或不能达到预定深度是亟须改进和完善的关键问题之一。目前用于水力破岩的射流钻头主要有两种形式,一种是带有一定倾角的多孔组合射流钻头,每个孔眼产生直射流,由于孔眼多且直径小,对孔眼布置和角度要求高,如果孔眼倾角小,则其破岩能力强但扩孔能力差,如果增大孔眼倾角增加喷嘴扩孔能力,其破岩能力又变差。同时现场施工中对工作液的过滤要求高,容易发生孔眼堵塞。另一种是单出口的旋转射流钻头,产生具有较强扩散的旋转射流,具有较强扩孔能力,但射流旋转后速度衰减快,有效喷距较短,在围压条件下射流破岩门限压力高,对于强度高的岩石会导致破岩能力不够,而且在孔底会形成内凸锥柱,如图7-22所示。

因此需要研制出一种既有较强扩孔能力,又有较大有效作用喷距及高冲蚀破碎效率的新型射流,可通过调整钻头结构参数或水力参数调制射流成孔特征,解决射流钻孔深度和钻孔直径之间的矛盾。根据直射流和旋转射流特性,设计出了一种兼具直射流与旋转射流优点的直旋混合射流钻头,如图7-23所示。

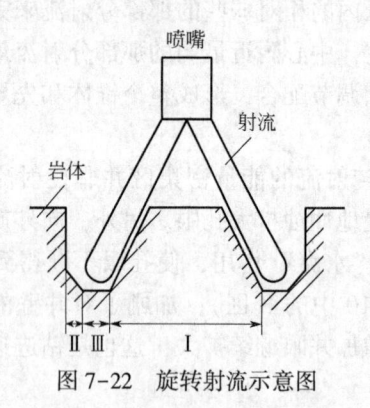

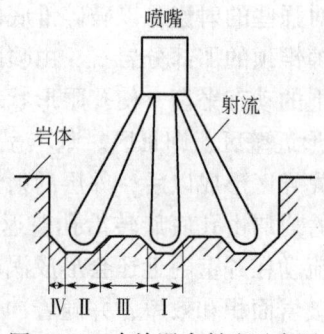

图7-22　旋转射流示意图　　图7-23　直旋混合射流示意图

直旋混合射流的实现方式是高压流体经过高压软管进入钻头后,一部分流体通过叶轮中心孔形成直射流,而另一部分流体通过具有一定倾角的叶轮槽形成旋转射流,两股射流在混合腔内混合,最终由喷嘴喷出,形成直旋混合射流。

一、喷嘴结构

直旋混合射流喷嘴主要设计方式是在旋转射流喷嘴的基础上,在叶轮中心位置设计孔眼结构,如图7-24所示。

二、速度分布

旋转射流流动轨迹类似于螺旋线，该流体质点具有三维速度，包括与射流轴心线平行的轴向速度 u，与轴向速度垂直的径向速度 v，与轴向、径向速度相垂直且与螺旋线相切的切向速度 w，而轴心线附近的直射流主要为轴向速度 u，如图 7-25 所示。

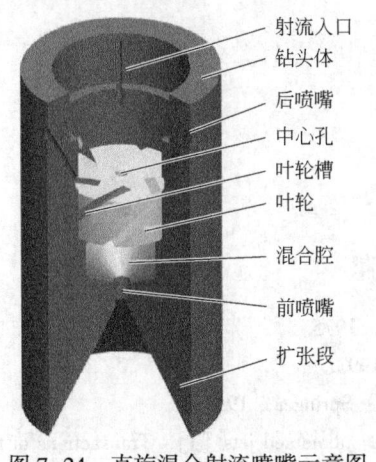

图 7-24　直旋混合射流喷嘴示意图

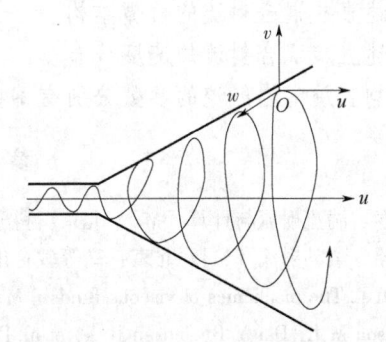

图 7-25　直旋混合射流速度分布图

三、区域划分及破岩方式

由于直旋混合射流是直射流与旋转射流的结合，所以直旋混合射流具有独特的流场分布，将直旋混合射流的流场由内而外分为直射流区、弱旋射流区、强旋射流区和外围射流区四个区域，如图 7-26 所示。

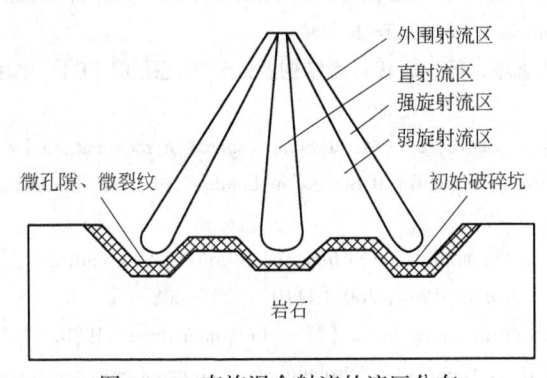

图 7-26　直旋混合射流的流区分布

直旋混合射流的四个流区的射流特点各不相同，所以四个分区的破岩方式也不尽相同。直射流区具有最大的射流轴向速度及合速度，破岩方式与直射流较为相似，以压缩拉伸和水楔作用为主；强旋射流区具有最大的径向速度和切向速度，与旋转射流较为相似，主要以剪切作用和磨蚀作用为主；弱旋射流区破岩特性是受到直射流和强旋射流的共同作用，使岩石强度降低；外围射流区的破岩特性具有磨料射流效应，可使钻孔直径进一步扩大。

思考题

1. 什么是旋转射流?
2. 形成旋转射流的方法有哪些?
3. 旋转射流的速度分布形式分别如何?
4. 旋转射流压力分布有何特点?
5. 如何实现直旋混合射流?
6. 直旋混合射流的结构特点是什么?
7. 阐述直旋混合射流的喷嘴结构。
8. 阐述直旋混合射流的速度分布。
9. 影响直旋混合射流的参数分别有哪些?

参 考 文 献

[1] 谢象春. 湍流射流与计算 [M]. 北京:科学出版社, 1975.

[2] 余常昭. 紊动射流 [M]. 北京:高等教育出版社, 1993.

[3] Prandtl L. The mechanics of viscous fluids [M]. Berlin:Springer, 1935.

[4] Albertson M L, Dai Y B, Jensen R A, et al. Diffusion of submerged jets [J]. Transactions of the American Society of Civil Engineers, 1950, 115 (1):639-664.

[5] Rajaratnam N. Turbulent jets [M]. Amsterdam:Elsevier, 1976.

[6] Bogusławski L, Popiel C O. Flow structure of the free round turbulent jet in the initial region [J]. Journal of Fluid Mechanics, 1979, 90 (3):531-539.

[7] 郑洽徐, 鲁钟琪. 流体力学 [M]. 北京:机械工业出版社, 1986.

[8] Chigier N A, Chervinsky A. Experimental investigation of swirling vortex motion in jets. Journal of Applied Mechanics, 1967, 34 (2):443-451.

[9] Shen Z H, Wang R H, Zhou W, et al. Design and Experimental Study of Spiralling Water Jet [C]//The 3rd Pacific Rim Intern. Conf. on Water Jet Tech. 1992.

[10] 王瑞和, 步玉环, 沈忠厚, 等. 旋转射流结构及破岩机理研究 [C]. 中国石油学会第二届青年学术年会, 1995.

[11] Leach S J, Walker G L, Smith A V, et al. Some aspects of rock cutting by high speed water jets [J]. Philosophical Transactions for the Royal Society of London. Series A, Mathematical and Physical Sciences, 1966:295-310.

[12] Leach S J, Walker G L. The application of high speed liquid jets to cutting [J]. Philosophical Transactions of the Royal Society of London, 1966, 260 (1110):295-308.

[13] Maurer W C. Advanced drilling techniques [M]. Perjamon Press, 1980.

[14] Iyoho A W, Summers D A, Galecki G. Petroleum applications of emerging high-pressure waterjet technology [C]//SPE Annual Technical Conference and Exhibition. OnePetro, 1993.

[15] Morris C J, MacAndrew K M. A laboratory study of high pressure waterjet assisted cutting [J]. National Coal Board, 1987.

[16] Vijay M M, WH B. Drilling of rocks with rotating high pressure water jets:An assessment of nozzles [J]. Jet Cutting Tech, 1980.

[17] Vijay M M, Brierley W H, Grattan-Bellew P E. Drilling of rocks with rotating high pressure water jets:influence of rock properties [C]//Proceedings of the 6th International Symposium on Jet Cutting Technology, Cranfield, BHRA Fluid. Engng. 1982.

[18] 孙家骏. 水射流切割技术［M］. 徐州：中国矿业大学出版社，1992.

[19] 徐小荷，余静. 岩石破碎学［M］. 北京：煤炭工业出版社，1984.

[20] 王瑞和，沈忠厚，周卫东. 高压水射流破岩钻孔的实验研究［J］. 石油钻采工艺，1995（1）：20-25.

[21] 王瑞和，沈忠厚，周卫东，等. 旋动射流凿岩成孔技术研究［J］. 东北大学学报，1995（4）.

[22] 帕坦卡 S V. 传热与流体流动的数值计算［M］. 北京：科学出版社，1991.

[23] 周力行. 湍流两相流动与燃烧的数值模拟［M］. 北京：清华大学出版社，1991.

[24] Spalding D B. Concentration fluctuations in a round turbulent free jet［J］. Chemical Engineering Science，1971，26（1）：95-107.

[25] 赵烈. 燃烧室回流流场的数值模拟［J］. 空气动力学学报，1986，4（1）：31-36.

[26] Fu S. Computational modelling of turbulent swirling flows with second-moment closures［D］. University of Manchester, Institute of Science and Technology, 1988.

[27] Chang K C, Chen C S. Development of a hybrid $k-\varepsilon$ turbulence model for swirling recirculating flows under moderate to strong swirl intensities［J］. International journal for numerical methods in fluids, 1993, 16（5）：421-443.

[28] Shih T H, Zhu J, Liou W, et al. Modeling of Turbulent Swirling Flows［J］. NASA Technical Memorandum, 1997（113112）.

[29] Nallasamy M. Turbulence models and their applications to the prediction of internal flows：a review［J］. Computers & Fluids, 1987, 15（2）：151-194.

[30] Reydon R F, Gauvin W H. Theoretical and experimental studies of confined vortex flow［J］. Canadian Journal of Chemical Engineering, 1981, 59.

[31] Novick A S, Miles G A, Lilley D G. Modeling parameter influences in gas turbine combustor design［J］. Journal of Energy, 1979, 3（5）：257-262.

[32] Leschziner M A, Hogg S. Computation of highly swirling confined flow with a Reynolds stress turbulence model ［J］. AIAA journal, 1989, 27（1）：57-63.

[33] Okhio C B, Horton H P, Langer G. The calculation of turbulent swirling flow through wide angle conical diffusers and the associated dissipative losses［J］. International journal of heat and fluid flow, 1986, 7（1）：37-48.

[34] Naji H. The prediction of turbulent swirling jet flow［J］. International journal of heat and mass transfer, 1986, 29（2）：169-182.

[35] Ramos J I. A numerical study of turbulent, confined, swirling jets［J］. Numerical Methods in Laminar and Turbulent Flow, 1981：401-412.

[36] 田守嶒，刘庆岭，盛茂，等. 超临界 CO_2 直旋混合射流冲蚀岩石的损伤破坏机制［J］. 中国科学：物理学力学天文学，2017，47（11）：78-87.

[37] 李向东. 旋转磨料射流喷嘴流场数值模拟与实验研究［D］. 成都：西南石油大学，2017.

[38] 周哲. 组合射流冲击破碎煤岩成孔机理及工艺研究［D］. 重庆：重庆大学，2017.

[39] 李根生，黄中伟，李敬彬. 水力喷射径向水平井钻井关键技术研究［J］. 石油钻探技术，2017，45（2）：1-9.

[40] 吴德松，廖华林，贾夏，等. 反喷牵引直旋混合射流钻头自进力的实验测试与数值分析［J］. 高压物理学报，2016，30（5）：419-426.

[41] 毕刚，李根生，屈展，等. 自进式旋转射流钻头破岩效果［J］. 石油学报，2016，37（5）：680-687.

[42] 贾夏. 径向水平井反喷牵引自旋射流钻头设计与实验研究［D］. 青岛：中国石油大学（华东），2016.

[43] 杜鹏. 直旋混合射流流场特性及破岩机理研究［D］. 重庆：重庆大学，2016.

[44] 田守嶒,张启龙,李根生,等.超临界CO_2直旋混合射流破岩特性的实验研究[J].爆炸与冲击,2016,36(2):189-197.

[45] 杜鹏,卢义玉,汤积仁,等.新型直旋混合射流破岩特性及机理分析[J].西安交通大学学报,2016,50(3):81-89.

[46] 兰起超,李根生,王海柱,等.自进式岩屑磨料直旋混合射流钻头流场数值模拟[J].石油机械,2015,43(2):27-33.

[47] 吴德松,廖华林,杨斌.直旋混合射流喷嘴结构参数对流场特性的影响[J].水动力学研究与进展 A辑,2014,29(4):421-428.

[48] 杜玉昆,王瑞和,倪红坚,等.超临界二氧化碳旋转射流破岩试验研究[J].应用基础与工程科学学报,2013,21(6):1078-1085.

[49] 廖华林,李根生,牛继磊,等.径向水平井直旋混合射流钻头破岩特性[J].应用基础与工程科学学报,2013,21(3):471-478.

[50] 廖华林,李根生,牛继磊,等.径向水平钻孔直旋混合射流钻头设计与破岩特性[J].煤炭学报,2013,38(3):424-429.

[51] 廖华林,李根生,李敬彬,牛继磊.径向水平钻孔直旋混合射流喷嘴流场特性分析[J].煤炭学报,2012,37(11):1895-1900.

[52] 吴为,李根生,牛继磊,等.直旋混合射流破岩钻孔参数试验研究[J].流体机械,2009,37(6):1-6.

[53] 张义,周卫东,王瑞和等.煤层水力自旋转射流钻头设计[J].天然气工业,2008(3):61-63,141.

第八章 新型射流

随着我国经济和社会的快速发展，油气能源需求逐年增长。为此非常规油气（页岩气、煤层气、致密砂岩气等）、深层油气（新疆、四川等地区深层油气）的高效开发提上日程。

无论是页岩气、煤层气、页岩油等非常规油气，还是深层油气，规模效益开发仍存在诸多挑战。如页岩油气开发依赖长水平井+大规模分段压裂的方法，该方法水资源耗费量大，并且返排液对环境也会造成一定污染；深部地层岩石硬度高、可钻性较差，导致深井钻井速度低、周期长、成本高，如塔里木地区山前构造地层（4300~7200m）平均机械钻速不足1m/h，不提高深井钻速就难以实现经济有效开发。

为此，超临界CO_2射流、液氮射流、热力射流等新型射流技术应运而生。超临界CO_2射流和液氮射流主要用于非常规油气开发，利用这两类流体进行钻井和压裂，不仅可以避免储层伤害（黏土膨胀），而且可以减少环境污染，节约水资源。热力射流主要针对深部硬地层提高钻速，利用其高温裂解原理，提高机械钻速，降低钻井成本。

第一节 超临界 CO_2 射流

一、超临界 CO_2 相态与热物理性质

CO_2 广泛存在于自然界中，是导致地球变暖的主要温室气体之一。CO_2 是无色无臭、无毒无害、水溶液略呈酸性的气体。它不能燃烧，易被液化，也容易回收循环利用，在化工领域被称为环境友好型绿色溶剂，在大气中含量为 0.03%~0.04%，但随着工业化发展大气中的含量不断增高。

图 8-1 所示为 CO_2 相态图，CO_2 的三相点为 -56.56℃、0.52MPa，临界点为 31.1℃、7.38MPa，CO_2 的温度、压力同时大于临界点温度和压力时达到超临界状态。

超临界 CO_2 流体既不同于气体，也不同于液体，具有许多独特的物理化学性质。它的密度较大，近似于液态，而且伴随着压力的增加而增大，它既有气体的部分性质，也有液体的部分性质。与液态 CO_2 相比，超临界 CO_2 有以下几个特点：液态 CO_2 具有表面张力，而超临界 CO_2 表面张力接近于零；液态 CO_2 温度低于临界温度时有气液界面存在，而超临界 CO_2 流体则没有（图 8-2、彩图 8-2）；此外，超临界 CO_2 流体的黏度与气体接近，扩散系数也比液体大，因此它的传热、传质能力较强。

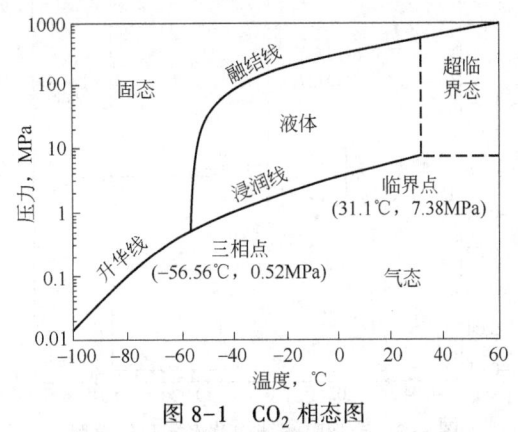

图 8-1 CO_2 相态图

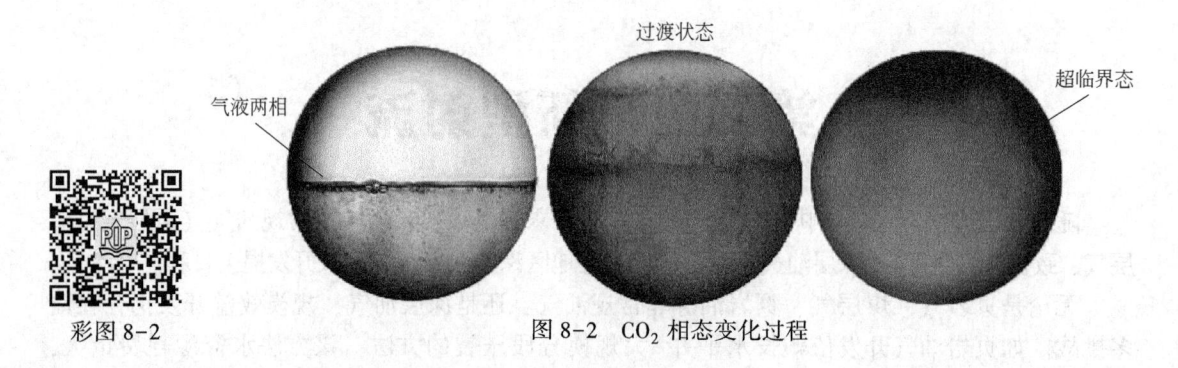

彩图 8-2　　　　　　　　　　　　　图 8-2　CO_2 相态变化过程

表 8-1 为超临界流体、气体及液体不同性质比较。

表 8-1　超临界流体、气体及液体性质比较

物理特性	气体(常温、常压)	超临界流体	液体(常温、常压)
密度，g/cm^3	0.0006~0.002	0.2~0.9	0.6~1.6
黏度，$mPa \cdot s$	10^{-2}	0.03~0.1	0.2~3.0
扩散系数，cm^2/s	10^{-1}	10^{-4}	10^{-5}

二、超临界 CO_2 射流结构特性

超临界 CO_2 流体具有许多独特的物理和化学性质，这些特性使超临界 CO_2 射流与常规水射流相比具有较大的差别。

锥形喷嘴为射流作业中最常用的喷嘴类型之一，本章以锥形喷嘴为例通过数值模拟的方式对超临界 CO_2 射流进行详细分析。锥形喷嘴结构及其流场模型如图 8-3 所示。

在超临界 CO_2 射流过程中，超临界 CO_2 流体经由喷嘴入口 al 进入锥形喷嘴，经过收缩段 bc 加速后，通过喷嘴出口断面 hj 喷射出来，冲击在右端壁面 em 上，最终经过出口 fg 和 kn 流出流场。其中边界 fe、em、nm 为壁面。

1. 超临界 CO_2 射流与水射流压力场对比

轴线压力分布如图 8-4 所示，在两种不同的喷嘴压降（10MPa、30MPa）条件下，两种射流的轴线压力基本重合，唯一的差别在于，最右端超临界 CO_2 射流的轴线压力比水射流稍高，表明在相同条件下超临界 CO_2 射流可以对壁面造成的冲击力比水射流更强，

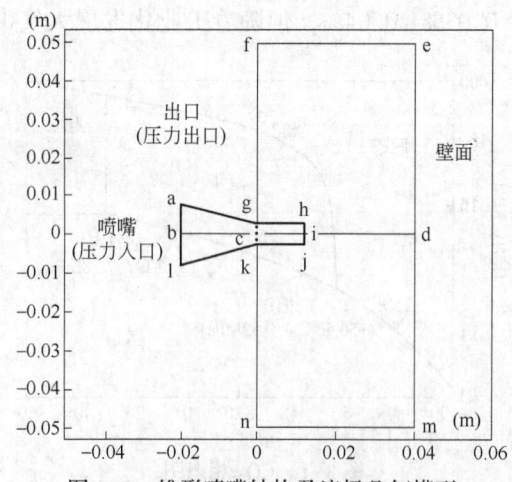

图 8-3　锥形喷嘴结构及流场几何模型

有利于冲击破碎岩石。

为了进一步对比射流压能衰减的速度，定义了"压力损失率"来表征射流压能损失的大小，计算公式如下：

$$R_{\text{attenuation}} = \frac{p_{\text{in}} - p_{\text{impact}}}{p_{\text{in}}} \tag{8-1}$$

式中　$R_{\text{attenuation}}$——压力损失率；

　　　p_{in}——流体的入口压力，MPa；

　　　p_{impact}——冲击压力，MPa。

依据该定义，比较了两种射流在三种不同喷嘴压降条件下的压力损失率。如图8-5所示，在三种不同喷嘴压降条件下，超临界CO_2射流的压力损失率均小于水射流的压力损失率。这表明在相同入口压力条件下，超临界CO_2射流的压能损失小于水射流。

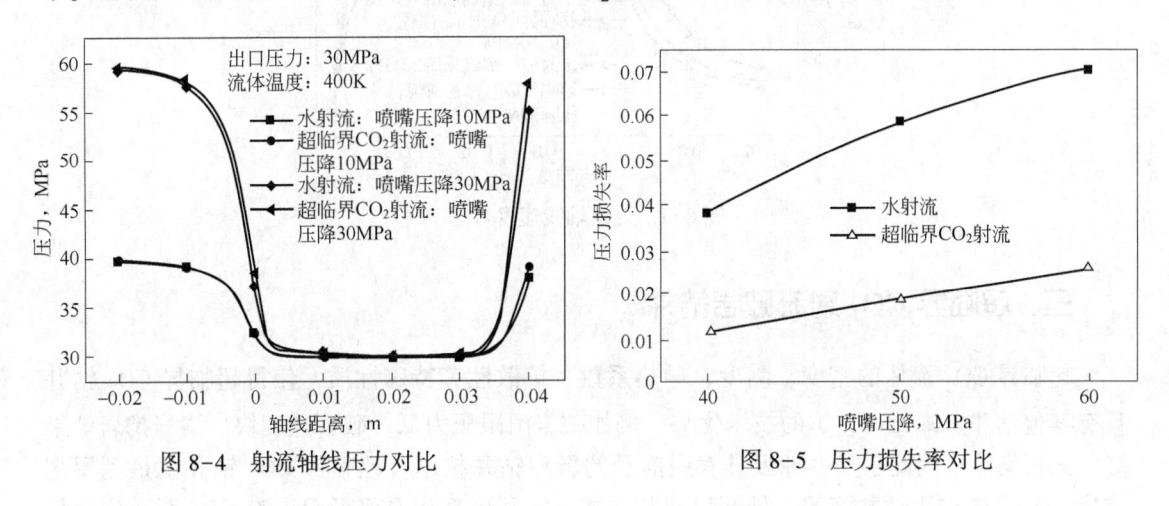

图8-4　射流轴线压力对比

图8-5　压力损失率对比

2. 超临界CO_2射流与水射流速度场对比

相同条件下超临界CO_2射流与水射流的速度场分布如图8-6（彩图8-6）所示。在相同的喷嘴压降（20MPa）下，超临界CO_2射流核心区速度高达228m/s，明显高于水射流的核心区速度（163m/s）。这是因为两者对壁面造成的冲击力差别不大，而高速射流区超临界CO_2流体的密度（657~664kg/m³）明显低于水的密度（1000kg/m³）。这一结果表明：在相同条件下超临界CO_2射流的速度比水射流更快，如果携带磨料，可以获得比水射流更好的冲蚀破岩效果。

(a) 超临界CO_2射流

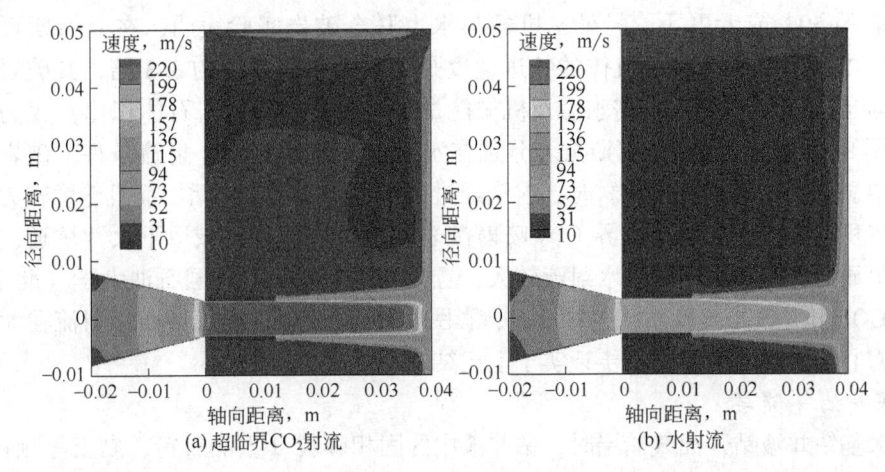

(b) 水射流

图8-6　速度场对比　　　　彩图8-6

还对比了相同条件下超临界 CO_2 射流与水射流的轴线速度,如图 8-7 所示,在两种不同的喷嘴压降(10MPa,30MPa)下,超临界 CO_2 射流的最高速度都明显高于水射流。

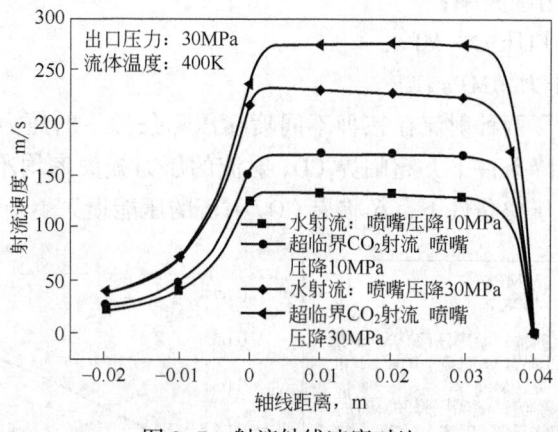

图 8-7 射流轴线速度对比

三、超临界 CO_2 射流破岩钻井

超临界 CO_2 流体的密度、黏度、导热系数、扩散性等特殊性质,使得超临界 CO_2 钻井具有其他钻井方式无可比拟的技术优势,例如破岩门限压力低、破岩速度快、清岩携岩效果好、无污染等,因此它是一种极具发展前景的新型钻井技术。超临界 CO_2 钻井就是利用超临界 CO_2 流体作为钻井液的一种新型钻井方式,它利用高压泵将低温液态 CO_2 泵送到钻杆中,液态 CO_2 下行到一定深度后达到超临界态,利用超临界 CO_2 射流辅助破岩来达到快速钻井的目的。

1. 超临界 CO_2 钻井优势

1)破岩门限压力低、速度快

超临界 CO_2 射流能够轻易地破碎坚硬的大理岩、花岗岩及页岩,其破岩门限压力与水射流相比要小得多,并且超临界 CO_2 喷射钻井能够取得较高的机械钻速。室内实验研究表明,超临界 CO_2 射流破岩门限压力在大理岩样中大约为水射流破岩门限压力的 66%,在页岩中约为水射流的 50% 或者更小。另外,机械与水力联合破岩实验表明,在曼柯斯页岩(Mancos Shale)中利用超临界 CO_2 流体的钻进速度是用水的钻进速度的 3.3 倍,其破岩所需比能 SE(specific energy,破岩所需水力及机械能量和与破碎剥落的岩石体积比)仅为水的 20% 左右。图 8-8 为花岗岩和曼柯斯页岩分别在水射流及超临界 CO_2 射流条件下破岩效果对比图。图中显示,利用水射流破岩时,射流经过区域留下狭小的沟槽,而且轮廓较为清晰,岩石破碎体积较小;在利用超临界 CO_2 喷射破岩时,射流经过区域留下大片坑道,射流切割轮廓不明显,岩石破碎体积较水射流较大,且为大面积崩落。中国石油大学(北京)研制了超临界 CO_2 射流破岩实验系统(图 8-9、彩图 8-9),开展了超临界 CO_2 射流在大理岩和人造水泥岩心的破岩实验,进一步证实了上述结论。

2)有效保护油气储层

采用常规水基钻井液钻开油气储层时,钻井液中的固相颗粒(重晶石粉、黏土等颗粒)在压差作用下,很容易进入储层堵塞孔隙吼道,钻井液滤液也会侵入储层中,导致油气储层

(a) 花岗岩(水)　　　　(b) 花岗岩(超临界CO_2)

(c) 曼柯斯页岩(193MPa水)　　(d) 曼柯斯页岩(90MPa超临界CO_2)

图 8-8　不同岩石水射流和超临界 CO_2 射流破岩实验结

图 8-9　超临界 CO_2 射流破岩实验系统　　　彩图 8-9

中的黏土矿物膨胀，进一步堵塞储层孔隙吼道，如遇水敏性地层还会引发水锁效应，增加油气流动阻力。而超临界 CO_2 流体既无固相（固体颗粒）也不含液相（水），在利用超临界 CO_2 流体钻开油气储层时，从根本上避免了上述危害发生。相反 CO_2 进入储层后，还能进一步增大储层孔隙度和渗透率，增大原油的流动性，作用机理如下：首先，超临界 CO_2 流体密度较大，具有很强的溶剂化能力，在钻井过程中它可作为溶剂，溶解近井地带的重油组分和其他有机堵塞物，减小近井地带的污染，降低表皮系数，从而减小近井地带油气流动阻力；其次，超临界 CO_2 流体遇水后生成具有弱酸性的碳酸，能在很大程度上抑制黏土的膨胀；同时超临界 CO_2 流体还可以使致密的黏土沙层脱水，打开沙层孔道，增大储层孔隙度和渗透率，改善储层物性。

因此超临界 CO_2 钻井可有效保护油气层不受污染，也将成为低渗、特低渗油田开发的一项高效钻井技术。

3) 有效提高油气井单井产量和采收率

超临界 CO_2 破岩门限压力低，破岩速度快，降低了喷射钻井所需压力，在利用连续油管钻井时可大大延长其使用寿命，同时也降低了地面设备和井下工具的压力要求；利用井下动力钻具进行欠平衡钻井时，空气、氮气、天然气等由于密度小都不能为井下动力钻具提供足够扭矩，泡沫能够通过降低气液比增大密度为井下动力钻具提供足够的动力，却难以保证井筒的欠平衡状态。超临界 CO_2 以其独特的密度特性，在保证为井下动力钻具提供足够动力的同时还保证了井筒的欠平衡。还有，超临界 CO_2 流体黏度比常规钻井液黏度低得多，沿程压力损失也较小，因此它可以在减小连续油管尺寸的同时保证钻头获得足够的水功率。同时，超临界 CO_2 流体的低黏特性，还可以使环空中流体在低流速下获得紊流流动，有利于携岩。

由上可知，超临界 CO_2 与连续油管结合更适合小井眼、微小井眼、超短半径水平井、复杂结构井等钻井，可为低渗特低渗储层及煤层气、页岩气等经济开采价值较低的油气藏提供低成本钻井技术服务，为断块、边底水、裂缝、枯竭等难开发油气藏提供有效的技术保证。

2. 超临界 CO_2 钻井流程

图 8-10 为超临界 CO_2 连续油管钻径向水平井示意图，液态 CO_2 存储在高压储罐中，为保证进入高压泵前的 CO_2 均为液态，高压储罐内一般将温度控制在 $-15\sim5℃$，压力控制在 $4\sim8MPa$，从而保证安全作业与泵的正常工作。为了保持罐内温度，需要配置制冷机组，同时储罐外壁也应加保温层。

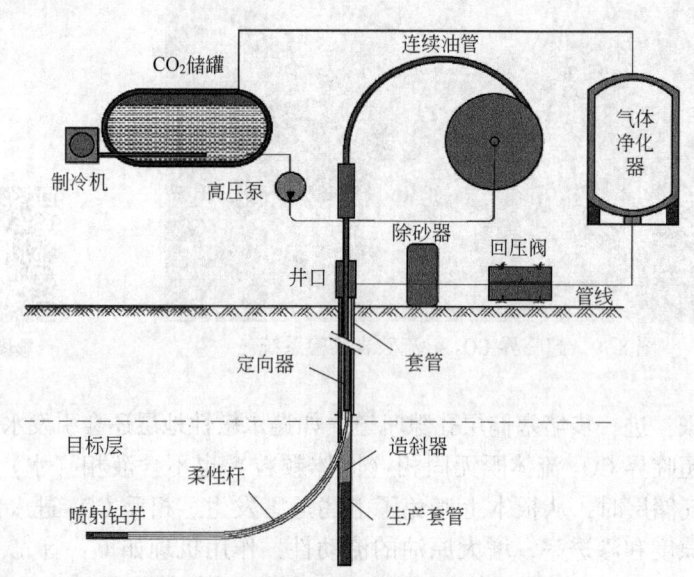

图 8-10 超临界 CO_2 连续油管钻井示意图

液态 CO_2 经过高压泵泵送，通过连续油管输送到井底。在井口处，连续油管中的 CO_2 为低温高压液态，随着液态 CO_2 逐渐向深部流动，其温度和压力随着地层环境而逐渐升高，当温度和压力均超过临界点时，CO_2 转变为超临界态。在常规地层温度和压力梯度条件下，井深超过 750m 后 CO_2 即转变为超临界态。超临界 CO_2 流体经过喷射钻头产生超临界 CO_2 射流进行破碎岩石与喷射钻井作业。

井底破碎的岩屑随着上返的超临界 CO_2 流体经过环空被携带出井口，由于钻井过程中会有少量的水以及烃类物质混入钻井液中，因此到达井口后首先要分离固体岩屑，防止高速混合流体冲蚀管阀，随后进入气液分离器、气体净化器，将 CO_2 提纯输送到 CO_2 储罐，达到冷却循环利用的目的。

对于老井中进行储层水平段钻进时，如果口袋足够深的话，岩屑可以不必携带出井口，将其留在口袋中即可。钻井完成打开储层后，可将输送到井场的 CO_2 直接注入储层，提高储层能量及采收率。

四、超临界 CO_2 喷射压裂增产

水力压裂技术最早在 20 世纪 40 年代提出，目前已成为低渗特低渗油田、页岩气藏、煤层气藏等非常规油气藏增产的主要措施之一。对于非常规油气压裂改造，需要探索低水量、低成本、无污染、高效率的压裂方法。

1. 超临界 CO_2 压裂优势

超临界 CO_2 流体作为压裂液，不含水也不含其他化学药剂，对储层及自然环境无任何污染，压裂后增产效果较好。

首先，超临界 CO_2 流体是一种环境友好的流体，不会对人体造成伤害；其次，由于超临界 CO_2 流体中不含水，从根本上避免了黏土膨胀的问题，可有效保护储层。此外，超临界 CO_2 流体黏度低、扩散系数大的特性，可使储层产生大量的微裂缝网络，提高储层的导流能力。Xiang Li 等人通过实验发现，与水和 N_2 相比，利用 CO_2 压裂产生的裂缝断面更为粗糙，更有利于提高裂缝导流能力。更重要的是，在利用超临界 CO_2 页岩气藏和煤层气藏进行压裂改造时，CO_2 会以其更强的吸附能力置换出储层中的吸附态甲烷，可有效提高非常规天然气的采收率。因此，超临界 CO_2 喷射压裂有望成为环保、高效、安全的新型压裂方法。

连续油管水力喷射多级压裂技术一次下管柱作业层数多，避免了炮弹射孔的压实效应，无须机械封隔，是一种有效的油气增产手段，但也面临着严峻的挑战，例如，连续油管内径小，流动摩阻大，导致井下水力能量不足；连续油管承压能力有限，限制了施工压力。而利用超临界 CO_2 进行连续油管喷射压裂可以使连续油管的优势得到有效发挥：首先，超临界 CO_2 流体在连续油管中的流动摩阻也很小，从而保证井下喷射压裂获得足够的水力能量；其次，由于超临界 CO_2 射流的破岩门限压力低，利用超临界 CO_2 流体进行喷射压裂，可以在较低的压力条件下完成射孔和压裂作业；最重要的是，由于超临界 CO_2 压裂流体是一种清洁压裂流体，施工后无须返排，缩短了作业周期，降低了成本，进一步发挥了连续油管技术高效、经济的优势。

2. 超临界 CO_2 压裂流程

图 8-11 为超临界 CO_2 连续油管喷射压裂示意图（彩图 8-11）。CO_2 存储在带有制冷机组的储罐中，以保持 CO_2 为液态。首先进行喷砂射孔作业，将液态 CO_2 泵入密闭混砂车，与 60/80 目磨料混合，经过连续油管泵入井下，到达喷射压裂工具喷嘴处形成超临界 CO_2 磨料射流，对套管实施射孔作业，作业时间 5~10min。喷砂射孔作业结束后停止混入磨料，持续泵入 CO_2 将管路中的磨料循环出井口，防止砂埋管柱。随后进行地层压裂作业，持续大排量泵入纯净 CO_2，当井底压力超过地层破裂压力时产生裂缝，此时向 CO_2 中混入支撑剂，通过连续油管泵送到井底，也可通过环空和连续油管同时泵送，以减小对连续油管的磨损。

支撑剂泵注完毕后，持续泵入纯净 CO_2，将井筒和井底未进入裂缝的支撑剂循环出井口，以免造成砂埋。如需下一级压裂，则将连续油管与喷射工具上提至目标层位，进行第二级压裂施工，以此类推进行多级压裂。所有压裂施工结束后可选择闷井处理，5~10 天后可

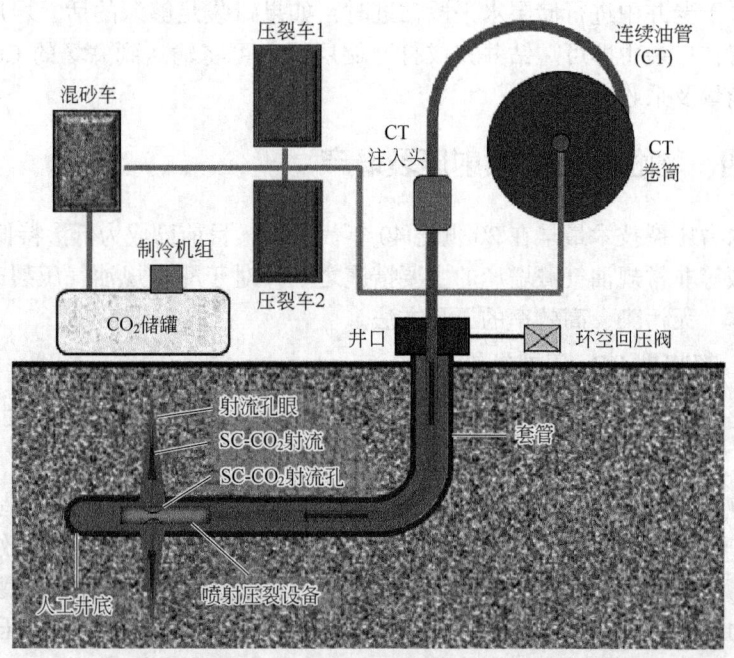

图 8-11 超临界 CO_2 连续油管喷射压裂的原理示意图

开井直接生产无须放喷，可进一步提高产量和采收率。如生产任务紧迫，也可压裂完毕后将井下压力缓慢释放后，直接投产。

五、超临界 CO_2 驱替提高采收率

超临界 CO_2 流体独特的物理和化学特性，使得它在油气驱采时能够取得较好的效果。首先，CO_2 溶于原油后能够降低原油黏度，改善油水流度比，同时超临界 CO_2 流体在油气藏中容易流动扩散，能够扩大油藏波及面积。其次，CO_2 溶于原油后能够使原油体积膨胀，增加原油流动能量，大幅降低油水界面张力，减小残余油饱和度，从而提高原油采收率。另外，CO_2 与原油混相后，不仅能萃取和汽化原油中轻质烃，而且还能形成 CO_2 和轻质烃混合的油带，油带移动驱油可大幅提高原油采收率。还有，大量的 CO_2 溶于原油中具有溶解气驱的作用，随着压力下降，CO_2 从液体中逸出，液体内产生气体驱动力，提高了驱油效果。图 8-12 为超临界 CO_2 驱替油气示意图（彩图 8-12）。最重要的是，CO_2 与页岩和煤岩的吸附强度远大于 CH_4 与页岩和煤岩的吸附强度，图 8.13 为超临界 CO_2 驱替置换原理示意图。当利用超临界 CO_2 进行页岩气或煤层气强化驱采时，CO_2 能够置换吸附在岩石上的 CH_4，同时将游离的 CH_4 驱入井筒，从而在提高单井产量和采收率的同时，实现 CO_2 永久埋存。

六、超临界 CO_2 射流冲砂洗井和油套管除垢

1. 超临界 CO_2 射流冲砂洗井

油气井出砂、压裂砂残留、井壁污染堵塞等问题一直是全球作业者普遍关注的问题。目前，不论是国内还是国外均采用水（必要时加入一些添加剂）进行洗井作业，在遇到压力衰竭储层时，常采用氮气泡沫、二氧化碳泡沫或者空气泡沫进行欠平衡洗井，在一定程度上

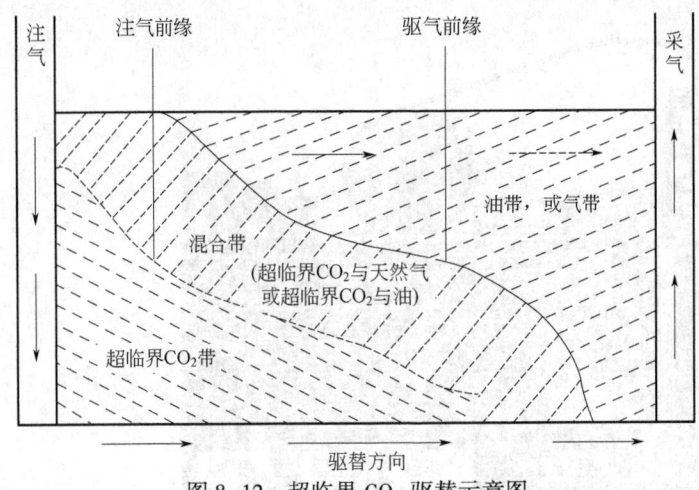

图 8-12 超临界 CO_2 驱替示意图

彩图 8-12

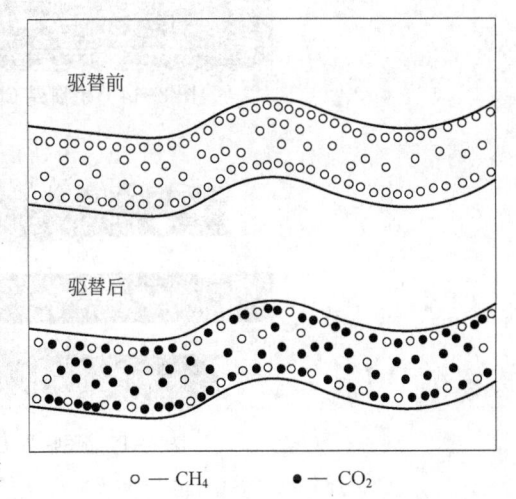

图 8.13 超临界 CO_2 驱替置换原理图

缓解了井筒堵塞造成的产量递减问题。然而这类洗井方式却没有从根本上解决井筒堵塞问题,例如,水进入储层后,对水敏性油气藏会造成较大伤害,尽管采用泡沫洗井能够降低井底压力,但泡沫质量难以控制,很容易造成井底压力波动伤害储层;此外,沥青等高分子有机物夹杂沙粒、黏土等的堵塞物具有很强的黏弹性,水射流很难破碎这类物质,也很难将这类物质彻底清除。利用超临界 CO_2 射流进行洗井作业,将使上述问题得到彻底解决。超临界 CO_2 射流洗井原理示意图如图 8-14 所示。

首先,超临界 CO_2 射流破岩门限压力较低,同时它又具有较强的溶剂化能力,能以较低的喷射压力破碎并溶解这些高分子有机物,并轻易地携带出井筒。其次,超临界 CO_2 流体黏度低、表面张力接近于零、扩散系数大,这些特点使得它在洗井过程中,很容易进入微小孔隙及裂缝中,溶解高分子有机物及其他杂质,清洗更彻底;此外,超临界 CO_2 流体密度可调范围较宽,在井筒温度和压力条件下,调节井口回压便可控制井底压力,实现欠平衡、平衡或者过平衡洗井作业。

2. 超临界 CO_2 射流油套管除垢

在油气井长时间生产过程中,由于地层水矿化度较高,很容易在油套管上结垢,结垢厚度过大将导致无法正常生产。传统除垢有机械除垢、化学药剂除垢、水射流除垢等,传统机械除垢很容易对油套管造成损伤,化学药剂除垢也会对油套管造成腐蚀,水射流除垢虽然对油套管损伤小,但是遇到坚硬水垢水射流却无法彻底清除,同时它要求的泵压也较高,若采用磨料射流除垢,压力控制不好则会射穿油套管。

由于超临界 CO_2 射流破岩门限压力低,破岩速度快,因此它不仅降低了除垢所需泵压,而且除垢速度快、效率高,同时对油套管本身却不会造成任何伤害。因此用超临界 CO_2 射流进行油套管除垢将会取得满意的效果。图 8-15 为超临界 CO_2 油套管除垢示意图。

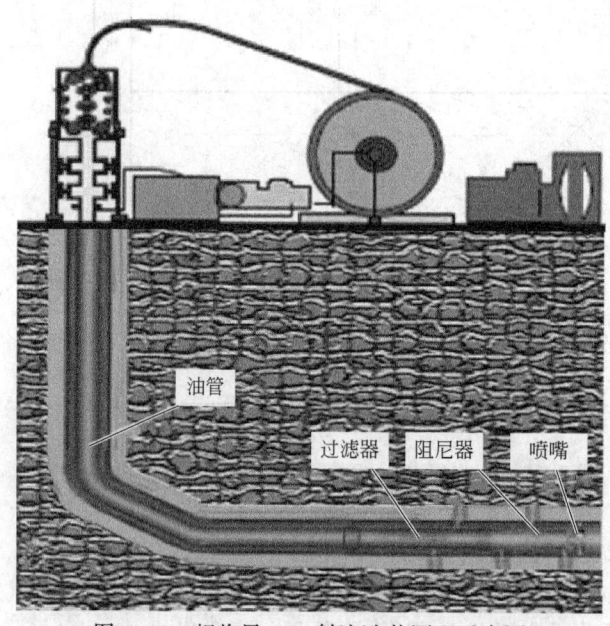

图 8-14　超临界 CO_2 射流洗井原理示意图

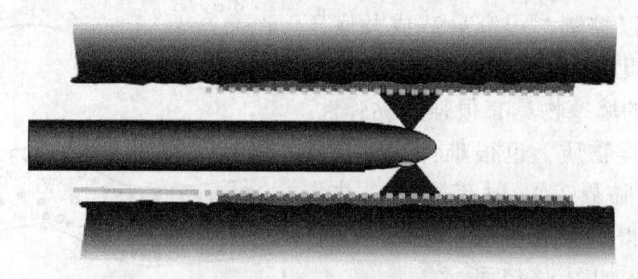

图 8-15　超临界 CO_2 油套管除垢示意图

第二节　液氮射流

一、液氮基本物性

氮元素作为大气的主要组成元素,来源广泛,含量丰富。空气中氮气占比约为78%。液氮为氮气液化后的产物,一般通过将空气加压后分馏制得,即利用空气中不同组分沸点差异加以分离。作为一种性能优越的制冷剂,液氮在航天、电子工业、超导磁体、超导电缆冷却和低温生物医疗等领域具有广泛应用,近年来更是被延伸应用于油气钻井和完井工程领域,用以解决大规模水力压裂所造成的储层伤害、水资源消耗和环境污染等问题,应用前景十分广泛。

液氮的基本物理性质见表 8-2,液氮密度和黏度略小于水,无色无臭,性能稳定,惰性极强,很难与其他流体发生化学反应。此外,液氮温度极低,在大气压下沸腾温度约为 -195.8℃,大气压下液氮自由气化膨胀,体积可扩大 696 倍。图 8-16 所示为液氮的相态图，临界温度为-147℃，临界压力为 3.4MPa；三相点温度为-210.00℃，三相点压力为 0.0125MPa。液氮作为超低温流体，当与物体接触时，会使该物体周围温度迅速降低，在物体的内部产生较大的热应力，进而在物体内部诱导产生微裂缝，使物体物理及力学性质大幅劣化。

表 8-2 液氮基本物理性质

物理性质	条件	参数
分子质量	—	28.013g/mol
气体相对密度(空气1.0)	1个大气压,21.1℃	0.9669
气体比容	1个大气压,21.1℃	0.8615m^3/kg
气体密度	1个大气压,21.1℃	1.161kg/m^3
液态密度	1个大气压	808.5kg/m^3
临界点	临界温度	-146.96℃
临界点	临界压力	3.396MPa
三相点	温度	-210.00℃
三相点	压力	12.52kPa
气体比热	1个大气压,21.1℃	
气体比热	比定压热容,C_p	1.04kJ/(kg·K)
气体比热	比定容热容,C_V	0.743kJ/(kg·K)
气体比热	气体等熵指数,C_p/C_V	1.40
气相黏度	1个大气压,21.1℃	1.77×10^{-5}Pa·s
液相黏度	1个大气压,饱和状态	1.52×10^{-4}Pa·s
气相导热系数	1个大气压,21.1℃	2.54×10^{-2}W/(m·K)
液相导热系数	1个大气压,饱和状态	1.35×10^{-1}W/(m·K)

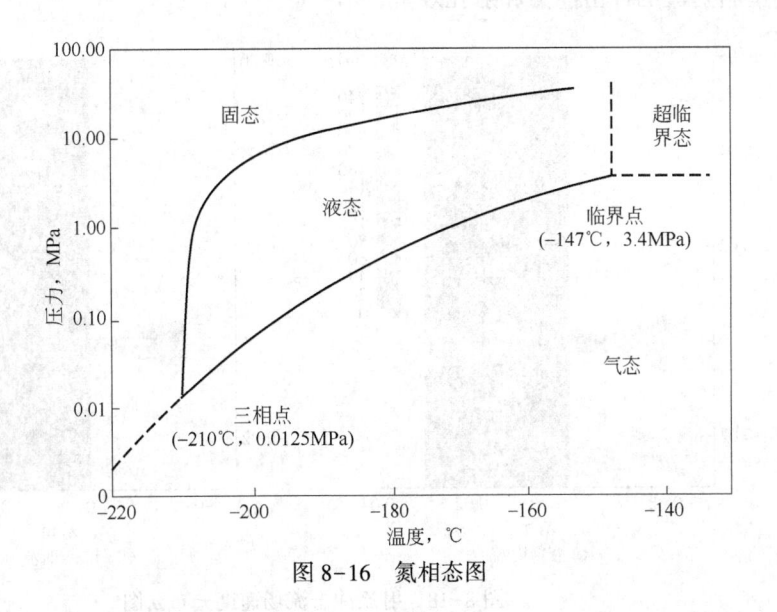

图 8-16 氮相态图

二、液氮射流结构特性

通过流体力学方法,计算得到了液氮射流速度场、压力场的分布特性,通过与水射流对比,分析了液氮射流的冲击效果。图 8-17 为液氮射流流场的二维几何模型,模型包括喷嘴内部和冲击区两部分流动区域。喷嘴采用由收缩段和直线段两部分组成的锥形结构喷嘴。在射流冲击过程中,高压液氮从喷嘴入口流入,冲击到右侧壁面发生转向,并从出口流出。喷嘴入口设置为压力入口边界条件,流场出口设置为压力出口条件,出口压力等于环境围压。喷嘴以及流场区域的轴线设置为轴对称边界条件,其他边界为无滑移壁面边界条件。

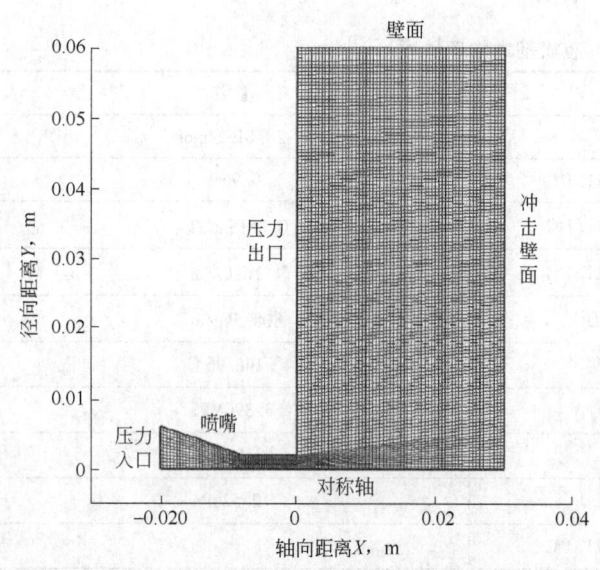

图 8-17 液氮射流流场的二维几何模型

1. 流场速度分布

图 8-18 为液氮射流及水射流冲击壁面过程中流场速度分布云图(彩图 8-18),可以看出,高压流体经过喷嘴加速后形成高速射流,高速射流冲击到右侧壁面后,轴向速度立即衰减为零,并沿壁面发生转向产生漫流,最后从出口位置流出流场。对比液氮射流和水射流的速度分布特征可以发现,在相同喷射条件下,液氮射流速度要大于水射流速度。图 8-19 所示为沿轴向方向的射流速度分布曲线。在 30MPa 的喷嘴压降条件下,液氮最大射流速度为 252.86m/s,水的最大射流速度为 228.79m/s,液氮最大射流速度比水高 10.52%。当液氮射流中混有一定的磨料颗粒时,较高的流速有助于加快磨料颗粒的运移速度,从而提高磨料射流的冲击能力和射孔效率。

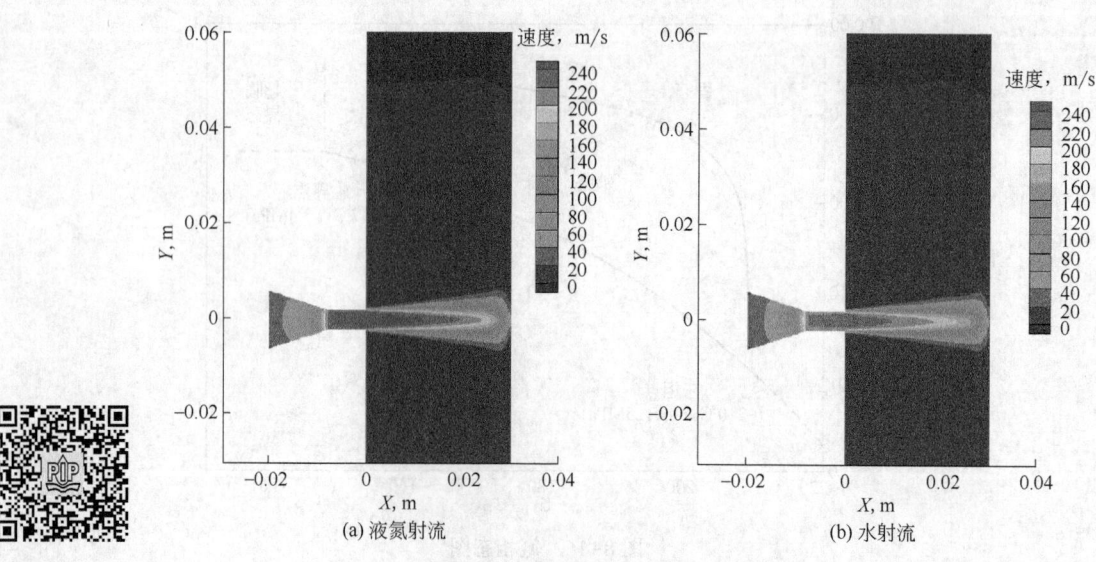

彩图 8-18

(a) 液氮射流   (b) 水射流

图 8-18 射流冲击流场速度分布云图

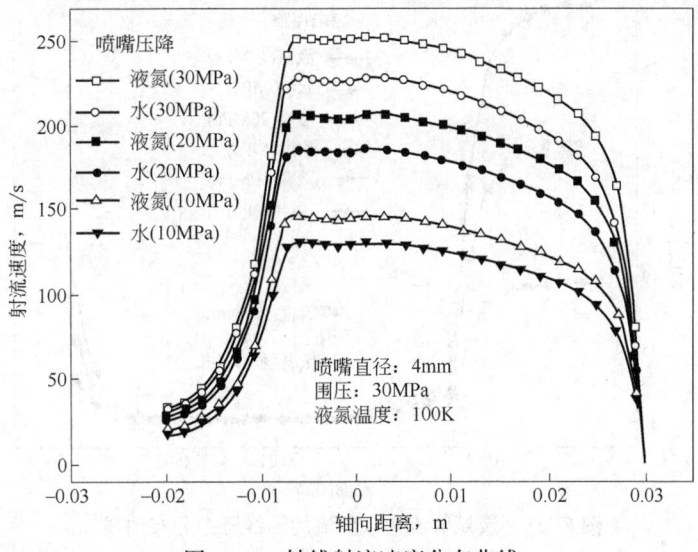

图 8-19 轴线射流速度分布曲线

2. 流场压力分布

图 8-20 为液氮射流和水射流冲击流场的压力分布云图（彩图 8-20）。从图中可以看出，当流体通过喷嘴收缩段进入喷嘴直线段时，流体静压迅速降低，此时部分压能转换成流体动能，形成高速射流。当高速射流冲击到壁面时，流体速度迅速降低，此时发生由动能向压能的转化，从而引起射流冲击壁面附近压力的迅速上升，即对壁面产生了明显的冲击作用。图 8-21 为三组不同喷嘴压降条件下（10MPa、20MPa、30MPa）液氮射流和水射流的轴线压力分布曲线。在冲击壁面上，射流轴线上压力最高，越向两侧压力越小，直至与围压持平。在相同条件下，液氮射流和水射流轴线压力变化规律基本一致，两者在壁面上产生的冲击压力也基本相同。因此，当液氮射流用于破岩时，理论上能够获得与水射流相当的破岩效果。但是由于液氮温度极低，当与岩石接触时，会使岩石内部温度产生骤降，形成热应力，辅助致裂和破碎岩石。

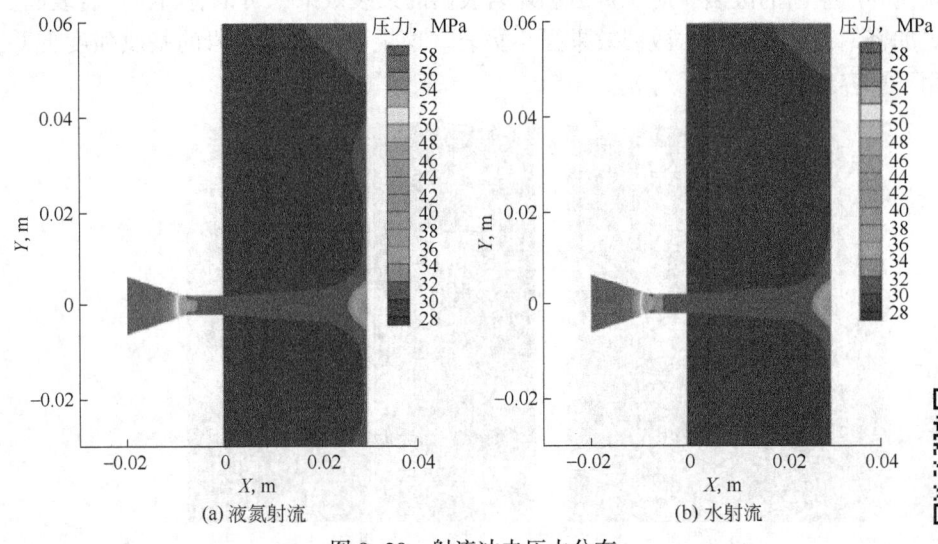

图 8-20 射流冲击压力分布

彩图 8-20

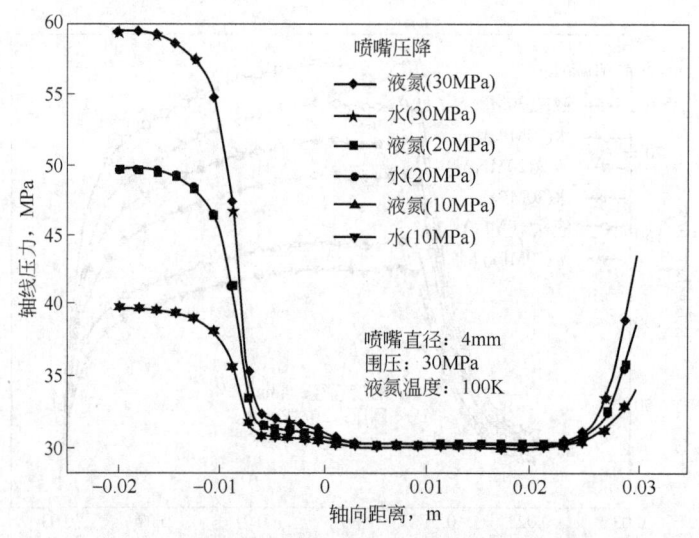

图 8-21　液氮射流与水射流的轴线压力分布曲线

三、液氮低温致裂特性

1. 岩石表面特征

岩石为不同矿物颗粒组成的混合物，当与超低温的液氮接触后，由于岩石内部不同组成矿物颗粒的热物性差异及岩石内部温度梯度的形成，岩石内部将被诱导产生极强的热应力。在冷却条件下，该应力在岩石表面一般表现为拉应力，这种拉应力可显著致裂岩石。图 8-22 所示为经过液氮冷却处理后的页岩和煤岩岩样照片。可以发现，经超低温的液氮冷却后，页岩样表面出现了大量的宏观热力裂缝，且裂缝开裂方向与岩石本身层理平行。对于煤岩岩样，冷却后产生了沿轴向方向和沿径向方向的两种热力裂缝，这些裂缝交叉分布，形成裂缝网络。因此，液氮超低温作用不仅可以促进岩样内部已有的层理面以及初始裂纹的开启，而且还能诱导产生新的破裂。对比页岩和煤岩表面的致裂效果，可以看出，煤岩表面上的裂纹分布更加密集，液氮对煤岩致裂效果强于页岩。这主要是因为煤岩的基质强度更低，在热应力作用下更容易破裂。

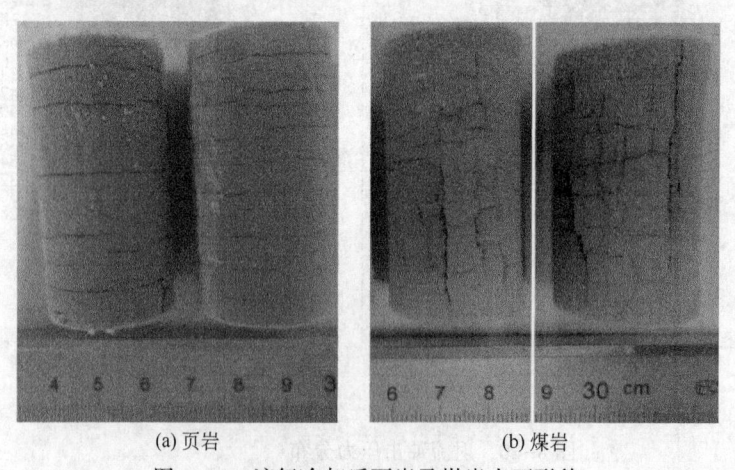

(a) 页岩　　　　(b) 煤岩

图 8-22　液氮冷却后页岩及煤岩表面形貌

2. 声波速度变化

超声波测试是检测和评价岩石损伤状态的重要方法。对于同一种岩石，波速主要受岩石内部裂纹分布的影响。岩石内部的裂纹越多，损伤程度越严重，波在岩石内的传播速度也就越慢。图 8-23 所示为液氮冷却前后页岩及煤岩纵波波速变化情况。结果表明，在经过液氮冷却处理后，无论是页岩岩样还是煤岩岩样，其波速均有不同程度降低。其中页岩波速平均值降至 3333.7m/s，降低幅度约为 4.69%；煤岩岩样在经过液氮低温作用后，波速分别降到了 1221.6m/s、1230.8m/s 和 1234.5m/s，降幅分别达到了 9.86%、9.97% 和 10.43%。说明在液氮低温作用下，岩样内部的微裂纹发生了扩展，裂纹体积增加，从而导致岩样的波速降低。此外，由于煤岩强度较低，其波速降幅高于页岩，与表面形貌所示结果一致。

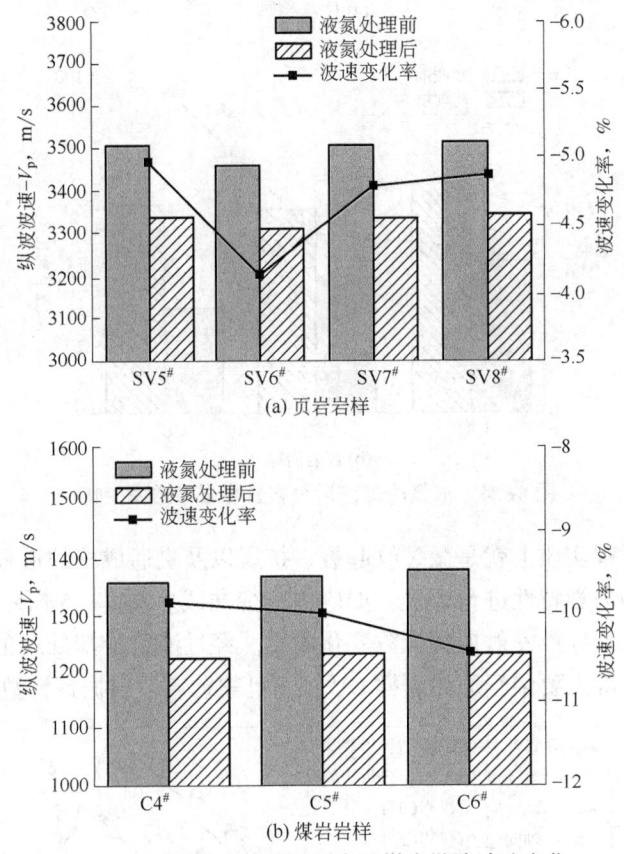

图 8-23 液氮冷却前后页岩及煤岩纵波波速变化

3. 渗透率变化

渗透率变化是判断岩石损伤程度的重要方法之一，并在岩石热破裂测试中得到了广泛应用。渗透率大小取决于岩石孔喉或者裂隙的大小、形状，特别是孔隙结构的连通程度。一般来说，孔隙结构的连通性越好，其渗透率也就越大。图 8-24 是页岩和煤岩岩样在液氮处理前后的渗透率大小及其变化率情况。经液氮冷却后，页岩渗透率增长幅度为 4.86%~15.14%，表明液氮低温作用增加了岩石内部微裂纹的连通程度。而对于煤岩，液氮处理后渗透率增加了 48.89%~93.55%，增长幅度显著高于页岩。

4. 单轴强度变化

材料内部的微裂纹等缺陷越多，材料的损伤程度就越高，力学性质劣化越严重。岩石在

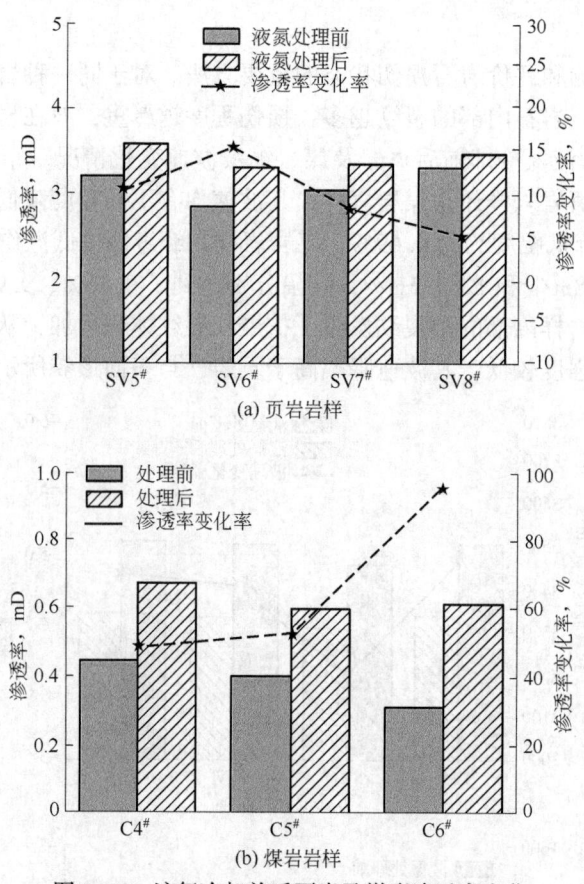

图 8-24　液氮冷却前后页岩及煤岩渗透率变化

外力作用下的破坏过程实质上就是微裂纹起裂、扩展以及贯通成核的过程。因此岩石的损伤特性可以根据岩石的力学特性进行评价，如应力应变曲线。图 8-25 所示为不同处理方式下煤岩单轴压缩曲线及累计声发射振铃计数变化曲线。经过液氮冷却处理的岩样 C5#，在加载过程中，不仅应力突降点要多于原始岩样 C1#，而且累计声发射振铃计数也要多于岩样 C1#。

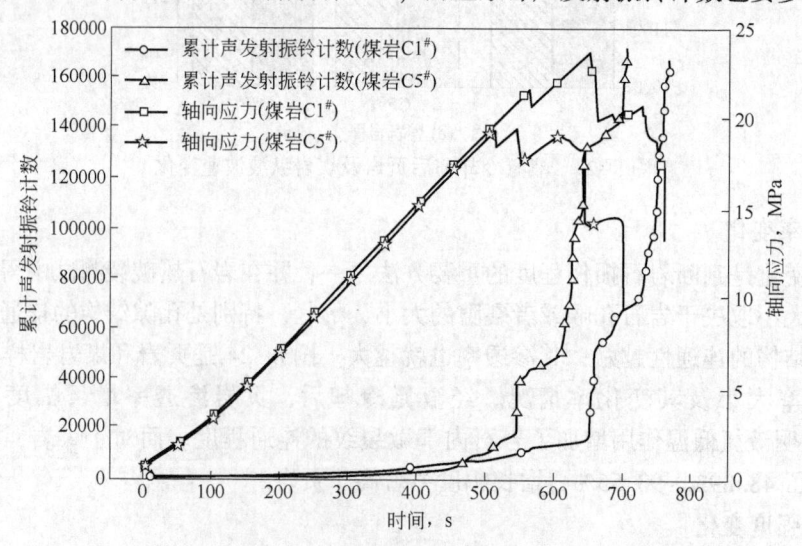

图 8-25　煤岩的累计声发射振铃计数变化曲线及轴向应力—时间曲线

这说明在加载过程中，岩样 C5#的声发射的活跃程度要大于岩样 C1#，即内部发生了更多的微破裂现象，这也间接说明了 C5#煤样的损伤程度要大于 C1#煤样，即液氮低温冷却作用的确增加了岩石内部的损伤程度，导致了微裂纹的生长和扩展。

四、液氮射流冲击破岩特性

1. 成孔特征

图 8-26 所示为液氮射流和水射流冲击作用下岩样破碎形态。可以看出，相比于水射流破岩所形成的规则圆形孔眼，液氮射流成孔形状不规则且破碎面积更大。图 8-27 为液氮射流和水射流成孔深度及体积的结果对比。在相同射流参数条件下，虽然液氮射流成孔深度低于水射流，但液氮射流破岩体积优势明显，为水射流破岩体积 10 倍以上。液氮温度极低，喷射之后与周围环境产生剧烈热交换，并发生复杂的相态转变。这种急剧的气化相变，一方面降低了液氮射流的射流冲击力，限制了破碎坑深度，另一方面也增强了射流的"横推力"，使岩石受到较大的横向破坏力，扩大了破岩的面积和体积。

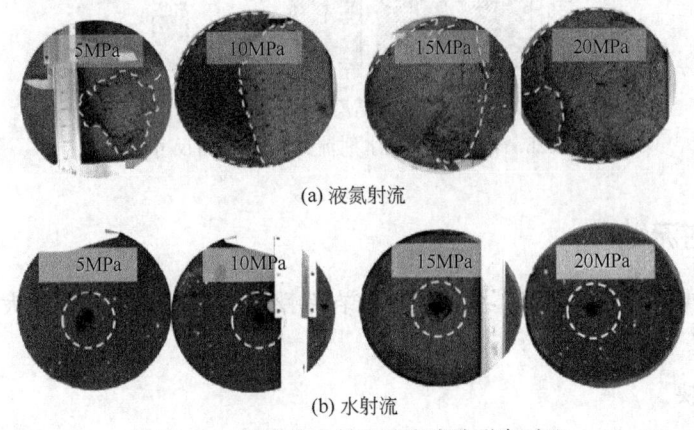

(a) 液氮射流

(b) 水射流

图 8-26 液氮及水射流破岩成孔形态对比

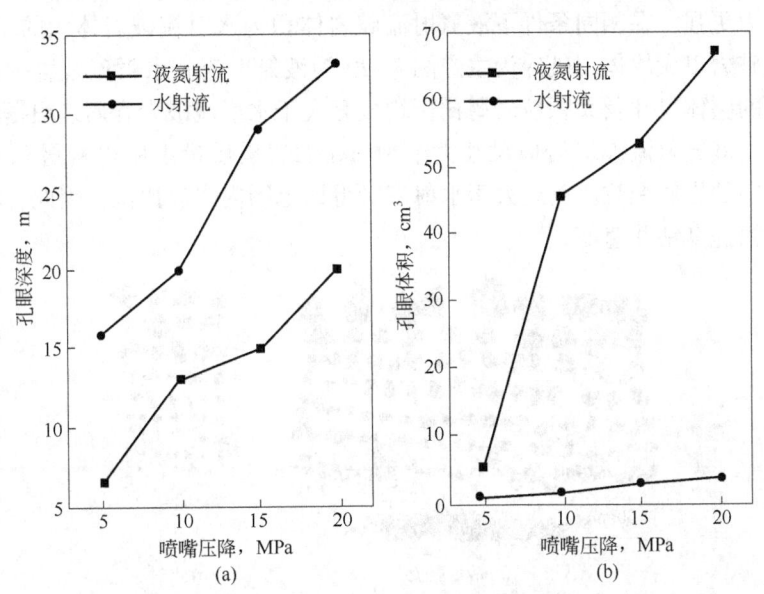

图 8-27 液氮及水射流破岩成孔深度及体积对比

2. 岩屑分布

对液氮射流和水射流冲击作用下的岩屑尺寸进行统计分析，并获得了岩屑尺寸分布规律，如图 8-28 所示。对于液氮射流所形成的破岩岩屑，尺寸大于 16mm 的岩屑质量分数高达 55%，而小于 4mm 的岩屑质量不足 5%。相比之下，水射流所形成岩屑，其尺寸呈正态分布，其中小于 4mm 的岩屑质量分数高达 19.5%，而大于 16mm 的岩屑质量分数仅为 17.6%，远小于该尺寸范围下的液氮射流岩屑质量分数。因此液氮射流破岩岩屑尺寸更大，具有大块体积破碎的特征。

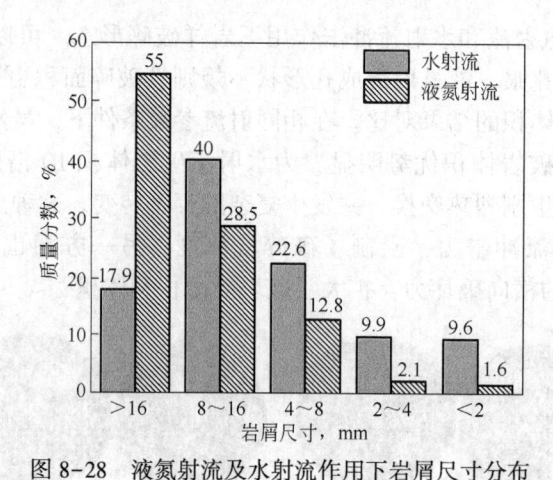

图 8-28　液氮射流及水射流作用下岩屑尺寸分布

五、液氮射流钻井

通过上述破岩结果可以看出，液氮射流破岩特性相对于水射流差别较大，应用液氮射流钻井主要优势如下：

1. 破岩速度快

液氮射流不仅具有与水射流相当的冲击力，还具有低温致裂辅助破岩的能力。相对于水射流其破岩能力更强，在相同条件下液氮射流破岩体积为水射流破岩体积的 10 倍以上。此外，液氮射流破岩以大块体积破碎为主。图 8-29 为液氮射流和水射流破岩所得岩屑，液氮射流破岩岩屑的整体尺寸及大颗粒岩屑比例均显著大于水射流破岩岩屑。根据破岩岩屑尺寸分布统计结果，液氮射流破岩岩屑尺寸大于 16mm 的岩屑质量占所得岩屑总质量的半数以上，该尺寸范围的岩屑颗粒比例远大于水射流所得该范围内岩屑比例。因此，将液氮作为钻井液有助于大幅提高钻井速度。

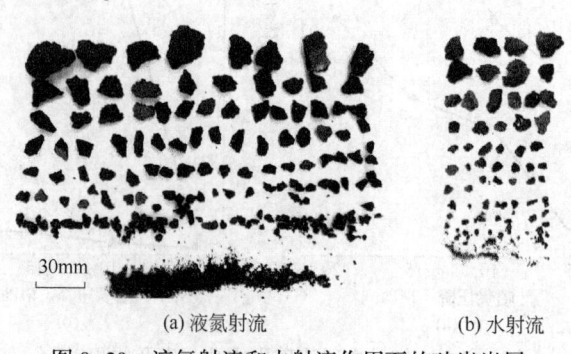

(a) 液氮射流　　(b) 水射流

图 8-29　液氮射流和水射流作用下的破岩岩屑

2. 液氮射流破岩门限压力低

根据图 8-27 所示的破岩结果对比可以发现,在 5MPa 喷嘴压降条件下水射流破岩体积十分微小,仅为 0.7cm³,因此实验中所用岩样水射流破岩门限在 5MPa 附近。相同喷射条件下,液氮射流冲击形成了 7.3 倍于水射流破岩体积的冲蚀坑,说明液氮射流破岩门限压力远低于 5MPa,即液氮射流破岩门限压力小于水射流。分析认为,该特征主要是由液氮射流孔眼周围的网状裂纹造成的,如图 8-30 所示。在超低温的液氮与岩石接触过程中,岩石内部和表面产生了较大的拉应力,当该拉应力大于其岩石抗拉强度时产生微裂缝。这些微裂缝在射流冲击力和液氮超低温的持续作用下进一步扩展连通,进而形成了宏观的网状裂纹。这种裂纹的形成,将极大地降低岩石的破岩门限,提高破岩效率。

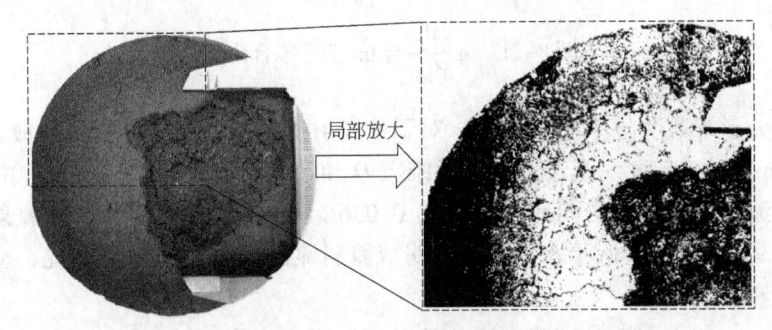

图 8-30 液氮射流冲击表面局部放大锐化处理图

3. 液氮射流破岩比能低

一般来说岩石在冲击破坏作用下其岩屑尺寸具有分形规律,通过分形规律可定性评价不同作用方式下的破岩能耗关系。这里应用基于分形岩石力学理论的能耗评价模型,对两种射流方式破岩能耗进行了对比。该模型中,能耗与分形维数关系如下:

$$E = Cr_{max}^{D-3} \tag{8-2}$$

其中分形维数 D 与不同尺寸岩屑累计质量分布关系如下:

$$\frac{M_r}{M_{max}} = \left(\frac{r}{r_{max}}\right)^{3-D} \tag{8-3}$$

式中 M_r——尺寸小于 r 的累计岩屑质量;

M_{max}——岩屑总质量;

r_{max}——最大岩屑尺寸;

D——分形维数;

E——破岩能耗;

C——岩石特性参数。

对式(8-3) 两边取对数:

$$\ln \frac{M_r}{M_{max}} = (3-D)\ln r - (3-D)\ln r_{max} \tag{8-4}$$

由式(8-4) 可知,$\ln \frac{M_r}{M_{max}}$ 与 $\ln r$ 具有线性关系,因此只需通过拟合得到该线性关系的斜率,即可求得岩屑的分形维数。根据图 8-28 所示的岩屑尺寸分布统计结果,得到拟合曲线如图 8-31 所示。液氮射流及水射流破岩所得岩屑的分形维数 D 分别为 1.335 和 1.96,液氮

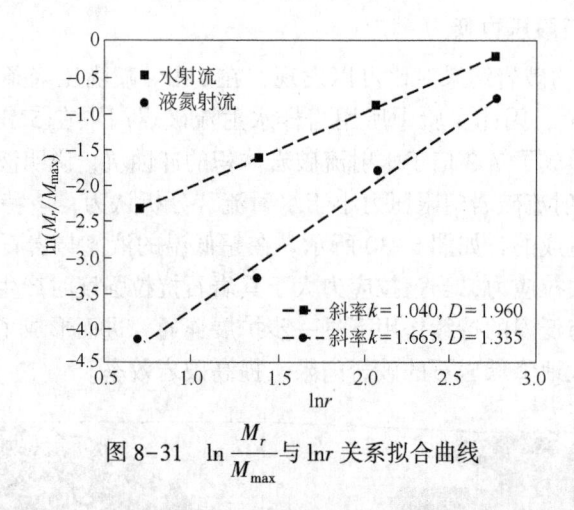

图 8-31　$\ln\dfrac{M_r}{M_{\max}}$ 与 $\ln r$ 关系拟合曲线

射流所得岩屑分形维数明显小于水射流。对于液氮射流和水射流，破岩所得最大岩屑平均直径分别为 31mm 和 24.5mm。基于上述分形维数 D 和最大岩屑直径 $r_{\max}$ 数据，由式(8-2) 计算得到两种射流单位体积破岩能耗 E 分别为 $0.036C$ 和 $0.0033C$。可见，液氮射流破岩能耗仅为水射流的 9.2%，显著低于水射流，说明液氮射流破岩能耗更低。因此，应用液氮射流辅助钻井，破岩效率更高。

六、液氮喷射压裂

1. 液氮压裂优势

水力压裂方法通过向井眼注入高压流体，在低渗透地层中形成高导流能力通道，从而维持油气经济开采。当高压流体在地层中流动时，其主要作用是促进已形成裂缝的扩展，使裂缝长度增加，但对于增加裂缝密度的作用却十分有限。随着页岩气等非常规天然气资源逐渐受到重视，对于储层压裂技术提出了新的要求。除了要尽量减少储层伤害和环境影响外，更加重视压裂改造的体积，而不仅是裂缝的长度。页岩气压裂的关键是诱导天然裂缝的开启以及使人工裂缝沟通更多的天然裂缝，从而在储层内形成复杂的网状裂缝。研究表明，在相同裂缝长度下网络裂缝的储层改造体积大于单一裂缝，而且储层改造体积越大压后产量越高，在进行非常规储层压裂时要尽可能形成网络裂缝，以提高储层改造体积。根据试验结果可知，当页岩与液氮接触时不仅岩石内部的微裂纹数量增加，而且岩石表面还会有大量宏观裂纹产生。这说明在液氮压裂过程中，当液氮在主裂缝内流动时，在液氮低温作用下裂缝面上的岩石内部的微裂缝具有张开变形的趋势，并且主裂缝壁面上还可以产生与其垂直的热力裂缝。这可以改善主裂缝附近地层的渗透率，降低生产时气体流动阻力。热力裂缝在热应力的作用下还会不断扩展延伸，产生如图 8-32 所示的与主裂缝垂直的二次裂缝，这对于增加裂缝作用范围和储层的泄流面积十分有利。

2. 液氮压裂流程

液氮压裂施工流程主要步骤如下：（1）井内增压。经由环空向井内注入氮气，直至井内压力达到稳定或者地层发生破裂。（2）液氮压裂。该阶段通过油管向井内泵注液氮，并保持环空氮气注入。液氮与储层岩石剧烈热交换，液氮由于温度升高会膨胀增压，这样可以增加缝口排量，同时促进裂缝的延伸。在液氮低温作用下，裂缝周围岩石温度迅速降低，含

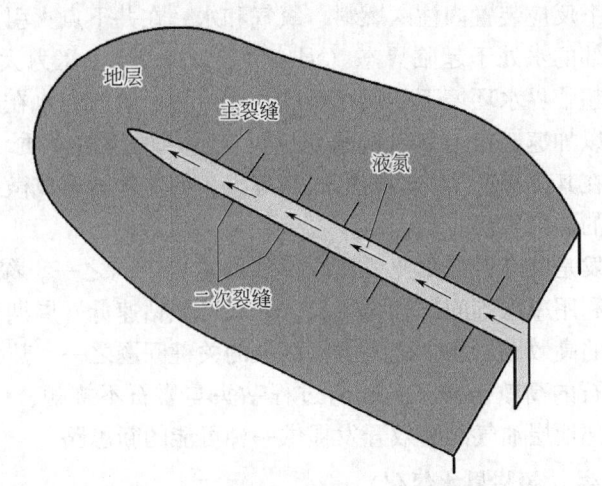

图 8-32　低温作用产生的二次裂缝

水岩石的孔隙水发生冻结膨胀，促使岩石破裂并在主裂缝面上产生垂直于主裂缝的二次裂缝；液氮泵注结束后，通过油管泵入氮气，顶替管柱内液氮至目标层位。（3）层段封隔。对于多段压裂，需通过油管向井内注入 $0.5\sim0.8m^3$ 水，水进入地层裂缝内会冻结成冰，从而对已施工层段进行封隔，这种封隔方法称为冻水封隔（图 8-33）。（4）加热地面管线。打开井口汽化器，通过泵送高温氮气加热地面管线，直至解冻。（5）关井，监测压力变化。

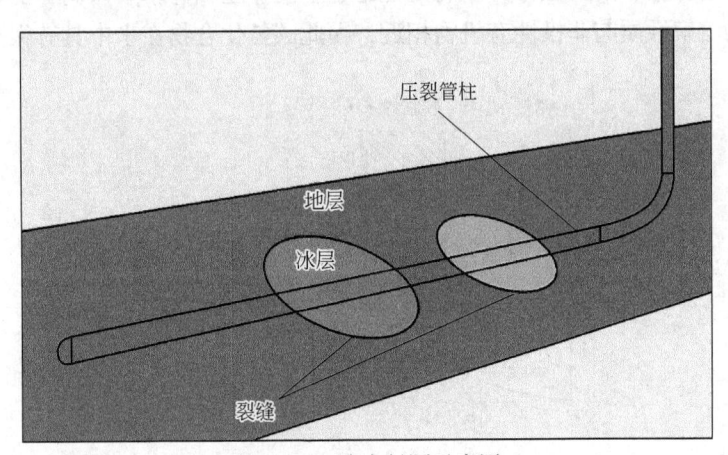

图 8-33　冻水封隔示意图

第三节　热力射流

一、热力射流技术简介

1. 技术过程简介

热力射流技术是在流体热裂解技术的基础上提出来的，流体热裂解技术是 20 世纪末提出的一种新型破岩方法，后逐渐成为研究的热点。该技术利用岩石热裂解与超临界水氧化的原理，在井下反应产生高温热流体，作用于岩石，促使岩石裂解破碎。该技术的实现过程如下：沿不同管路向井下反应装置内注入燃料、氧气和水，在井下点火引发燃料与氧气发生反应，此时，反应腔内部的水处于超临界态（温度大于 374.3℃，压力大于 22.1MPa），此时在反应腔内发生的是超临界水环境下的氧化反应。有机物、氧气和水在超临界状态下完全混合，呈现均一相，可以加速燃料与氧气的氧化。反应生成的高温介质（水和二氧化碳）喷出作用于井底岩石，在其内部产生非均匀膨胀热应力，促使岩石形成微裂缝并不断扩展，持续加热即可实现岩石的裂解破碎。

深层油气勘探开发是我国石油工业可持续发展的重要方向之一。深部地层岩石硬度高、可钻性差、井底能量利用率低等问题较为突出，导致机械钻速低、周期长、成本高，因此探索适用于深井硬地层的高效破岩新方法是亟待解决的关键问题之一。热力射流破岩技术适用于深部地层硬脆性岩石的高效破碎，且破岩过程钻头与岩石不接触，可有效降低钻头的磨损。该方法有望为深部地层油气的高效开发提供一种可能的新思路。

2. 热力射流的产生（超临界水氧化）

通常情况下，水以蒸汽、液态和冰三种常见状态存在。液态水属于极性溶剂，可以溶解包括盐类在内的大多数电解质，对部分气体有高溶解度，对有机物微溶或者不溶；图 8-34 为水和蒸汽性质国际协会（IAPWS）针对水物性参数计算划定的计算区域，阴影部分表示超临界水区，即当温度与压力达到或者超过临界点（374.3℃，22.1MPa）时，处于一定范围，水处于一种既不同于液态也不同于气态的新状态，称为超临界水区。超临界水在密度介电常数、黏度、扩散系数、电导率、溶解性等方面均与普通水不同。超临界水中只剩下少部分氢键，这意味着超临界水的溶解性质与非极性有机物相近，因此碳氢化合物在水中具有很高的溶解度。

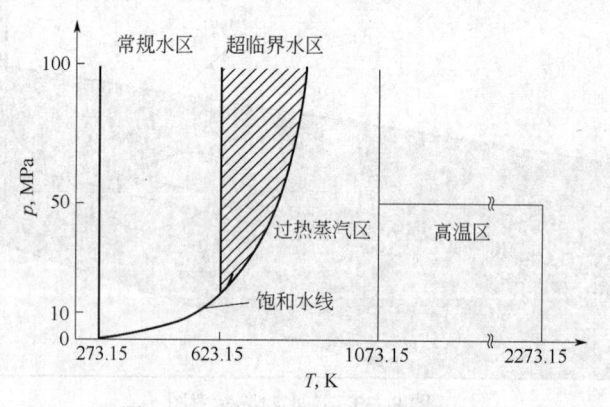

图 8-34 水的存在状态与计算分区

超临界水氧化法（SCWO）是超临界流体的一项较新的氧化工艺。超临界水具有很好的溶解有机化合物和各种气体的特性，当以氧气及过氧化氢作为氧化剂与水溶液中的有机物进行氧化反应时，可以实现在超临界水中的均相氧化。Roberto、M. Serikawa 等设计超临界水氧化反应器，观察到超临界水氧化过程中的热力火焰形成过程，并观察超临界流体的相变过程。当压力为 25MPa、温度为 374℃时，水达到超临界状态，有机物进入初始燃烧阶段，水柱变成黑色，表明有未反应完全的有机物；当温度超过 400℃时，有机物燃烧更加彻底，有机物充分溶解到超临界流体中，被彻底氧化分解。流体热裂解在反应腔内的反应本质上是超临界水氧化反应。通过高压泵组提供高压，注入的燃料氧气在超临界水中充分溶解，完全混合，成为均一相。在这种条件下，有机物开始自发发生氧化反应，最终生成二氧化碳和水。

实验条件下控制水达到超临界态，主要通过高压泵组提供高压，燃料与氧气反应后产生高温，使得温度大于 374.3℃，压力大于 22.1MPa，水达到超临界状态。

3. 热力射流破岩

热力射流破岩主要是使岩石发生热裂解作用，岩石热裂解指的是岩石局部受热，由于岩石内部不同基质颗粒热膨胀系数不同，以及孔隙内部流体受热膨胀，产生非均匀热应力，诱导岩石产生微裂缝，并加速已有裂缝的扩展，最终实现岩石的破碎。

由于岩石由多种矿物颗粒组成，受热时其内部各种造岩矿物粒子的热膨胀各向异性和热膨胀不均匀性，使岩石内各部分之间相互约束，在某些方向的变形不能自由地发生，于是便产生了热应力，若热应力超过岩石自身的强度极限，会导致内部裂缝的扩展及诱导裂缝的产生、传播，进而相互连通形成网络，最终是岩石的破碎。

岩石热裂解示意过程如图 8-35（彩图 8-35）所示，破裂过程可以分为三个阶段：（1）起裂阶段，岩石在非均匀热应力作用下产生微裂缝；（2）扩展阶段，微裂缝与天然裂缝不断加速扩展；（3）剥离阶段，微裂缝发展为宏观裂缝，岩屑从岩石表面剥离，露出新鲜岩面。

图 8-35 热裂解过程示意图　　　　　彩图 8-35

总体来说，岩石热应力主要来源于以下三个方面：（1）岩石内部基质颗粒由于不同的膨胀系数所产生的应力；（2）孔隙内部流体受热膨胀所产生的热应力，虽然花岗岩孔隙度较低，但由于流体热膨胀所产生的热应力却不可忽略。（3）温度梯度产生的热应力。图 8-36 为实验破岩效果图（彩图 8-36），从图中可以看出岩石表面剥落的痕迹。

图 8-36 实验破岩效果图　　　　　彩图 8-36

二、热力射流井底流场流动规律

热力射流钻井过程中，井底流场的范围大致如图 8-37 所示。由于热力射流反应完成之后产物主要为超临界状态的水和少量二氧化碳，而其中水占了较大比例，因此，井底冲击流场可以简化为超临界水的冲击流场。基于该物理模型，建立相应的数值模型，其形式如图 8-38（彩图 8-38）所示，计算的水为超临界态，水的密度随温度压力变化。

对于射流来说，轴向上的速度衰减规律十分重要。研究其随轴心线速度的衰减规律，对合理的选择喷距具有指导意义。数值模拟结果如图 8-39 所示。由图中可以看出，相对于常规水射流，在同等压力差与喷嘴结构条件下，热力射流所产生的出口速度为常规水射流的三倍之多，在出口位置，速度比值为 2.993。这主要是由于同等条件下，热力射流中水处于超临界状态，从而使得超临界水具有更低的密度。从出口到井底过程中，超临界水射流速度先基本不变，靠近冲击壁面附近迅速减小；而常规水射流基本可以分成三个阶段，先不变，后慢速衰减，最后加速衰减。相对于常规水射流，超临界水射流具有更长的聚能段，这主要是由于超临界条件下黏度降低，降低了射流过程中机械能损失。以上分析表明，超临界水射流与常规水射流相比，在喷嘴结构和压差相同条件下，能产生更高的冲击速度，且衰减过程更慢。

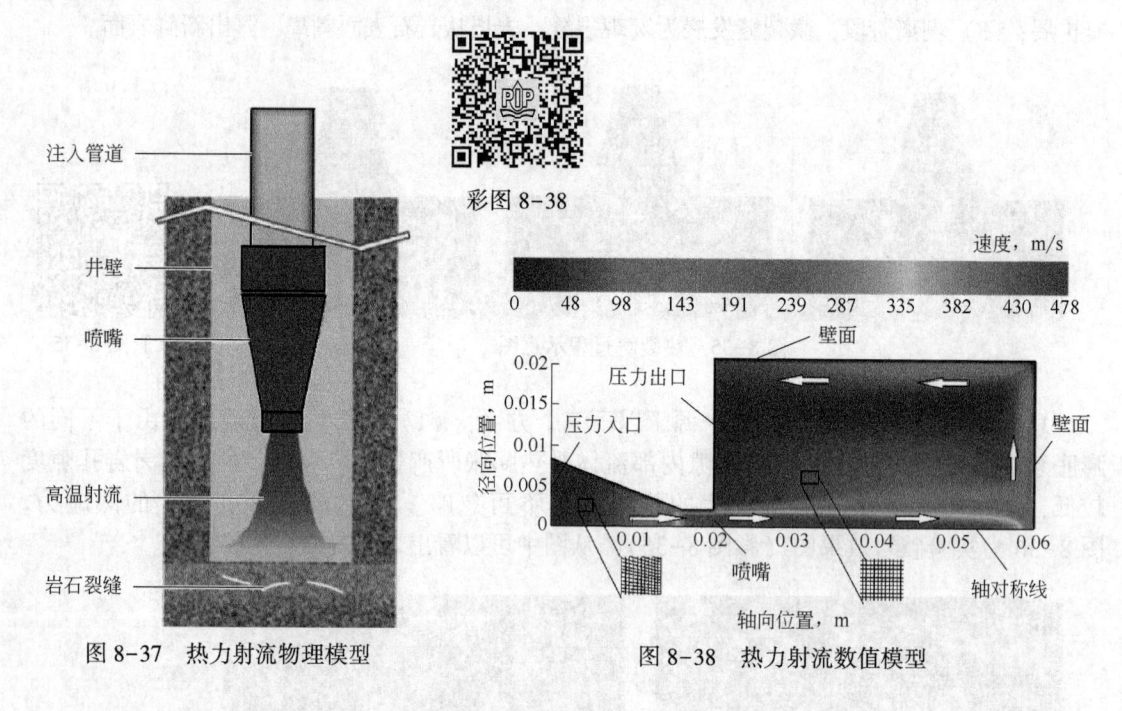

图 8-37　热力射流物理模型

图 8-38　热力射流数值模型

如图 8-40 所示，井底附近的压力区域呈现单峰状分布，越靠近轴心，压力梯度越大。远离中轴线的两端速度不为 0，这是由于射流作用于井底后形成沿井底壁面的漫流速度，由于射流速度较高，形成的漫流速度也相应较大。在本模型环境下，井眼较小（20mm），漫流速度冲击到侧壁面，形成冲击压力区，造成边界处冲击压力的增加。同时，从图中还可以看出，靠近壁面，压力迅速升高，射流的动能转化为冲击压力作用于井底岩石。

图 8-41 表示的是井底附近超临界水与普通水射流的冲击压力分布图，由图可知，超临界水射流的压力分布规律与普通水射流基本相同，均为单峰状分布。不同的是，超临界水射流形成的射流冲击区域（高压区域的范围）较普通圆孔射流作用面积要小，这是由于水处于超临界状态下，黏度降低，造成高速射流与周围低速环境流体的交换程度减弱。然而，也是由于作用面积的减小，使得能量的发散减少，同压差条件下，热力射流作用下的冲击压力比水射流冲击压力高得多。

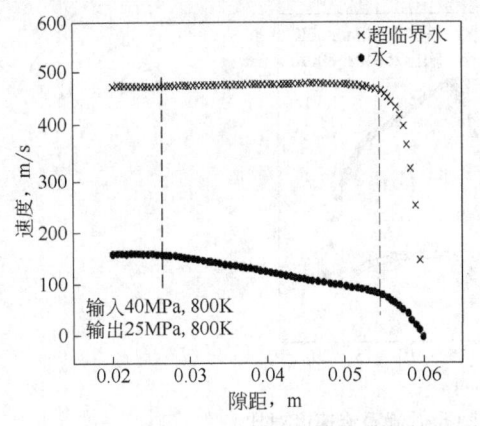

图 8-39　不同网格尺度下的数值模拟结果
图 8-40　井底附近压力分布曲线 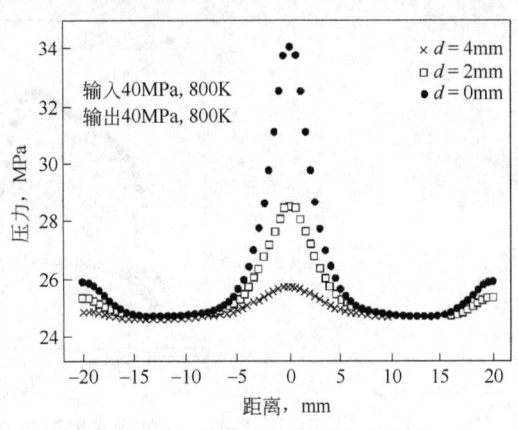

在常规钻井中，井底的漫流速度高，则岩屑更容易从岩石表面携带离开井底，露出新鲜岩石表面，有利于钻井破碎岩石。在热力射流钻井中，由于水的可压缩性，必须考虑不同位置流体密度的不同。但总体来说，井底的漫流速度仍是一个影响岩屑携带的重要参数。如图 8-42 所示，井底附近漫流速度分布规律基本一致，漫流速度区域可以简单分为三个部分：(1) 中心冲击低速区，在该区域，漫流速度整体不高，因为在射流轴线附近，速度分布以轴向为主；(2) 均匀衰减区，在该区域，速度由中心向两边衰减，越靠近井底（即 d 越小），衰减越快；(3) 近壁衰减区，在该区域，漫流速度迅速衰减至 0，动能转化为压能作用于井壁。同时，越靠近井底（即 d 越小），漫流速度越大。

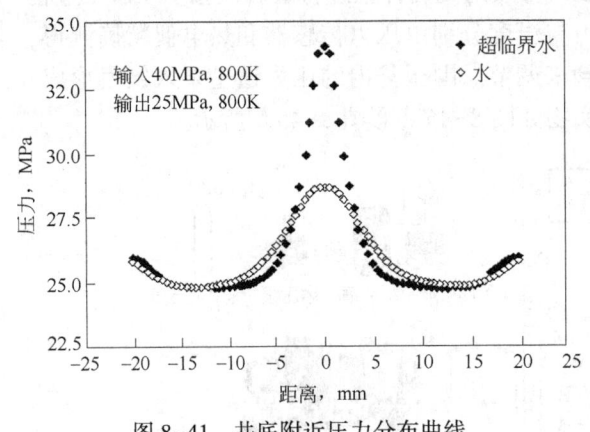

图 8-41　井底附近压力分布曲线
图 8-42　井底附近漫流速度分布曲线 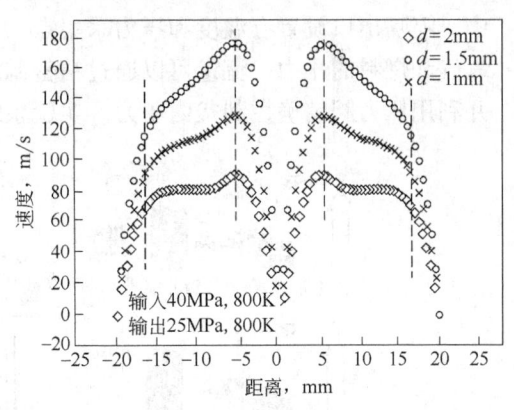

图 8-43 为超临界水与水的漫流速度对比，从图中可以看出，超临界水射流与普通圆管射流的漫流速度分布规律基本相同。数值上来看，超临界水射流漫流速度要远大于水射流，以 1 倍无量纲半径（井底距离轴心的位置/喷嘴直径）为例，热力射流速度值约为水射流速度的 5 倍。当然，这并不一定意味着可能更快地将岩屑运移离开冲击表面，使新岩面露出，这是由于超临界水射流的密度相对于水较低，且热力射流形成的岩屑主要是片状岩屑，与钻头破岩岩屑不同，具体的屑岩能力仍需要更仔细地建立模型进行研究判断。

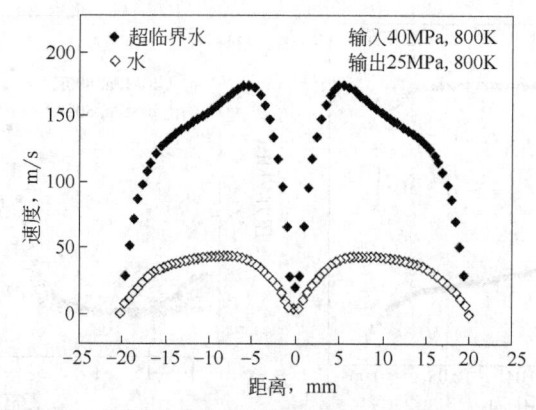

图 8-43　超临界水射流与普通圆孔射流漫流速度对比

三、热力射流破岩特性

1. 破岩装置与破岩系统

热力射流钻井方法通过从地面向井下注入燃料、助燃剂和水在井下反应腔内发生氧化燃烧反应，产生高温高压流体，并通过喷嘴形成高速射流对井底岩石产生冲击与热裂解破坏。在此高温（大于 375K）高压（大于 22.1MPa）条件下，水处于超临界状态，为了更好地模拟热力射流在井底条件下的冲击流场与破岩规律，设计了高围压下热力射流调制与破岩实验系统，实验装置流程如图 8-44 所示。利用高压泵将氧气和燃料加压，并通过不同的管道流经流量计、调节阀等最终被注入模拟地层压力的高压釜的燃烧室中，燃料和助燃剂充分混合后在电子火花塞下引燃，燃烧产生的高温高压气体喷射到岩样上进行破岩试验。在这一过程中，喷嘴出口设置有温度和压力采集点，压力与温度分别由压力传感器和热电偶精确测得，氧气和燃料的压力、流量可以通过精密调压阀来调节。围压釜内的压力通过泵入氮气形成，并利用压力阀精确控制釜内压力。实验系统实物如图 8-45（彩图 8-45）所示。

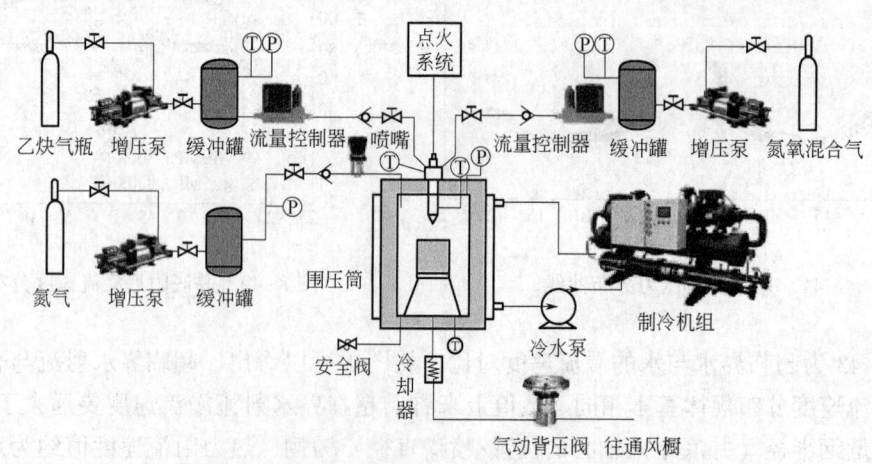

图 8-44　高围压下超临界水破岩实验系统流程示意图

2. 破岩形态与岩屑形态

实验分别采用了六种岩样（砂岩、花岗岩、页岩、大理岩、石灰岩和白云岩），结果表

图 8-45　热力射流高温高压破岩实验系统

彩图 8-45

明不同岩石在高温下会有不同的破坏方式。实验中喷距保持 4cm，由图 8-46（彩图 8-46）可知，对于砂岩，当喷距为 4cm 时，过高的热通量会导致矿物的熔融，形成一层熔渣，阻碍热量的进一步传递。因此在本文实验条件下，砂岩几乎没有破坏。然后喷距提升到 5cm，在较高的喷火速度下，岩石产生破坏，20s 后，形成一个直径 2.30cm 和深度 7.02mm 的冲蚀坑。不过其表面在热流的冲击下虽然不断裂解，但没有出现矿物的熔融。

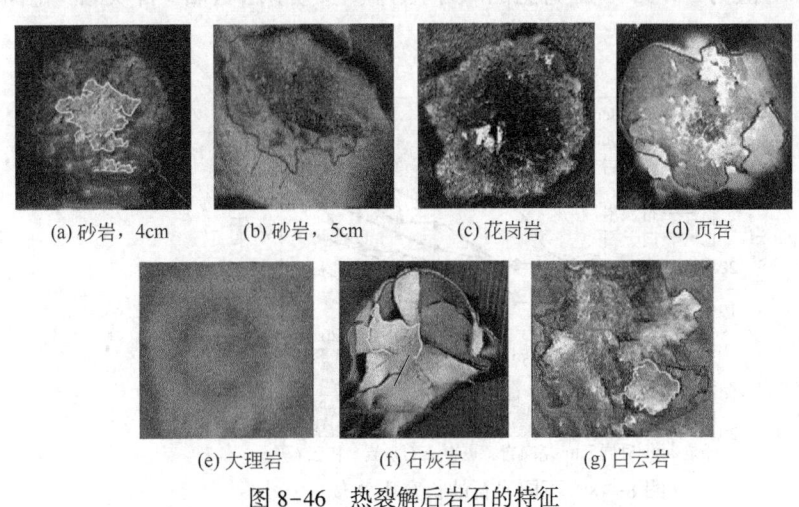

(a) 砂岩，4cm　　(b) 砂岩，5cm　　(c) 花岗岩　　(d) 页岩

(e) 大理岩　　(f) 石灰岩　　(g) 白云岩

图 8-46　热裂解后岩石的特征

彩图 8-46

对于其他岩石，喷距同样为 4cm。由图 8-46 可知，花岗岩、页岩、石灰岩、白云岩均发生破坏，并且裂解区域相对较大。其中砂岩和花岗岩的裂解区形态为相对规律的圆形。但是在本实验条件下，大理岩并没有发生破坏，原因可能为大理岩的成分多半为方解石，非均质性较差，高温引起的热应力不足以使其裂解。由此可知，热裂解并不适用于所有岩石，只有对于高温下的花岗岩等硬脆岩石，才能实现理想效果。

图 8-47 为不同岩石热裂解产生的碎屑，均呈薄片状。较大的碎屑主要为热应力下主裂缝扩展的产物，不同岩石的碎屑呈现出不同特征。对于砂岩，喷距为 4cm 时，只有熔融部分，喷距为 5cm 时可以收集到常见的碎屑。在本实验条件下，页岩和石灰岩的碎屑较大，而花岗岩和白云岩的碎屑则相对较小。

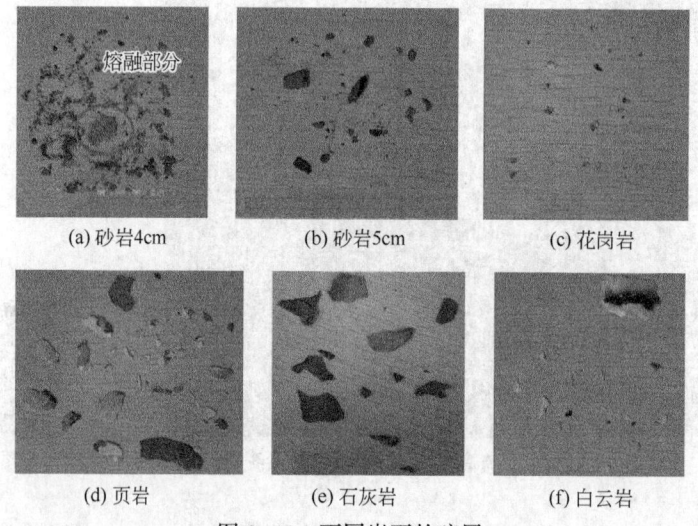

(a) 砂岩4cm　　(b) 砂岩5cm　　(c) 花岗岩

(d) 页岩　　(e) 石灰岩　　(f) 白云岩

图 8-47　不同岩石的碎屑

为了描述碎屑的形状，将直径除以厚度计算了长宽比（图 8-48）。图中曲线代表不同岩石碎屑的长宽比分布，条形图为平均值。由图可知，不同岩石长宽比的分布范围较大，其中最均匀的是喷距为 5cm 的砂岩，变化范围为 5.2~20。长宽比分布范围最大的是页岩，为 10~55，平均值为 30.97。长宽比的大小顺序：页岩>白云石>石灰岩>花岗岩>砂岩。

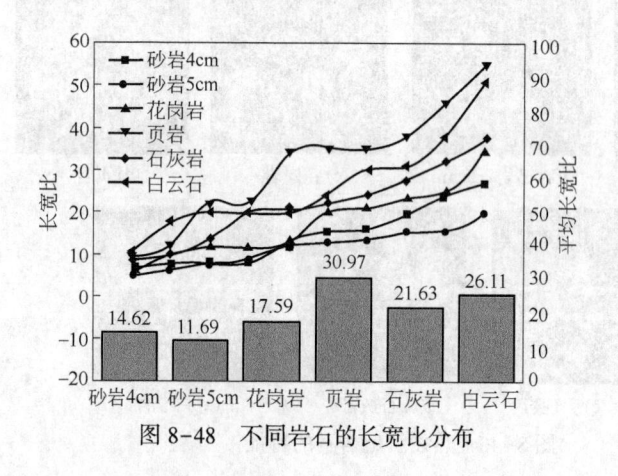

图 8-48　不同岩石的长宽比分布

3. 比能分析

比能是破碎单位体积岩石所消耗的能量。通过对某一种钻井方法的比能计算，可以评价此钻井方法的钻井性能。基于比能可以在钻井前预测机械钻速，随钻评价钻井效率，随钻诊断井底工况并优化钻井参数，随钻监测钻头磨损与钻头优选等，通过比能分析可以提高机械钻速，降低钻井成本。比能的物理含义是钻井过程中消耗的能量大小，因此在最佳的钻井条件下，比能最小，表示采用的钻井参数最合理，与所钻地层最为适合。

由表 8-3 可知，花岗岩的机械钻速最高，最低的为白云岩。实验中热裂解温度均在合理范围内。其中白云岩的热裂解温度最高，花岗岩的最低。对于比能，砂岩、花岗岩、页岩和石灰岩约为 1000MPa。白云岩的比能相对较高，是 2205.80MPa，与其他岩石相比，热裂解可能不适用于白云岩。另外由于热裂解中开挖单位体积岩石所需能量较低，因此机械钻速较高。

表 8-3　热裂解中不同岩石的比能及其他参数

岩石类型	机械钻速,m/s	散裂温度,K	热通量,kW/m^2	比能,MPa
砂岩	1.2636	849.03	400.86	1142.06
花岗岩	1.3032	637.01	266.57	736.39
页岩	0.2286	819.35	72.16	1136.38
石灰岩	0.1826	709.88	54.43	1067.22
白云岩	0.7956	1314.41	487.48	2205.80

由于花岗岩是干热岩中最常见的岩石，因此在图 8-49 中对比了花岗岩在热裂解及其他破岩方法下的比能，包括高压水射流、电子束、超临界 CO_2 射流、旋转钻井、激光钻井等。结果表明，热裂解的比能最低，只有高压水射流的 6.72%、电子束的 8.01% 以及超临界 CO_2 射流的 16.01%。对于传统的机械钻井，如旋转钻井，其消耗的能量甚至为热裂解的数倍，因此与其他破岩方法相比，热裂解具有明显优势，也将是深部干热岩开发中一种更好的替代钻井方法。

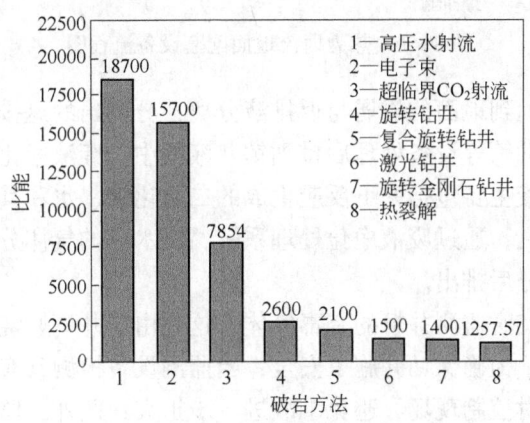

图 8-49　热裂解和其他破岩方法的比能对比

四、热力射流在钻井中的应用

热力射流钻井技术适用于深井硬地层钻井，很好地解决了深井硬地层破岩效率低、井底能量不足等关键问题。配合使用连续油管钻井技术，无须更换钻头，大大节省了起下钻的时间，降低了管柱的磨损。其次，热力射流破岩的能量利用率高，在深井硬地层中的非接触式破岩大大提高钻井速度，可以极大缩短钻进时间。同时，热力射流钻井能够使近井地带的孔隙度和渗透率增加，有利于后期更高效的有效开采。基于上述研究成果，设计了热力射流钻井的地面配套流程方案和工艺流程。

1. 地面配套设备方案

热力射流钻井的地面配套设备流程如图 8-50 所示。地面设备系统主要由储运系统、控制系统、岩屑分离系统、废液净化分离系统、监测系统、起升装置以及其他设备组成。储运系统用来储存高温射流产生所需要的燃料、氧化剂和水，具体包括储集罐、压缩泵、缓冲罐和流量监控设备，储集罐主要用来储存燃料、氧化剂和水，压缩泵为燃料、氧化剂和水的注入提供动力，缓冲罐用来平衡、缓冲压力。流量监控设备用来实时监控记录燃料、氧化剂和水的注入情况，同时用来改变注入条件。控制系统用来控制整体系统的操作，调整燃料、助燃剂和水的注入比等工艺参数，同时及时控制、防止意外事故的发生。

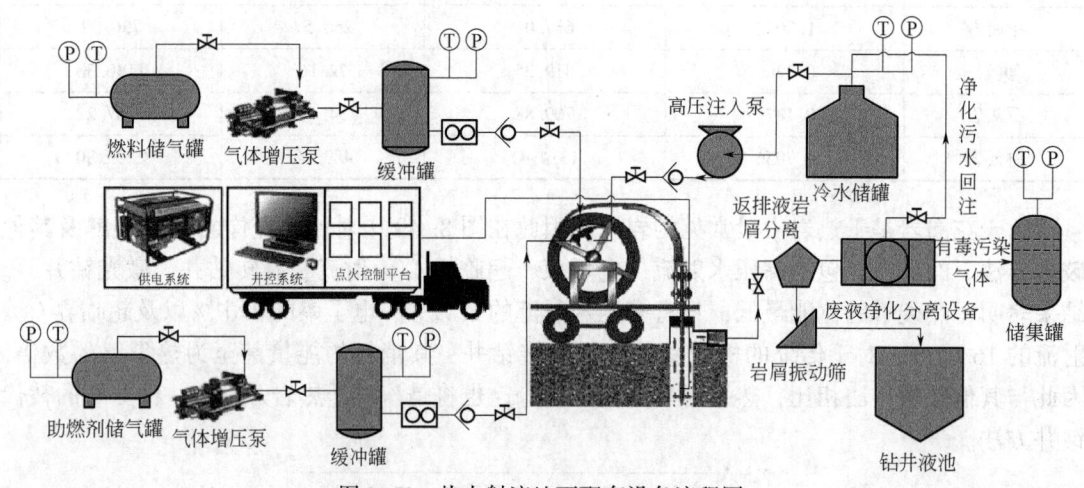

图 8-50 热力射流地面配套设备流程图

岩屑分离系统将上返到地面的岩屑与返排液分离，分离出的返排液被输送到废液净化处理系统，岩屑则经过振动筛等设备处理后排到钻井液池中。废液净化分离系统主要用于返排液的处理与分离，返排液主要包括井下反应生成的二氧化碳、水和其他有毒污染性气体。返排液从井底上返到地表后，通过废液净化处理系统，将水中的气体分离后回注到井下，并除去气体中的有害污染成分后排出。

监测系统主要用来实时监测井场的有毒气体，这是由于井下燃烧反应可能发生不完全燃烧，从而产生有毒气体，为确保钻井施工安全，当监测设备检测到有毒、有害气体时，发出警报，采取应对措施及时控制现场，避免事故进一步扩大；此外，监测系统还可监测井下反应腔体的温度与压力，确保井底温压系统正常。起升装置主要用来抬升和下放连续油管钻进系统，起升部分主要位于井架上，根据钻井施工的要求，可分为大型起升设备、中型起升设备和移动式起升设备。地面系统中的其他设备主要用于辅助、协调整个系统的运行，并为其提供电力等动力。

2. 热力射流钻井工艺流程

热力射流破岩钻井系统组成主要包括连续油管作业机、空气注入管道、燃料注入管道、热力射流反应腔、喷嘴、电测仪器车、地面泵组等。结合图 8-51 将热力射流具体工艺流程解释如下：

（1）油井准备。将作业井进行通井、洗井，做好作业准备。

（2）组装工具。将作业长度的电缆穿入连续管中，为减少压力损失，以及更好地送进管线，应当选择尺寸不同的连续油管：下部管线使用小尺寸连续管，长度比设计孔眼深度略长，上部使用大尺寸连续管；将热力射流反应腔和喷嘴连接于连续油管的末端。分别将燃料和空气注入管道从地面连接至热力射流反应腔内，反应腔内电火花塞通过电缆控制开始点

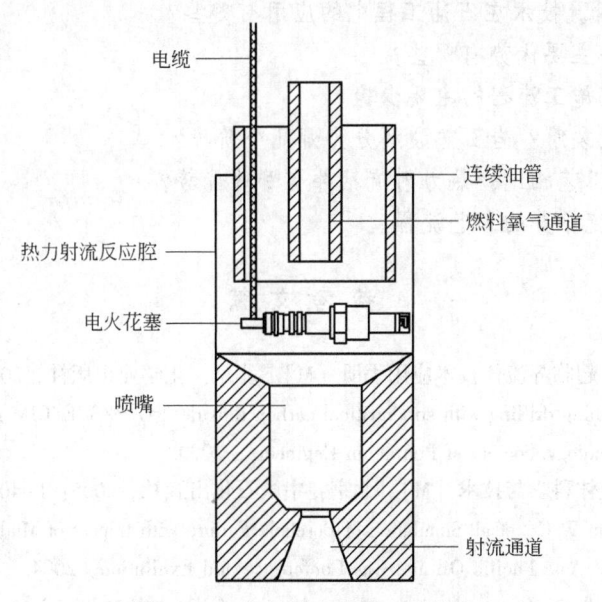

图 8-51 热力射流钻井工艺流程

火,热力射流喷嘴置于燃烧装置的前端,这样组成了完整的井下钻进管柱,通过连续油管的下入,可实现管线的送进。

(3) 将地面泵组、连续油管作业车以及相应的管线进行连接。

(4) 下入管柱,开启地面泵组,从连续油管内泵入高速流体,开始循环作业。

(5) 向热力射流反应腔内注入燃料和空气,打开连续油管作业机,电缆控制反应腔中电火花塞点火,触发腔内的燃料与助燃剂发生氧化燃烧反应。温度压力升高至450℃以上,井口回压和液柱压力调节井底压力在20MPa以上。该条件下水达到超临界状态,热力射流产生冲蚀地层破岩。控制连续油管速度,平稳进入。

(6) 具有高温高压的高速流体介质从喷嘴射出,破碎岩石。同时将井底产生的岩屑携带至地面,完成循环。

(7) 除了高速射流对于地层岩石的冲击作用,高温高压的流体介质持续对地层岩石加热,在热传递的作用下岩石的状态经历三个过程:热传递产生热应力;持续受热天然裂缝扩展破裂;碎片剥落,应力释放,露出新的岩面。

(8) 完成作业后停止注入燃料和空气,关闭电测仪器车,关地面泵组,取出作业管柱,完成作业。

思 考 题

1. 选择超临界CO_2作为射流介质的原因有哪些?
2. 正所谓"金无足赤,人无完人",任何一项新技术的研发都伴随着优势与劣势的矛盾较量,超临界CO_2技术存在哪些问题?
3. 简述超临界CO_2钻井的优势。
4. 简述超临界CO_2压裂的优势。
5. 简述超临界CO_2驱替提高采收率的机理。

6. 超临界 CO_2 射流技术在石油工程中的应用有哪些？
7. 液氮射流钻井主要优势有哪些？
8. 简述液氮压裂施工流程的主要步骤。
9. 什么是岩石热裂解？岩石热裂解分为哪几个阶段？
10. 与传统钻井工艺相比，热力射流钻井有哪些优势？
11. 简述热力射流钻井的工艺流程。

参 考 文 献

[1] 彭英利，马承愚．超临界流体技术应用手册［M］．北京：化学业出版社，2005：378-405．

[2] Kolle J J. Coiled-tubing drilling with supercritical carbon dioxide［C］//SPE/CIM international conference on horizontal well technology. Society of Petroleum Engineers，2000.

[3] 韩布兴．超临界流体科学与技术［M］．北京：中国石化出版社，2005：1-40．

[4] Liu J X, Liu J, Zhu W C, et al. Simulation of Borehole Failure with Impact of Mud Permeation at Multilateral Junction［C］//SPE Asia Pacific Oil and Gas Conference and Exhibition，2004.

[5] Li G, Wang H, Shen Z. Investigation and prospects of supercritical carbon dioxide jet in petroleum engineering［C］//Proceedings of the 10th Pacific Rim International Conference on Water Jet Technology. Jeju, Korea：Water Jet Technology Association，2013.

[6] Al-Adwani F A, Langlinais J, Hughes R G. Modeling of an underbalanced-drilling operation using supercritical carbon dioxide［J］. SPE drilling & completion，2009，24（4）：599-610．

[7] 李根生，王海柱，沈忠厚，等．超临界 CO_2 射流在石油工程中应用研究与前景展望［J］．中国石油大学学报（自然科学版），2013，37（5）：76-80．

[8] 沈忠厚，王海柱，李根生．超临界 CO_2 连续油管钻井可行性分析［J］．石油勘探与开发，2010，37（6）：743-747．

[9] Gupta A P, Gupta A, Langlinais J. Feasibility of supercritical carbon dioxide as a drilling fluid for deep underbalanced drilling operation［C］//SPE Annual Technical Conference and Exhibition. Society of Petroleum Engineers，2005.

[10] 李孟涛，单文文，刘先贵．超临界二氧化碳混相驱油机理实验研究［J］．石油学报，2006，27（3）：80-83．

[11] Huang X, Li X, Zhang Y, et al. Microscopic production characteristics of crude oil in nano-pores of shale oil reservoirs during CO_2 huff and puff［J］. Petroleum Exploration and Development，2022，49（3）：636-643．

[12] 张杰，林珊珊，曲永林，等．煤层气气驱吸附及解吸规律实验研究［J］．特种油气藏，2012，19（6）：122-125．

[13] 程宇雄，李根生，王海柱，等．超临界 CO_2 连续油管喷射压裂可行性分析［J］．石油钻采工艺，2013，35（6）：73-77．

[14] 陈国邦．新型低温技术［M］．上海：上海交通大学出版社，2003：238-239．

[15] Grundmann S R, Rodvelt G D, Dials G A, et al. Cryogenic nitrogen as a hydraulic fracturing fluid in the devonian shale［C］//SPE Eastern Regional Meeting. Society of Petroleum Engineers，1998.

[16] Wang L, Yao B, Cha M, et al. Waterless fracturing technologies for unconventional reservoirs-opportunities for liquid nitrogen［J］. Journal of Natural Gas Science and Engineering，2016，35：160-174．

[17] Thirumalai K, Cheung J B. A study on a new concept of thermal hard rock crushing［C］//The 14th US Symposium on Rock Mechanics（USRMS）. American Rock Mechanics Association，1972.

[18] 崔柳，汪海阁，纪国栋，等. 高温射流井底流场与参数影响分析 [J]. 石油机械，2017，45（5）：1-9.

[19] Wagner W, Kretzschmar H J. IAPWS industrial formulation 1997 for the thermodynamic properties of water and steam [J]. International Steam Tables: Properties of Water and Steam Based on the Industrial Formulation IAPWS-IF97, 2008: 7-150.

[20] Serikawa R M, Usui T, Nishimura T, et al. Hydrothermal flames in supercritical water oxidation: investigation in a pilot scale continuous reactor [J]. Fuel, 2002, 81 (9): 1147-1159.

[21] 张元中. 岩石热开裂研究现状及其应用前景 [J]. 特种油气藏，1999，6（2）：1-5.

第九章 水射流技术在石油工程中的应用

第一节 概述

20世纪40年代末喷射钻井技术的出现，是石油钻井技术的一场革命，使钻井速度上了一个台阶。1949年美国首次在钻头体上试用小喷嘴，1955年在钻头设计时采用喷嘴组合系统，从此，喷射式钻头与钻头水力学应运而生，人们认识到钻头水力参数是影响机械钻速的重要因素之一。

1973年美国Exxon公司开展了高压水射流用于深井钻井可行性试验，在地面用增压器将钻井液压力提高至69~103MPa，水功率达2400hp，在5口3000m左右的井中进行钻井试验，机械钻速提高2~3倍；实验发现当喷嘴压降为104MPa时，连续性射流可以冲击破碎70%~80%所钻岩石。20世纪80年代末，美国FlowDrill公司研制了双通道管柱超高压射流辅助钻井系统，地面增压器将1.9~2.5L/s排量的钻井液增压至230MPa，通过双通道管柱输送至钻头。22口井工业性试验表明，机械钻速比常规钻井提高1.2~2.1倍。1993年以来，FlowDrill公司和天然气研究院联合开展了井下增压泵超高压钻井的研究，用井下增压器将1/7~1/10的钻井液增压至240MPa辅助切割，经5口井现场试验，机械钻速是普通钻井的1.1~3.5倍。

进入80年代，研究人员将水射流应用领域由钻井拓展到开发、采油领域。美国等国家研制了高压水射流钻径向水平井系统和水射流深穿透射孔系统，用于老井改造和增产，提高采收率。除了上述研究和应用之外，水射流技术在石油工业中的其他应用还包括切割井口、切割平台、灭火、管道清洗等。

中国石油大学（北京）高压水射流实验室在沈忠厚院士和李根生院士的带领下，30多年来主要从事水射流基础理论及其在石油工程中应用的基础研究工作。在淹没非自由射流动力学、自激振荡射流理论、机械及水力联合破岩理论、新型射流理论研究等方面取得了突破性进展，丰富和发展了传统的射流理论，较系统地建立了新型射流理论和应用体系，解决了石油工程中一些长期没有解决的重要理论问题。在钻井及石油开发等方面获得了多项理论创新和技术发明，研制成功了新型加长喷嘴牙轮钻头、自振空化射流钻头、径向水平井钻进技术、旋转射流处理近井地层、磨料射流射孔增产、自激波动注水、水力喷射压裂等多项应用技术，拓宽了水射流技术的研究和应用领域。

第二节 水射流在钻井提速方面的应用

一、超高压射流钻井技术

目前对超高压水射流，国内外尚无统一定义，美国将射流压力超过30000psi认定为超高压射流，我国则将水射流压力超过 140MPa 称为超高压水射流。

超高压水射流钻井的优势不仅在于破岩，它在清理岩屑减小压持效应、提高钻速等方面也比传统钻井方式更加优秀。超高压水射流钻井的技术关键是钻井液的增压方式及超高压钻井液的输送方式。目前水射流超高压主要有地面增压与井下增压两种方式。

超高压水射流钻井发展历程大致可分为三个阶段或方向。

1. 地面增压系统

1973 年埃克森石油公司资助的 Maurer 等人利用地面增压器把部分水射流压力提高到 69~103MPa，机械钻速提高了 2~3 倍。1973 年 Adel 在室内实验通过高压泵，研究了超高压射流相对于喷嘴几何形状的射流散度，用于确定最佳的喷距和喷嘴参数。1981 年海湾石油的 Fair 等人使用超高压磨料射流进行了三次现场实验，平均钻进速度是常规钻头的 3~7 倍，但是由于钻井配套设备耗资巨大而最终放弃。

由于地面增压造成巨大的经济负担，2000 年以后，地面增压方式在钻井中的应用逐渐减少，开始少量运用在钻杆与套管切割、清除堵塞和损伤等方面。

2. 超高压双流道钻井系统

由于地面增压经济成本高，研究人员开始着手改善射流流动系统。

1988 年，Flow Drill 公司和 Grace 钻井公司研发了双管射流辅助钻井系统。一部分超高压流体经过钻柱内同心导管传递，通过高压喷嘴高速冲击破碎岩石，另一部分流体采用低泵压送入井底。两部分流体从钻头喷嘴喷出后汇合，从井眼环空返出，高压流体形成的射流辅助破碎岩石，低压流体起井壁稳定和携岩作用。

国内对超高压水射流流动系统的研究，主要集中在钻头、喷嘴设计，流场模拟及射流机理上，鲜有实验研究。

2002 年汪志明等针对深井条件，设计了超高压流动下的双流道钻头，并分析了其水动力学特征。2016 年龚辰等人研究了喷嘴结构对超高压射流流动结构、雷诺数的影响。2017 年王超等人进行了超高压磨料射流喷嘴流场分析及结构优化，给出了喷嘴尺寸的最优建议。

3. 井下增压器研究

Flow Drill 公司于 1994 年研发了第 1 代井下超高压复式增压器，能将部分钻井液进行增压后通过超高压喷嘴喷出，从而获得超高压射流，辅助钻井。现场试验结果表明，井下泵工作时间在 1~40.5h，提高机械钻速 1~2.5 倍。

1994 年年末，美国能源部、Flow Drill 公司和天然气研究院共同研制开发了第二代井下增压泵，现场试验结果表明，使用超高压井下增压泵射流辅助钻井的机械钻速提高幅度在 45%~100%。但第二代井下增压泵在现场井下运行时间只有 9~17h。

国内井下增压器研究起步较晚，1994 年中石油勘探开发研究院进行井下增压器研究，1996 年年底样机研制成功。室内实验显示，该增压器井下射流输出压力可达 150MPa，工作寿命超过 100h，但未能现场应用。2002 年开始研制第 2 代井下增压器，并在中原油田 900m 深井现场实验。2012 年吉林油田运用井下增压器成功钻进 500m，工作时间 70h，提高钻速 52%~95%。

2001 年大庆油田艾池等运用流体液压传递原理，设计了分隔式井下增压器。2002 年西南石油大学利用环空流体压力作用，以及高速紊流射流的卷吸和自振反馈负压区的原理来设计一种井下增压器。2010 年中国石油大学（华东）徐依吉等设计了以螺杆泵为动力的井下增压器,将螺杆泵的旋转运动转换为柱塞的往复运动从而实现对井下增压。2010年中国石油大学(北京)薛亮等人在之前研究的基础上,设计了第二代活塞式井下增压器,并于现场实验,机械钻速可提高34%。2015年胜利油田利用螺杆马达做动力源,设计一种拨叉式增压器,现场实验平均机械钻速2.96m/h,比邻井提高42%。

二、脉冲射流钻井技术

随着油气勘探开发不断向深部地层发展,特别是我国西部地区井深超过6000m的超深井数量不断增加,钻井过程中遇到的复杂情况增多,并且随着井深增加,钻井速度明显下降,同时钻井成本也急剧增加,直接影响到油田的勘探开发速度。深井机械钻速低成为制约深井钻井技术发展的瓶颈,如何提高深井钻速成为钻井界研究的重要课题之一。

传统钻井方式的能量传输、转换、分配和利用效率等问题一直未能解决,特别是深井、超深井的能量综合利用效率很低。世界各国的石油专家不断地探索研究新的钻井方法,研究和试验表明,水力能量传递效率远远大于机械能量传递效率,通过水力脉冲和空化射流技术来提高钻井速度是一种行之有效的方法。

深井钻井水力学有特殊性,水力因素是影响深井钻速的主要原因之一,在分析水力脉冲与空化射流调制机理和方法的基础上,设计出了一种新型水力脉冲与空化射流耦合的钻井工具,取得了较好的使用效果。

水力脉冲空化射流发生器主要由本体、弹性挡圈、导流体、叶轮座、叶轮轴、叶轮及轴套组件、空化振荡腔组成(图9-1)。

导流体位于顶部,其重要结构为斜坡流道,它改变钻井液的流动方向和速度,对叶轮叶片产生切向力,促使叶轮连续不断的高速旋转。叶轮总成主要由叶轮座、叶轮、叶轮轴和轴套等部件组成。叶轮安装在轴上,并通过轴套连接坐在叶轮座上,在钻井液对叶片冲击力的作用下,叶轮高速旋转连续改变流道面积,产生脉冲扰动。

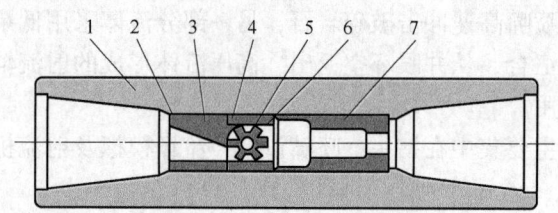

图9-1 水力脉冲空化射流发生器结构示意图
1—本体;2—弹性挡圈;3—导流体;4—叶轮座;5—叶轮轴;
6—叶轮及轴套组件;7—空化振荡腔

位于工具最底部的自激振荡腔室对钻井液脉冲信号放大并产生流体谐振,当其通过振荡腔室的出口收缩截面进入谐振喷嘴时,产生压力波动,这种压力波动又反射回谐振腔形成反馈压力振荡。当压力波动的频率与谐振腔的频率一致时,反馈压力振荡得以放大,从而在谐振腔内产生流体声谐共振,在流体出口段产生强烈脉动涡环流,以波动压力的方式冲击井底,改善井底流场。

水力脉冲空化射流发生器安装于钻头上部,将流体的扰动作用和自振空化效应耦合,使进入钻头的常规连续流动调制成振动脉冲流动,在钻头喷嘴出口形成脉冲空化射流,产生三种效应:

(1) 水力脉冲:改善井底流场,提高井底净化和清岩效率,减少压持和重复破碎;
(2) 空化冲蚀:辅助破岩,提高破岩效率;
(3) 瞬时负压:井底瞬时负压脉冲,局部瞬时欠平衡。

一方面在钻头喷嘴出口形成脉冲射流,提高射流清岩破岩的作用能力;另一方面由于水力脉冲装置产生压力脉动,可以在钻头附近形成低压区,能够减少环空液柱压力对井底岩石的压持效应,其机理相当于欠平衡钻井,可以大幅提高钻井速度,但水力脉冲方法得到的低压仅局限在井底钻头附近区域,整个环空仍为超平衡压力,比欠平衡钻井方法能更好地保证井壁稳定性。与此同时,当压力脉冲产生时,由于压力降低在井底附近易产生空泡,在相同排量下,空化射流的冲击压力是连续射流滞止压力的8.6~124倍,这将大大增加中低压射流的清岩、破岩能力。

水力脉冲和自振空化射流一体化的水力脉冲空化射流钻井技术,水力脉冲为外来激励源,与喷嘴射流自振耦合,大大增强井底流体脉动。负压脉冲有助于克服井底高围压,促进空化产生,从而大大增强深井射流破岩作用,减轻或消除井底岩屑的压持效应,改善井底净化,避免重复破碎从而提高钻井机械钻速。2005年12月至2008年8月,在塔里木油田、吐哈油田、克拉玛依油田等多个油田、区块进行了30多井次多工况下的组合应用试验,均取得良好效果,结果见表9-1。试验井与本井邻井段、邻井同井段相比,机械钻速提高了10.1%~87.3%。水力脉冲空化射流发生器与常规钻具、螺杆钻具、欠平衡钻井系统、Power V系统配合均表现了非常好的适应性,使用寿命等参数均能很好地满足现场的需要。其中轮古351井二开采用型号为FS2563BG的PDC钻头,单只钻头进尺2878m,为该地区、地层单只钻头最深进尺。实验的7in工具,在井深4000~5200m井段,也取得明显提速效果。

表9-1 水力脉冲空化射流发生器与常规钻具配合现场试验数据表

区块		井号	井段深度,m	进尺,m	纯钻时,h	钻速,m/h	钻速提高幅度,%	钻速平均提高幅度,%
KL	试验井	KL2-6	2500~2705	205	65.1	3.13	172.2	53.4
	对比井	KL2-7			178.26	1.15		
	试验井	KL2-5	2490~2604	114	115.72	0.99	-13.9	
	对比井	KL2-7			178.26	1.15		
YM	试验井	YM17-1	1537~2988	1451	92.65	15.66		10.1
	对比井	YM322			105.91	13.70	14.0	
		YM21-1			98.04	14.80	6.2	
LG	试验井	LG351	2505~4283	1778	137.8	12.90	18.8	18.8
	对比井	LG35	2360~4285	1925	177.3	10.86		

三、自振空化射流钻井技术

普通连续射流和自振射流冲击物体表面时流动结构是不同的,图9-2进行了对比。前面实验已证明,具有大结构涡环流结构的自振空化喷嘴具有较大的起始空化数,可以在比普通射流更深的井底和更高的围压条件下,有效地提高冲蚀岩石和清洗岩屑能力,从而提高钻头钻速。

Johnson等人分析认为,自振空化射流大结构涡环流结构冲击井底时,在井底边界区产生的瞬时压力分布可用图9-3表示。当自振空化射流冲击在井底边界上时,引起强烈的压力波动,从而产生充裕的举升岩屑力,足以克服井底压力梯度的压持力,轻易地翻转和举升岩屑,提高钻头清洗岩屑能力。

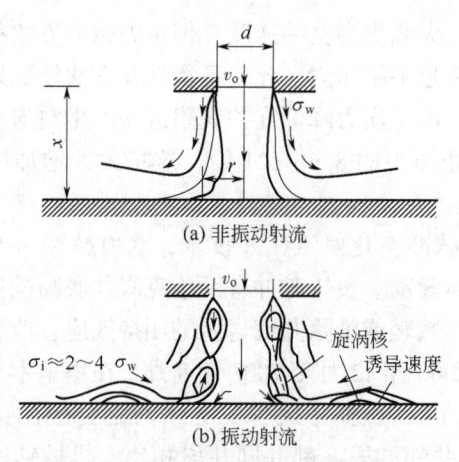

图 9-2 振动与非振动淹没射流冲击流

d—喷嘴出口直径；x—喷嘴距被冲击物体表面的距离；v_o—喷嘴出口处射流速度；r—环状涡半径；σ_w—非振动射流临界空化数；σ_i—振动射流临界空化数

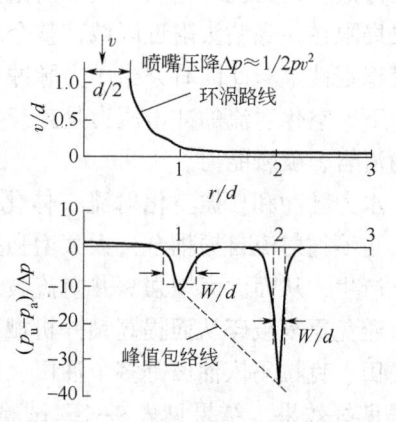

图 9-3 自振空化射流在井底瞬时边界压力分布

p_u—边界压力；p_a—环境压力；W—均值脉冲波的宽度

将自振空化射流喷嘴用于牙轮钻头钻井，在辽河、胜利、大港、江苏、新疆、吉林等 7 个油田进行了现场试验和应用，结果见表 9-2。在相同或相近条件下，自振空化喷嘴钻头与普通中长喷嘴钻头相比，平均机械钻速提高 12.1%~23.1%，钻头进尺增加 14.8%~28.3%。

表 9-2 自振空化射流喷嘴钻头使用情况及效果统计表

序号	应用油田	钻速提高幅度,%	进尺提高幅度,%
1	大港	18~22	17.8
2	胜利	23.1	15.7
3	辽河	19.8	14.8
4	河南	22.8	28.5
5	新疆	12.1	16.2
6	江苏	18.3	21.2
7	吉林	22.0	23.0
累计		12.1~23.1	14.8~28.5

四、水力喷射径向水平井技术

1. 技术发展

水力喷射径向水平井技术（又称径向井技术或超短半径水平井技术等，以下简称径向井技术）是指利用高压射流方法于井筒内沿径向钻出呈辐射状分布的一口或多口径向井眼的技术。该技术能够穿透近井污染带，极大地增加泄油半径，提高油气井的生产能力与注水井的注水效率，且经济、高效、安全，是油田老井改造、油藏挖潜和稳产增产的有效手段，尤其适合于薄油层、垂直裂缝、稠油、低渗透等非常规油藏的开发。

目前公认的径向井技术共有两类实现方法，分别对应第一代与第二代径向井技术。20 世纪 80 年代，W. Dickinson 和 R. W. Dickinson 提出了第一代水平径向钻井系统，如图 9-4

(a) 所示，该系统主要由水力破岩喷嘴、高塑性小尺寸生产油管、常规生产油管、转向器、钻速控制装置、特殊录井装置及地面设备等组成。首先使用磨铣与扩眼钻头进行井底套管锻铣与井筒扩孔，然后将特制的转向器下入井底。柔性管柱与射流喷嘴通过转向器进行井筒内转向，利用高压水射流进行喷射破岩钻进。经 500 余口井应用测试，钻进总进尺约 8230m，增产效果平均可达 200%~400%，重质油应用中最高可达 1000%。

(a) 第一代径向井技术　　(b) 第二代径向井技术

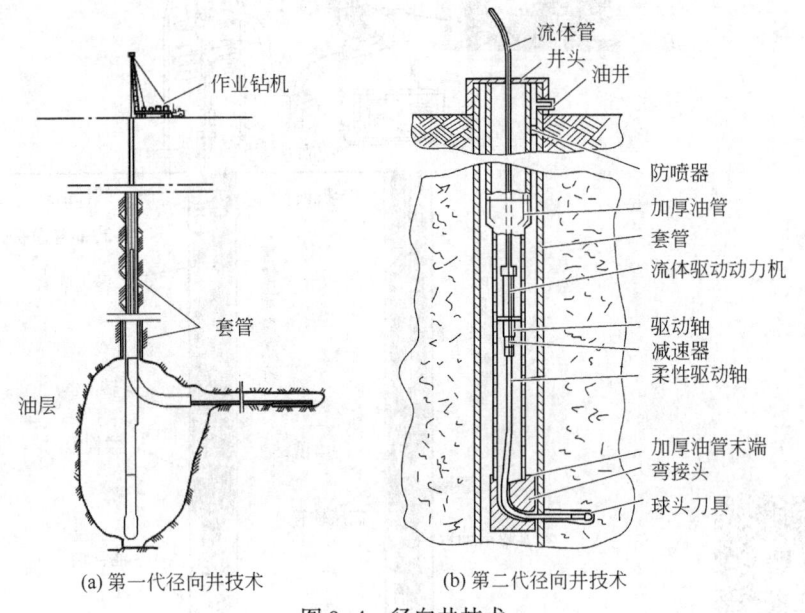

图 9-4　径向井技术

1995 年 Carl Landers 等在基于连续油管的 URRS（超短半径水平井）基础上，提出了第二代径向井技术，即在套管内实现超短半径转向的径向井配套装备与工艺流程 [图 9-4 (b)]。与 URRS 不同，该技术使用特殊的转向装置实现柔性材料在套管内的超短半径转向，继而通过与柔性轴相连的磨铣钻头进行套管开窗，然后使用与高压软管相连的射流喷嘴进行高压射流破岩钻进。该技术不需要进行套管锻铣与井筒扩眼，有效降低起下钻次数，极大地缩短了作业周期，其作业效率与经济性高于其他径向井作业技术。

此外，经过多年发展，针对不同的应用要求，该技术又演化出多种技术变种。1998 年，Michael M. Allarie 等人提出了一种依靠复杂液压控制系统对预置在转向器中的开窗钻头与射流喷嘴进行控制，从而完成套管开窗与喷射钻进作业。该系统作业效率较高，但系统复杂且软管送进行程有限。2001 年，P. Buset 提出了一种将高压软管缠绕在井下卷筒上的径向井作业方法，通过卷筒旋转实现高压软管的送进，并对射流破岩机理进行了研究，给出了部分计算公式。后续，又有大量学者与工程师提出了多种新型的径向井技术与配套装备，通过不同的方式实现一次下钻完成多个径向孔眼或套管开窗与钻进一体化作业。

基于 Carl Landers 提出的套管内径向井作业施工方法，逐步形成了目前广泛使用的径向井钻井技术，如图 9-5（彩图 9-5）所示。首先使用常规油管柱将转向器与水力锚定装置下入指定层位与指定方位，使用连续油管+螺杆钻具+柔性轴+磨铣钻头的钻具组合进行套管开窗，使用连续油管+高压软管+射流喷嘴的钻具组合进行喷射钻进，通过连续油管送进与喷射喷嘴自进力综合控制送进速度。

图 9-5 径向井作业工艺

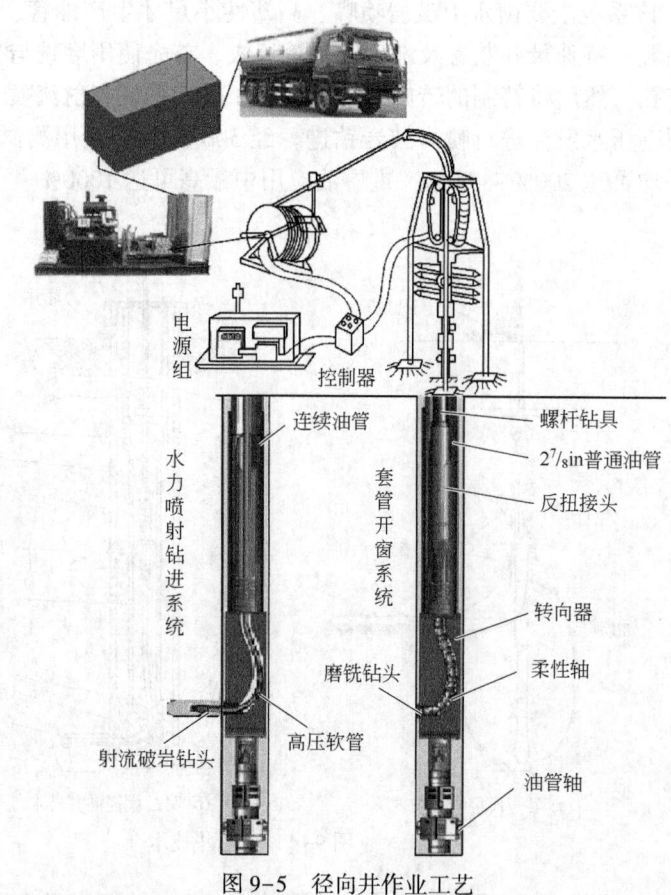

2. 关键问题

针对径向井技术过油管作业、超短半径转向、连续油管配合柔性管送进、高压射流钻进的特点，其作业关键问题可总结如下：

(1) 套管开窗技术：超短半径套管开窗工艺与配套装备研究；
(2) 降摩减阻技术：转向器轨道设计，高压软管优选；
(3) 射流破岩技术：高效射流喷嘴设计，新型射流破岩技术；
(4) 延伸钻进技术：自进力与延伸极限分析，高效送进技术；
(5) 轨迹测控技术：射流破岩钻速方程研究，小尺寸工具研发；
(6) 施工作业优化：装备选型，水力参数优化。

本书仅针对径向井部分热点问题进行论述，其他可参阅相关学术论文。

3. 高效射流喷嘴

径向水平井技术通过低速流体流经射流喷嘴后加速形成高速的水射流，将压能转化成动能，以冲击和剪切破坏破碎岩石形成孔眼。目前有多种喷嘴应用于径向井钻井作业。以射流类型分类，径向井射流喷嘴可以分为直射流型喷嘴、旋转射流喷嘴与混合射流喷嘴三种；以喷嘴结构分类，径向井射流喷嘴可以分为多孔射流喷嘴、旋转多孔射流喷嘴、直旋混合射流喷嘴、空化射流喷嘴与脉冲射流喷嘴五类。

1) 多孔射流喷嘴

单股射流在扩大井眼直径方面有很大的局限性，但它在破岩深度方面有其他射流无法比拟的优势。充分利用单股射流能量作用集中有利于形成较大的冲击深度的优点，设计由中心孔眼及均布斜向孔眼构成的多孔射流喷嘴（图9-6）。以轴线为基准，在其周向均匀加工出一定数目、直径和扩散角的孔眼，在内外压差作用下流体经各孔眼形成多股射流，岩石每个破碎孔相互连通，整体形成一个连续较大的破碎孔眼。多孔射流喷嘴破岩以冲击破碎为主，其破岩效率较低。

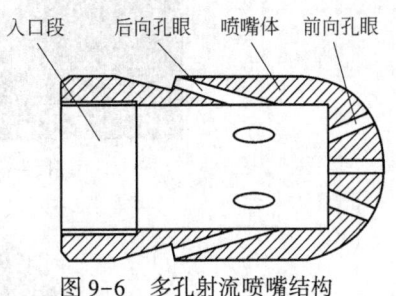

图 9-6 多孔射流喷嘴结构

2) 直旋混合射流喷嘴

旋转射流具有较大的扩散效果和一定的切向速度，在扩大岩石的冲击面积方面有较大的优势。然而由于射流中心速度较小且射流速度衰减较快，对岩石的破坏效果较差，易于在岩石破碎孔的中心形成凸起。直射流虽然能量集中，可以形成较深的孔眼，但是由于射流扩散性较弱，形成的破碎孔孔径较小，不利于高压软管进入孔眼，难以达到径向井破岩要求。

结合两种射流特点，设计直旋混合射流喷嘴如图9-7所示。低速流体从喷嘴体的入口段进入喷嘴，流体经过叶轮后，一部分流经叶轮的加旋流道使流体具有一定切向速度，另一部分经过叶轮的中心孔形成直射流，然后旋转射流和直射流在混合段进行掺混及发展，一部分射流从后向孔眼喷射而出产生反推力提供前进的动力，另一部分射流经过收缩段、喷嘴中心孔以及扩展段，形成直旋混合射流喷射而出破碎岩石。直旋混合射流钻头兼具直射流与旋转射流的优点，可形成较大的孔眼直径和深度，但直旋混合射流衰减迅速，同时由于内部结构复杂，压力损失较大。

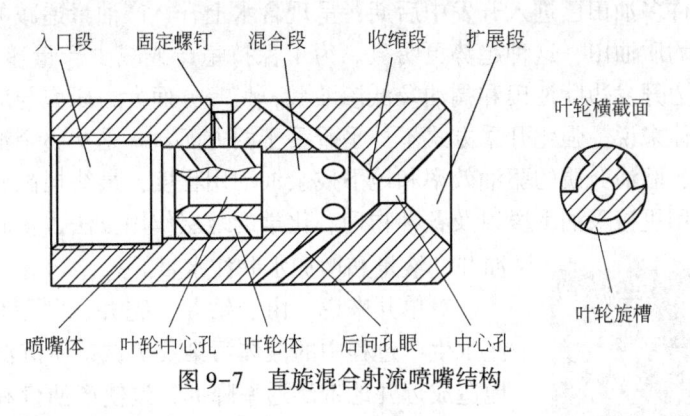

图 9-7 直旋混合射流喷嘴结构

3) 旋转多孔射流喷嘴

结合多孔射流喷嘴与直旋混合喷嘴特点，旋转多孔射流喷嘴本体前端开有一个中心孔眼和多个斜孔眼，通过特殊的旋转结构使射流具有较高的径向与切向速度，可降低破岩门限压力，且扩散能力强，主要以剪切拉伸破岩形式破碎岩石，破岩效率较高，但衰减速度快，易于在岩石底部形成锥形突起。

如图9-8所示，平衡式旋转多孔射流喷嘴主要由前端喷嘴帽、旋转轴、旋转外壁、后端接头组成。前端喷嘴帽与旋转轴下端通过螺纹相连接；旋转轴直接放到旋转外壁中，上端为细长中空圆柱段，其外径与后端接头的内径相当，存在很小的间隙，实现间隙密封；旋转轴为变径轴，其外形与旋转外壁的内部形状相对应，且在变径端面存在多个前向孔眼，可将高压流体释放到截面处；旋转轴各段直径均与旋转外壁内径相当，通过间隙密封，实现憋压；旋转外壁通过螺纹与后端接头相连接。

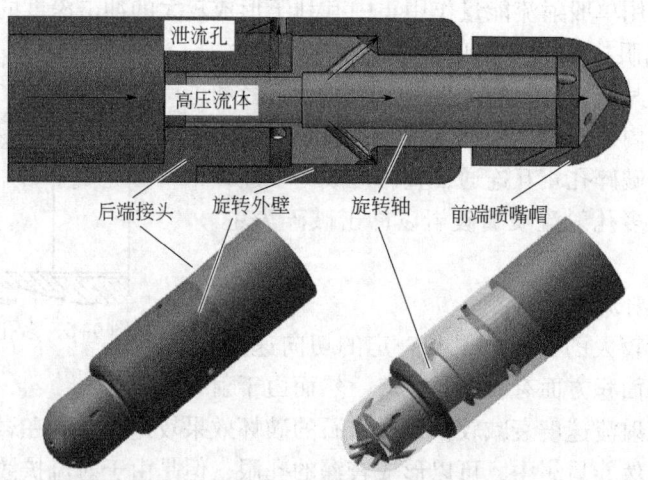

图9-8 平衡式旋转多孔射流喷嘴结构

第三节　水射流在油气增产方面的应用

一、高压旋转射流处理地层增产增注技术

目前，我国许多油田已进入开发中后期，呈现含水上升、产油量递减的趋势，特别是一些注水开发的非均质油田，这种趋势更明显。为了保持稳产或减少产量递减幅度，近年来，国内外一方面大力开发边际油田和稠油及低渗油藏，另一方面大力研究与应用各种强化开采方式和技术。总体来说，强化开采方式不外乎着手于两方面：一是从整个油藏考虑，提高油层注水波及范围、驱油介质的驱油效率和地下残余油动用程度，最终提高原油采收率；二是从单井着眼，采用机械采油手段以及各种物理、化学的地层作用方法，实施强化措施，提高油井产液量和增加水井注水量。

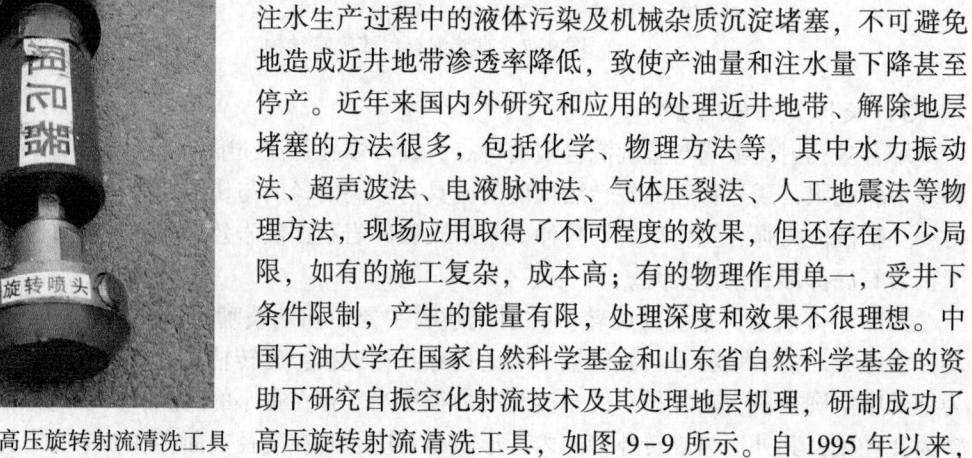

对单井来说，由于钻井、完井、井下作业和长期采油、注水生产过程中的液体污染及机械杂质沉淀堵塞，不可避免地造成近井地带渗透率降低，致使产油量和注水量下降甚至停产。近年来国内外研究和应用的处理近井地带、解除地层堵塞的方法很多，包括化学、物理方法等，其中水力振动法、超声波法、电液脉冲法、气体压裂法、人工地震法等物理方法，现场应用取得了不同程度的效果，但还存在不少局限，如有的施工复杂，成本高；有的物理作用单一，受井下条件限制，产生的能量有限，处理深度和效果不很理想。中国石油大学在国家自然科学基金和山东省自然科学基金的资助下研究自振空化射流技术及其处理地层机理，研制成功了高压旋转射流清洗工具，如图9-9所示。自1995年以来，

图9-9　高压旋转射流清洗工具

先后在辽河、胜利、中原等13油田1000多口油水井进行了现场试验和应用，均取得了明显的效果。

二、磨料射流与水力喷砂射孔技术

随油田开发的不断深入，油气井含水上升、产量递减，开发难度增大。对固井质量差或油水同层、油层小而薄的井，不宜实施常规射孔和压裂改造增产；对污染堵塞严重的低渗透油井，常规射孔作业和压裂改造难以取得满意效果。为了解决这类油井的增产问题，进行有效的挖潜作业，提高油藏最终采收率，磨料射流射孔成为一种可选择的油井增产方法。磨料射流是20世纪80年代初发展起来的切割破岩新技术，它是通过喷嘴喷射高速磨料工作液，高效切割金属和岩石材料。磨料射流射孔利用地面压裂车将混有一定浓度石英砂的水砂浆增压，通过油管泵送至井下，水砂浆通过井下射孔工具的喷嘴喷射出高速射流，射穿套管和近井地层，创造出一定直径和深度的射孔孔眼，从而疏松近井地层，增加近井地层渗透率，提高油井产量和压裂改造效果。

现场试验10口井11井次，包括胜利油田施工6口井，四川超深、中深气田施工2口井，广西雷公油田施工2口井、3井次，现场取得了较好的应用效果。根据现场施工试验，喷砂射孔能在目的层喷出清洁渗流通道，能够降低破裂压力5～10MPa，射孔位置误差小于0.1m，对于油井的生产起到了很好的增产作用。表9-3为磨料射流射孔现场应用结果分析。

表9-3 磨料射流射孔现场应用结果分析

井别	井段	施工原因	施工前	施工后	增产
史125	3163m 3165m 3168m	固井质量差 不能压裂	6.0m³/d	8.0m³/d	2.0m³/d
雷1-10	1011.6～1013.4m 1007.6～1008.6m	解堵	液1.0m³/d 油0.6t/d	液4.8m³/d 油3.7t/d	液3.8m³/d 油3.1t/d 喷射深度0.78m
雷2-9	油层厚度2.0m	小薄层解堵			磁定位错误，效果不明显
川孝93	4839～4840.4m	解堵			达到地质解堵的要求
川孝167	2341.5～2344.0m	增产	2000m³/d	10000m³/d	8000m³/d

该技术可用于不宜压裂井的射孔增产、低渗透地层改造、水力喷砂割缝增产、定向水力喷射压裂改造以及喷砂处理水泥塞和坚硬地层等。

三、水力喷射分段压裂技术

1. 水力喷射压裂机理

水力喷射压裂是集水力射孔、压裂、隔离一体化的新型增产改造技术，是利用水动力学原理成功实现裸眼水平井压裂不需其他封隔的方法。水力喷射压裂通过两套泵压系统分别向油管和环空中泵入流体，一次完成喷射射孔和压裂。

在高速高压下重力的影响可以忽略，伯努利方程可表示为：

$$\frac{v^2}{2} + \frac{p}{\rho} = C \tag{9-1}$$

式中　　v——射流速度，m/s；
　　　　p——止点压力，MPa；
　　　　ρ——介质密度，g/cm³；
　　　　C——常数。

由伯努利方程可知，流体通过喷射工具，油管中的高压能量被转换成动能，产生高速流体冲击岩石形成射孔通道，完成水力射孔。高速流体的冲击作用在水力射孔孔道顶端产生微裂缝，降低了地层起裂压力。射流继续作用在喷射通道中形成增压。向环空中泵入流体增加环空压力，喷射流体增压和环空压力的叠加超过破裂压力瞬间将射孔孔眼顶端处地层压破。环空流体在高速射流的带动下进入射孔通道和裂缝中，使得裂缝得以充分扩展，能够得到较大的裂缝。产生裂缝条件可表示为：

$$p_{增压}+p_{环空} \geqslant p_{破裂} \tag{9-2}$$

控制喷射工具，压裂液和动能都聚焦于井筒的某一特定位置，因而制造裂缝的位置方向可以准确地选择。裂缝形成后，高速流体继续喷射进入孔道和裂缝中，这一过程与水力喷射泵作用十分相似，每一个射孔孔道就形成了"射流泵"。根据伯努利方程，射流出口附近的流体速度最高，压力最低，流体不会"漏到"其他地方；环空的流体则在压差作用下被吸入地层，维持裂缝的延伸。整个过程利用水动力学原理实现水力封隔，不需要其他封隔措施。

增压描述了在动量守恒基础上的动压力分布，与射流流量成正比。裂缝开始闭合时，增压也随之增加；裂缝闭合时，增压和滞点压力基本相等。增压具有根据岩石的控制参数自动调节的特征。最大压力点靠近喷嘴一侧的流体将不规则地前后运动，另一侧的流体将自由地流进裂缝。射孔通道内流体压力分布决定着裂缝的起裂和延伸，但目前缺少相关的理论实验研究。

合理确定和控制油管和环空的压力及流量十分重要，工作管柱的尺寸决定了所要求的工作流量是否能够实现，需要对油管直径进行优化处理。由于管内流量是压差、喷嘴数量、面积和流体流变参数的函数，所以通常很难与压裂方案中的设计流量相吻合。环空中的流体会向地层漏失，环空流量相对更难准确计算，多使用估算。由于不知道工作油管在井筒中的放置状态，环空阻力也无法精确计算。井筒中流体情况非常复杂，目前对环空摩阻、喷射压力等的计算方法十分粗糙。应该用较准确的理论计算结果结合现场经验指导水力喷射压裂技术的现场实施。

2. 国内外应用情况

由 J. B. Surjaatmadja 等为主的 Halliburton 公司工程技术人员，首先在美国得克萨斯州和新墨西哥州等多口油井进行了现场试验和作业，取得了明显的效果。2003 年，该技术在巴西的 Campus 湾 1-RJS-512HA 井上试作业并取得成功，这是水力喷射压裂技术第一次应用于海上油田增产作业中。

2004 年 Hulliburton 公司第一次使用水力喷射环空压裂技术进行直井增产作业；2005 年初在美国的 Barnett 页岩油田对第一口水平井使用水力喷射环空压裂技术。截至 2005 年 5 月，共有 45 口井使用了水力喷射环空压裂新技术进行增产作业。对使用水力喷射压裂技术进行增产的 53 口井进行增产效果评价，其中 26 口井取得了技术和经济上的成功，压裂后产量比压裂前产量明显增加，且持续一定时间后效果更显著。21 口井被列为技术成功，主要是因为增产作业效果明显，但是由于这些井的油气资源不充足，压裂后井的经济开采价值不大；或是压裂后的效果和其他常规压裂作业比较并没有很显著的优势。6口失败井中，其中有4口井在作业前已经被认为是不适用于水力喷射压裂工艺，但由于生产者无法选用其他增产措施而决定尝试水力喷射压裂技术。总体上看，水力喷射压裂增产技术非常成功。水力喷射压裂技术在全世界范围内迅速发展，逐渐扩展到加拿大、巴西、哈萨克斯坦、俄罗斯等。

2005年12月，由中石油长庆油田分公司与Halliburton能源服务公司合作，在靖安油田靖平1井和庄平3井顺利完成增产作业，这是该工艺在国内首次试验，得到了我国油田和工程技术专家的高度关注。

中国石油大学与中石油、中石化相关油田合作，开展水力喷射压裂机理、参数计算优化、工具设计研制、施工工艺研究，应用自主工具和工艺已完成现场试验，并形成了直井分层、水平井动管柱与不动管柱分段压裂等系列技术。

(1) 直井分层压裂现场试验——BQ110井：2007年7月27日在BQ110井首次应用2in连续管水力喷砂逐层压裂，一天成功连续压裂3层。试验层位由1105m延续到749m，3层共加入陶粒30.32m³，单层喷压时间1~2h，工具寿命达6h，作业跨度达到365m。施工后，第二天排液140m³，之后产气量8000m³/d，压裂效果显著。

(2) 水平井动管柱现场试验——GA002-H9井：GA002-H9井垂深1700m，水平段500m，用2⅞in油管拖动喷射压裂2段，填砂50m³，工具寿命达6h，产气量由8000m³/d增加至70000m³/d。工具和工艺试验取得成功，压裂增产效果显著。

(3) 定向井不动管柱现场试验——GA002-X68井：GA002-X68井是新完成的一口定向井，井深2430m，井斜角43°，该井地层低孔低渗，孔隙度仅3.6%~10%。用2⅞in油管下入滑套式喷射压裂工具，喷射压裂2段，单层填砂50m³，单层打液约500m³，单层施工时间2~3h。水力射孔、投球打开滑套、分层压裂按设计要求施工顺利，工具和工艺试验取得成功。

(4) 衬管完井水平井喷射分段压裂——XS311H井：XS311H井是川西新场构造井水平开发井，完钻井深3010m，水平段长326.7m，衬管完井后，替喷测试排液困难。水力喷射分段加砂压裂投产改造，100m³陶粒分三段压裂成功，日获天然气无阻流量16.1×10⁴m³。

(5) 割缝管水平井喷射分段压裂——牛东平2井：牛东平2井是吐哈三塘湖盆地一口割缝管开发井，井深2404m，水平位移996m，割缝管长度596m。气举投产后供液不足，日产液不足2.0m³/d。实施水力喷射分段加砂压裂，采用石英砂射孔、陶粒作为支撑剂，分别加入陶粒18.1m³和17.8m³，对2103~2105m、1989.6~1991.6m两层段进行水力喷射加砂压裂，取得成功，日产油13~19m³，是压裂施工前的6.5倍以上。

第四节　水射流在石油工程其他方面的应用

一、自激波动注水技术

常规注水容易堵塞地层，造成欠注和有效期短，需停注后专门处理。李根生院士等在研究振动波在井筒中传播规律的基础上，提出自激波动注水的思想，利用自振空化射流强烈的压力振荡和空化噪声，在正常注水过程中，边注水边解除堵塞，提高注水量；同时将稳定压力注水变成波动注水，避免和减少机械杂质沉淀，稳定注水量，延长注水有效期。

1. 自激波动原理

自振空化射流的基本原理是当稳定流体流过喷嘴谐振腔的出口收缩断面时,产生自激压力激动,这种压力激动反馈回谐振腔从而形成反馈压力振荡。适当控制谐振腔尺寸和流体的马赫数及斯特罗哈数,使反馈压力振荡的频率与谐振腔的固有频率相匹配,从而在谐振腔内形成声谐共振,使喷嘴出口射流变成断续涡环流,并产生强烈压力振荡和空化作用。

2. 自激波动注水器设计及应用

中国石油大学(北京)水射流实验室研制成功了自激波动注水器,如图9-10所示,结构简单,使用方便,可产生1.3kHz压力波动,脉动幅度可达38%。这种配水器可与Y341系列分隔器配合使用,满足三层分注需要,可分注调配施工。活塞活动压力小于0.5MPa,活塞密封压力大于20MPa,单级最大日注水大于300m³。

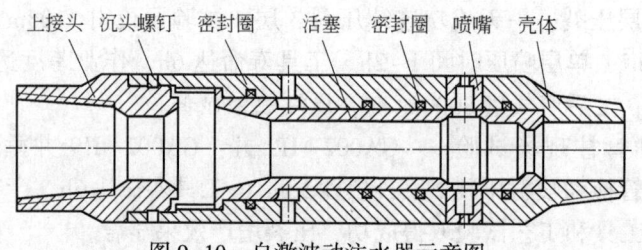

图9-10 自激波动注水器示意图

该注水器在胜利、华北、江苏油田现场试验100多口。典型井胜陀38059井属坨21断块9单元,试验前 9^1 层注水状况逐步恶化,试验后注水状况得到改善,注水指示曲线逐步下移,说明该层注水状况得到了改善,如图9-11所示。统计结果表明,自激波动注水对后期堵塞造成的地层吸水变差具有明显改善效果,平均注水压力下降13.3%,平均日注水量增加33.8%,注水周期延长4个月,实现边注水边改善注水状况,对一般注水井可延长注水有效期,开辟自振空化射流新的应用领域,实现注水技术的突破性发展。

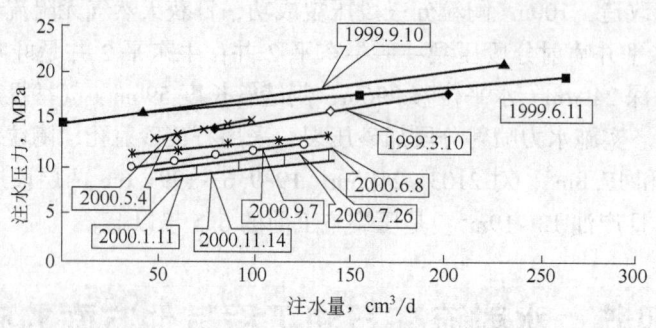

图9-11 胜陀38059井 9^1 层注水指示曲线

二、水射流冲砂及除垢技术

1. 水射流冲砂洗井

油气井完井、井下作业和长期采油过程中,常常会遇到产层出砂、充填砂滞留等问题,尤其在水平井筒中,经常在井筒内底部堆积形成砂床。这对油气井生产和作业均有较大的危害,主要表现为:引起地面和井下设备的严重磨蚀,甚至砂卡;出砂较多时会造成砂埋储层或井筒砂堵，油气井停产；当出砂严重时还会引起井壁坍塌，从而损坏套管。这些危害既增加了油田开发的作业难度，又加大了油气的生产成本，对后续生产作业造成了很大的影响。要恢复这些油气井的产能，就必须进行冲砂洗井，将井底沉砂和杂质冲洗出井底携带至地面。

常规的井筒清砂的主要方法是通过油管向井下泵注清洗液，并增大地面泵排量，以提高环空中洗井液的流速，使之达到紊流状态，或者使用一些特殊的洗井液，达到悬浮运移砂粒的目的。但是增大泵的排量和使用高效洗井液都大大提高了洗井作业的成本，而且常规的冲砂方法花费时间也较长，无法满足当前水平井清砂作业的需求。

旋转射流冲砂洗井技术是近年来发展起来的一项前沿洗井技术，它利用高压水射流理论和旋转控制技术，在井筒内产生高压水射流冲击作用和环空旋流效应，能够有效提高水平井冲砂洗井效率，满足当前日益增加的水平井洗井作业的需求。

按照冲砂时选用的油管种类可将冲砂分为普通油管冲砂和连续油管冲砂两类。普通油管冲砂是指利用常用的油管连接泵车，通过作业车下放、上提油管，正或反循环洗井液将井内沉砂清出井筒的作业方式。普通油管冲砂是目前国内应用最为广泛的一种洗井方法，这种方法较为简便，无须复杂水力计算和专用洗井工具，施工前只需简单计算排量、泵压和洗井液量即可，操作简单，施工人员无须专业培训即可满足要求。此种方法适用于井底无异常低压、无大量漏失的油水井。但是它也有许多缺点和不足，冲砂过程中，冲完1根单根后，必须先停泵然后才能接下1个冲砂单根，停泵后井筒携砂液中的砂子回落，增大了砂卡冲砂管柱的概率，冲砂效率也较低。针对这一问题，设计出了连续冲砂装置，实现接单根不停泵连续循环洗井液冲砂方式，但仍无法解决接单根时效问题。

对于连续油管冲砂而言，由于连续油管具有挠性，不需上卸扣，能可靠地密封，且连续起下速度快。在不压井、不动管柱的情况下实施尺寸大于连续油管外径的各类管内或过管作业，在有井口防喷器的情况下允许负压作业，有利于保护油气层，且整体为密闭循环系统，环保性好；施工过程简单快捷，安全可靠，能极大地提高作业效率，降低劳动强度和作业费用。

目前，国内外各大石油公司都对连续油管冲砂解堵系统有不同程度的研究，如中石油、中石化、BakerHughes、BJ、schlumberger、Halliburton等公司，都研发了自己独特的软硬件综合洗井系统，如今连续油管作业中50%以上是冲砂洗井，经过几十年发展，连续油管冲砂洗井系统初具规模，并逐渐完善成熟。

2. 水射流除垢

在油田生产过程中，从地面设施到井下设备的各个部位都有可能发生结垢。油管是油田主要的采油工具之一，在长时间的使用后，部分油管由于内壁结垢、锈蚀等原因，在内壁形成一层附着的锈垢层，同时注水井和地面注水管线在长期使用后也会在管内外壁产生锈层，当油管下井后会因锈垢的脱落造成卡泵、堵管事故。过去的油管清洗除垢工艺普遍采用酸洗、喷砂、刮削等传统方法。这些方法存在许多缺点，如结垢物清洗不干净、环境污染严重、对人身健康有损害、残液对管体有腐蚀等。

高压水射流除垢技术以清水为介质，通过高压泵系统使介质形成高压，高压水通过高压管汇系统到达喷射机构的专用喷头，将压力能转化为高度密集的水射流动能，作用在被清洗油管表面发生冲击、碰撞、摩擦、剪切，达到清洗除垢的目的。其特点包括：

（1）射流工作介质是水，水易取成本低，对被清洗物不腐蚀，对环境无污染，可以循环使用，节水节能。

（2）选择合理的压力参数后，高压水射流清洗不会造成水管基体的损伤，可以消除油管内的疲劳应力。

（3）能够实现对有毒、有放射性、易燃、易爆的物体安全清洗，具有其他清洗方法难以实现的清洗能力。

（4）清洗效果好、效率高，清洗彻底，清洗后不需进行洁净处理。

（5）操作系统易于实现机械化、自动化控制。

三、磨料水射流切割油套管技术

磨料水射流切割油套管主要应用于海洋油气平台的拆除及弃井的切割与拆除过程中。近年来，世界海洋石油工业得到了飞速发展，发现和开发了许多海上油气田，建成了上万座海洋石油平台。随着油藏开发时间的增长，很多油田都进入了衰竭期，这些海洋平台也将逐渐进入退役阶段，海上报废油气田的处理与在陆地有所不同，在陆上可以直接弃置不管，但海上平台的建设在一定程度上改变和破坏了海洋环境，在油田枯竭时，平台也就完成了其使命，要进行拆除，而且国际上也明令禁止残留泥线以上的任何海上建筑物，所以，对如何高效且经济地拆除海上平台有了新的要求。

目前，水下结构切割技术主要有氧气电弧切割、热喷枪切割、钻石锯切割、钻粒缆割刀切割、聚能爆破切割、磨料射流切割等。而对于穿过海底的构件，以及要求在海底土壤以下某一深度进行切割的构件（如废弃井口），需用特殊技术才能切割，例如聚能爆破、磨料射流切割等。

但是聚能爆破过程的切口质量差，水下切割不安全，成本较高，工艺复杂，对海洋生态环境污染较严重，使爆破法拆除应用受到越来越多的限制，且国家也出台了一系列规定明确规定禁止在海洋中使用爆破法拆除海洋平台。所以磨料射流切割在海洋油气平台拆除以及弃井的切割与拆除过程中应用越来越多。

1. 切割方式

用磨料水射流切割海上平台的隔水管柱和油套管过程可分为内切与外切，但由于外切需要人工潜水进行工具的安装，并且按国际规定，不能在海底泥面以上留有任何残存物，一般在海底泥面以下5m左右进行切割。外切需要清泥作业，这加大了工作难度以及增加了作业步骤，难免造成经济损失，而内切可免去这些步骤，所以在海洋平台的套管和隔水导管的拆除过程中一般选用内切方式。

2. 技术流程

切割工具入井过程中通过高压管线、压缩空气管线、两条液压管线以及监测电缆与平台连接。高压管线与平台上的混合舱以及上游的高压泵相连；水经过高压泵进入混合仓，在混合仓中水同磨料混合形成磨料流体；磨料流体经高压管线和切割工具到达高压喷嘴，经喷嘴喷出后形成具有切削能力的磨料射流，来切割套管和环空中的水泥。

3. 旋转动力

为保证工具能够沿径向切断套管和隔水管柱，需要令磨料射流切割工具上的切割头在作业过程中产生旋转运动，因此，首先必须选取一种旋转机械作为整套工具的动力源，目前可供选择的方式有如下四种：（1）电动机，在井口采用电动机带动磨料射流切割头产生旋转运动。由于切割作业在海上进行，切割过程中位于切割工具上的电动机很容易受到海上风浪的侵扰，因此，电动机的防水性能要求很高。（2）射流反作用力，在切割头上偏心布置一组或者几组喷嘴，利用射流反作用力形成的力偶驱动切割头旋转。此种方式不需要任何的外部动力源，但想精确控制切割头的转速却非常困难。（3）涡轮，在切割工具内部安装一组或几组涡轮，当高压磨料水流经涡轮时，驱动涡轮旋转，进而带动切割头旋转，但受工具尺寸和钻井泵压力的限制，当涡轮产生的旋转力矩小于旋转阻力矩时，切割头将不会产生旋转运动。（4）液压马达。在井口采用液压马达带动磨料射流切割头产生旋转运动。液压马达结构紧凑，旋转力矩大，且没有严格的防水要求，但需要额外为其配置一套液压站，因此成本略有增加。

4. 切割系统

切割系统由切割工具、扶正器、套管回收装置、液压站等组成。

由于外切割工具需要直接下放到切割位置进行作业，而隔水管为圆柱体，其外壁处无法为切割装置提供任何支撑，因此，切割装置能够正常作业的前提是为其提供一个支撑与定位的平台，故首先需要设计可靠的固定平台，其次需要将切割装置刚性连接于平台上，从而实现对隔水管的切割。一般采用液压锚进行固定。液压锚本质上为一类夹紧装置，其构成要素主要包括动力源、传力机构与夹紧元件。动力源是产生夹紧作用力的装置，如气动、液压、电力等动力装置；传力机构的作用是将动力源产生的夹紧作用力传递给夹紧元件；夹紧元件是整套夹紧装置的执行元件，其作用是通过直接接触的方式将传动机构传输的作用力作用于隔水管，从而实现对隔水管的夹紧。整套装置要求夹紧力大，夹紧与松开过程动作可靠，人为干预程度低。

切割工具指承载磨料水射流工具的总成，可以采用直接旋转式喷头的普通切割头（图9-12）。为防止高压管线隔水管上的缠绕，可以将内切割工具演化为如图9-13所示的曲柄滑块机构。

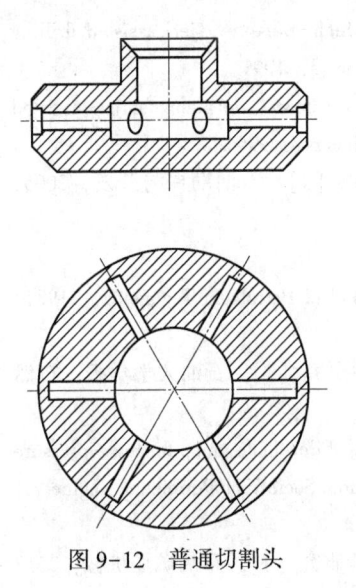

图9-12 普通切割头

图9-13 曲柄滑块机构切割工具
1—连杆；2—液压马达支架（5号角钢）；3—液压马达主轴；4—驱动盘；
5—高压管线入口接头；6—滑块总成；7—紧固螺栓；
8—导轨；9—导轨固定支架

液压马达主轴与驱动盘通过平键连接，液压马达带动驱动盘做定轴转动，驱动盘、连杆、滑块与导轨组成曲柄滑块机构。通过合理设计驱动盘直径、连杆长度、导轨尺寸以及合理选取初始安装角，可以实现当驱动盘转动一周时，滑块在导轨上摆动的角度恰好为63°（为保证切割工具能够完全切断隔水管，故将摆动角度设计为大于60°），滑块上装有磨料射流耐磨喷嘴，喷嘴出口中轴线与隔水管中心线垂直，六个滑块之间用高压胶管连接，因高压胶管本身有一定的刚度，内部加压之后的刚度更大，因此，驱动盘的转动可以实现六个滑块的联动，从而实现对隔水管的径向切割。

思 考 题

1. 水射流技术在石油工业中的应用有哪些？
2. 如何定义超高压水射流？
3. 脉冲射流钻井有何技术优势？
4. 概述径向水平井技术面临的关键问题。
5. 试述径向井射流喷嘴的分类以及各类喷嘴的优势和不足。
6. 概述磨料射流与水力喷砂射孔技术的施工工序及该技术的适用范围。
7. 试分析水力喷射分段压裂技术不需其他物理封隔的水动力学原理。
8. 概述自激波动注水技术的基本思路。
9. 利用水射流进行冲砂洗井和除垢有哪些优势？

参 考 文 献

[1] McLean R H. Crossflow and impact under jet bits [J]. Journal of Petroleum Technology, 1964, 16 (11): 1, 299-1, 306.
[2] Maurer W C, Heilhecker J K, Love W W. High-pressure drilling [J]. journal of Petroleum Technology, 1973, 25 (7): 851-859.
[3] Kolle J J, Otta R, Stang D L. Laboratory and field testing of an ultra-high-pressure, jet-assisted drilling system [C]//SPE/IADC Drilling Conference. Society of Petroleum Engineers, 1991.
[4] Veenhuizen S D, O'Hanlon T A, Kelley D P, et al. Ultra-high pressure down hole pump for jet-assisted drilling [C]//SPE/IADC Drilling Conference. Society of Petroleum Engineers, 1996.
[5] 李根生, 沈忠厚. 高压水射流理论及其在石油工程中应用研究进展 [J]. 石油勘探与开发, 2005, 32 (1): 96-99.
[6] 沈忠厚. 水射流理论与技术 [M]. 东营: 石油大学出版社, 1998.
[7] Fair J C. Development of high-pressure abrasive-jet drilling [J]. Journal of Petroleum Technology, 1981, 33 (08): 1, 379-1, 388.
[8] 汪志明, 姜新民, 朱益. 深井条件下超高压射流钻头水动力学特性研究 [J]. 石油大学学报: 自然科学版, 2002, 26 (4): 33-35.
[9] Veenhuizen S D, Stang D L, Kelley D P, et al. Development and testing of downhole pump for high-pressure jet-assist drilling [C]//SPE Annual Technical Conference and Exhibition. Society of Petroleum Engineers, 1997.
[10] 张玉英, 刘永旺, 巴鲁军, 等. 新型井下增压装置研制及现场试验研究 [J]. 石油矿场机械, 2012 (3): 58-62.
[11] 沈忠厚. 现代钻井技术发展趋势 [J]. 石油勘探与开发, 2005, 32 (1): 89-91.
[12] 孙宁, 苏义脑, 李根生. 钻井工程技术进展 [M]. 北京: 石油工业出版社, 2006.

[13] 李根生, 沈忠厚, 张召平, 等. 自振空化射流钻头喷嘴研制及现场试验 [J]. 石油钻探技术, 2003, 31 (5): 11-13.

[14] 李根生, 沈忠厚, 周长山, 等. 自振空化射流研究与应用进展 [J]. 中国工程科学, 2005, 7 (1): 27-32.

[15] 李根生, 沈忠厚, 李在胜, 等. 自振空化射流提高钻井速度的可行性研究 [J]. 石油钻探技术, 2004, 32 (3): 1-4.

[16] 苏义脑, 周川, 窦修荣. 空气钻井工作特性分析与工艺参数的选择研究 [J]. 石油勘探与开发, 2005, 32 (2): 86-90, 122.

[17] Dickinson W, Dickinson RW. Horizontal Radial Drilling System [C]. SPE California Regional Meeting, 1985.

[18] 廖华林, 牛继磊, 程宇雄, 等. 多孔喷嘴破岩钻孔特性的实验研究 [J]. 煤炭学报, 2011, 36 (11): 1858-1862.

[19] 毕刚, 马东军, 李根生, 等. 水力喷射侧钻径向水平井眼延伸能力 [J]. 断块油气田, 2016, 23 (5): 643-647.

[20] 迟焕鹏. 水力喷射径向水平井延伸能力与产能分析研究 [D]. 北京: 中国石油大学 (北京), 2015.

[21] 马东军, 李根生, 黄中伟, 等. 连续油管侧钻径向水平井循环系统压耗计算模型 [J]. 石油勘探与开发, 2012, 39 (4): 494-499.

[22] 李根生, 黄中伟, 李敬彬. 水力喷射径向水平井钻井关键技术研究 [J]. 石油钻探技术, 2017, 45 (2): 1-9.

[23] 陈玲, 李根生, 黄中伟. 物理法处理地层技术研究与应用进展 [J]. 石油钻探技术, 2002 (3): 44-46.

[24] 马加骥, 荣耀森, 李根生. 高压水射流油井解堵技术的研究 [J]. 石油钻采工艺, 1996, 18 (6): 85-88.

[25] 李根生, 马加骥. 高压水旋转射流处理近井地层技术研究与应用 [J]. 石油钻采工艺, 1997, 19 (A12): 80-86.

[26] 牛继磊, 李根生, 宋剑, 等. 磨料射流射孔增产技术研究与应用 [J]. 石油钻探技术, 2003 (5): 55-57.

[27] Surjaatmadja J B, Willett R M, McDaniel B W, et al. Selective placement of fractures in horizontal wells in offshore Brazil demonstrates effectiveness of hydrajet stimulation process [J]. SPE Drilling & Completion, 2007, 22 (2): 137-147.

[28] Surjaatmadja J B, Willett R, McDaniel B W, et al. Hydrajet-fracturing stimulation process proves effective for offshore brazil horizontal wells [C]//SPE Asia Pacific Oil and Gas Conference and Exhibition. Society of Petroleum Engineers, 2004.

[29] McDaniel B W, Surjaatmadja J B, Lockwood L, et al. Evolving new stimulation process proves highly effective in level 1 dual-lateral completion [C]//SPE Eastern Regional Meeting. Society of Petroleum Engineers, 2002.

[30] 李根生, 张德斌, 黄中伟, 等. 自激波动注水机理实验研究 [J]. 石油学报, 2002, 23 (6): 95-98.

[31] Walton I C. Real-Time Well-Site Monitoring and Evaluation of Coiled Tubing Cleanouts [J]. SPE, 37508, 1997.

[32] Mike Kuchel, Jason Clark, Douglas Marques. Horizontal Well Cleaning and Evaluation Using Concentric Coiled Tubing: A 3 Well Case Study from Australia [J]. SPE, 74820, 2002.

[33] Power D J, Hight C, Baroid et al. Drilling Practices and Sweep Selection for Efficient Hole Cleaning in Deviated Wellbores [J]. SPE, 62794, 2000.

[34] Loveland M J, Pedota J. Case History: Efficient Coiled-Tubing Sand Cleanout in a High-Angle Well Using a Complete Integrated Cleaning System [J]. SPE, 94179, 2005.

[35] Zhou W, Amaravadi S, Roedsjoe M, Valhall Field Coiled Tubing Post-Fracture Proppant Cleanout Process Optimization [J]. SPE, 94131, 2005.

[36] 李增强, 邵宣涛, 李希亮. 油田冲砂清洁生产工艺的研究应用 [J]. 油气田环境保护, 2002, 12 (1): 28-30.

[37] 顾文萍, 陈碧波, 苏德胜, 等. 水平井普通油管旋流连续冲砂工艺技术 [J]. 石油机械, 2007, 35 (9): 104-106.

[38] Rolovic R, Weng X, Hill S et al. An Integrated System Approach to Wellbore Cleanouts With Coiled Tubing [J]. SPE, 89333, 2004.

[39] Sach M, Li J. Repeatedly increased efficiency and success rate from a new solids-cleanout process using coiled tubing: A review of recent achievements from over 100 operations [J]. SPE, 106857, 2007.

[40] Mike C, Perry C, James T. A Coiled Tubing Deployed Slow-Rotating Jet Cleaning Tool Enhances Cleaning and Allows Jet Cutting of Tubulars [J]. SPE, 59534, 2000.

[41] Perry Courville, Michael L Connell, James C Tucker et al. The Development of a Coiled-Tubing Deployed Slow-Rotating Jet Cleaning Tool that Enhances Cleaning and Allows Jet Cutting of Tubulars [J]. SPE, 62741, 2000.

[42] 涂乙, 汪伟英, 吴萌, 等. 注水开发油田结垢影响因素分析 [J]. 油气储运, 2010, 29 (2): 97-99.

[43] 沈晓明, 李根生, 马加计, 等. 油管结垢机理及水力清垢技术研究 [J]. 石油钻探技术, 1996 (3): 44-46.

[44] 顾承珠, 贺云花. 高压水射流切割技术和磨料水射流切割技术的机理分析与研究 [J]. 煤矿机械, 2004 (3): 48-49.

[45] SUN Ling, GONG Yongjun, FAN Jirui, WANG Zuwen, Key Technology Research on Abrasive Water Jet Cutting System in Deepsea [J]. Applied Mechanics and Materials, 2013 (310): 309-313.

[46] 刘浪, 杨春敏, 韩东太, 等. 煤矿井下危险环境磨料水射流切割技术探讨 [J]. 煤矿机械, 2003, 29 (4): 29-31.

[47] 李罗鹏. 磨料射流切割水下套管技术研究 [D]. 青岛: 中国石油大学 (华东), 2010.